C. Ferrari (Ed.)

Dinamica dei gas rarefatti

Lectures given at the
Centro Internazionale Matematico Estivo (C.I.M.E.),
held in Varenna (Como), Italy,
August 21-29, 1964

Springer

FONDAZIONE
CIME
ROBERTO CONTI

C.I.M.E. Foundation
c/o Dipartimento di Matematica "U. Dini"
Viale Morgagni n. 67/a
50134 Firenze
Italy
cime@math.unifi.it

ISBN 978-3-642-11023-8 e-ISBN: 978-3-642-11024-5
DOI:10.1007/978-3-642-11024-5
Springer Heidelberg Dordrecht London New York

Reprint of the 1st ed. C.I.M.E., Ed. Cremonese, Roma, 1965
With kind permission of C.I.M.E.

Printed on acid-free paper

Springer.com

CENTRO INTERNATIONALE MATEMATICO ESTIVO
(C.I.M.E)

Reprint of the 1st ed.- Varenna, Italy, August 21-29, 1964

DINAMICA DEI GAS RAREFATTI

Premessa al Ciclo sulla "Dinamica dei Gas Rarefatti"

di

CARLO FERRARI

Desidero porgere innanzi tutto il più cordiale benvenuto ad ognuno dei presenti, ed esprimere un particolare ringraziamento ai cari ed illustri Colleghi che nella Sessione C.I.M.E. che oggi si inizia, si sobbarcano alla maggiore fatica: quella di dare in un ciclo di conferenze relativamente breve la più larga, e nello stesso tempo la più completa possibile trattazione dei problemi che si riferiscono alla dinamica dei gas rarefatti; e senza dubbio, grazie alla loro ben nota capacità e altissima competenza sull'argomento, allo studio del quale tanti contributi originali essi hanno dato, essi riusciranno nell'intento, che pure è difficile anche se l'assemblea degli ascoltatori è per molti effetti eccezionale.

I problemi della dinamica dei gas rarefatti hanno da tempo attirato l'attenzione di Matematici, di Fisici, di Chimici: basti ricordare i nomi di Knudsen, Smoluchowsky, Enkscog, Clausing ; i tentativi fatti per ottenere soluzioni approssimate dell'equazione di Boltzmann; gli studi teorici e sperimentali sull'adsorbimento fisico e chimico di gas da parte di superfici solide ; le ricerche sui processi di diffusione attraverso a materiali porosi per la separazione degli isotopi.

Ma le applicazioni recenti della meccanica dei fluidi hanno proposto nuovi problemi o hanno riproposto problemi vecchi sotto veste nuova ; l'uso di satelliti artificiali e di razzi spaziali per investigare la struttura e le proprietà della ionosfera e del mezzo interplanetario hanno intensificato l'interesse nello studio degli effetti, che si producono in vicinanza di un corpo che si muove in un mezzo molto rarefatto. D'altra parte questo mezzo rarefatto non è un aggregato di molecole e di atomi neutri, ma è un plasma, ossia un aggregato di molecole, atomi, ioni ed elettroni. In effetto nella parte inferiore della ionosfera, ad un'altezza di 200 Km. dalla superficie terrestre, il numero di densità delle particelle neutre è da 2 a 5×10^{10} particelle per cm^3., con un percorso libero medio di 8×10 cm.; mentre il numero di densità degli elettroni o degli ioni è da 3 a $50 \times 10^4/cm^3$. con un percorso libero medio di 9×10^3 cm. A 300 Km. di altezza i numeri di densità delle particelle neutre e di quelle cariche diventano rispettivamente 3×10^9 e $1 \div 2 \times 10^6$, e i loro percorsi liberi medi 10^5 cm.; 7×10^3 cm. Infine a 3000 Km. di altezza si può presumere che le particelle neutre siano presenti in numero di uno per cm^3, mentre le particelle elettrizzate sono $7 \times 10^3/cm^3$; i percorsi liberi medi sono rispettivamente 2×10^{14} e 3×10^6 cm.

Con i gradi di rarefazione del mezzo quali risultano dai numeri ora detti, gli usuali metodi dell'aerodinamica non possono essere applicati per descrivere i fenomèni che sono prodotti nel mezzo stesso dal moto di un corpo; è necessario applicare la teoria cinetica. Ora, le particelle neutre, molecole o atomi, interagiscono solo colla superficie dell'ostacolo; le particelle cariche invece, non soltanto presentano questo tipo di interazione, ma sono anche influenzate nel loro moto dai campi elettrico e magnetico, ed il campo elettrico a sua volta è prodotto e dalle cariche spaziali, che si producono nel plasma per effetto della differenza di concentrazione degli ioni e degli elettroni causata dalla presenza del corpo, e dalla carica che questo assume. I problemi che sono connessi allo studio di queste interazioni possono variare notevolmente: nella parte inferiore della ionosfera, la velocità del corpo $\underline{v}_o$ è generalmente molto maggiore della velocità termica degli ioni $\underline{v}_i$, e molto più piccola di quella $\underline{v}_e$ degli elettroni. Così, all'altezza di 200 Km.

dette velocità sono rispettivamente dell'ordine : $v_o \propto 10^6$ cm/sec ; $v_i = \propto 10^4$ cm/sec. i $v_e = \propto 10^7$ cm/sec. e pertanto il moto del corpo e supersonico rispetto agli ioni, subsonico rispetto agli elettroni. Ma passando dagli strati inferiori a quelli superiori della ionosfera i parametri caratteristici del plasma nel quale il corpo si muove cambiano sostanzialmente : la velocità termica $\underline{v}_i$ degli ioni aumenta , diventando dell'ordine di grandezza 10^5 cm/sec. (all'altezza di 700 Km.), mentre la velocità del corpo $\underline{v}_o$ diminuisce, di guisa che $\underline{v}_o$ e $\underline{v}_i$ diventano uguali, od anche può verificarsi la condizione inversa a quella prima indicata, ed il moto è subsonico rispetto ad entrambe le particelle cariche. D'altra parte, la lunghezza di Debye, che nella ionosfera è alquanto più piccola della lunghezza che caratterizza la dimensione trasversale dell'ostacolo (precisamente, 1 $\div$ 4 cm. contro 1 metro), diventa nello spazio interplanetario dello stesso ordine di detta dimensione. Al variare delle caratteristiche del plasma variano, ovviamente, gli effetti dovuti al moto del corpo ; in particolare, variano il carattere del "riempimento" e le dimensioni della regione di "rarefazione" (rispetto all'ambiente indisturbato), dietro all'ostacolo, che superano notevolmente quelle dell'ostacolo stesso, e che presentano tanta importanza nello studio delle perturbazioni della propagazione delle onde elettromagnetiche.

Non ho voluto, e non ho potuto, che fare un cenno a problemi di grande interesse attuale, che la dinamica dei gas rarefatti presenta, e che già da soli giustificherebbero l'esistenza di una speciale Sessione del C.I.M.E. dedicata a questa importante branca della Fisica-Matematica. I fondamenti matematici e fisici per lo studio di questi e di altri problemi di uguale interesse, insieme colla trattazione di alcune tipiche applicazioni dei metodi e delle equazioni fondamentali della dinamica dei gas rarefatti verrano esposti nelle conferenze dei professori Estermann, Kampé de Fériet, Krywoblocki, Lunc, ai quali come già ho detto in principio, molto deve il progresso delle ricerche in questo campo. Conferenze di Seminario sopra problemi particolari, relativi alla interazione tra superfici solide e flusso di molecole libero, e al problema di Rayleygh in magnetogasdinamica, saranno tenute dal professor Nocilla e dai dottori Tironi e Sergianotto, mentre altre conferenze sull'onda d'urto in gas rerefatto in magnetogasdinamica , e sulla struttura dell'alta atmosfera saranno fatte dai professori Agostinelli e Graffi. Dai nomi che ora ho detto appare l'internazionalità dei Conferenzieri ; d'altra parte anche gli altri Studiosi qui presenti sono venuti da ogni parte d'Italia e da diverse Nazioni, così che questa è certo una assemblea internazionale altamente qualificata, in cui lo spirito di collaborazione, come sempre avviene nelle riunioni di persone accomunate dall'amore alla ricerca scientifica, è pieno e sincero. Ma qui a Varenna c'è una particolare atmosfera, l'atmosfera di "Villa Monastero" che rende i contatti personali particolarmente cordiali e fecondi, come hanno dimostrato i vari Corsi che qui si sono succeduti. Auguro che questa atmosfera sia ugualmente salutare per lo sviluppo delle ricerche, di cui ora qui ci stiamo occupando, e delle relazioni e collaborazioni personali con amici vecchi e nuovi, e con questo augurio apro la presente Sessione del C.I.M.E.

CENTRO INTERNAZIONALE MATEMATICO ESTIVO

(C. I. M. E.)

M. Z. v. KRZYWOBLOCKI

SOME MATHEMATICAL ASPECTS OF RAREFIED GASDYNAMICS AS APPLIED TO HYPERSONICS, REENTRY AND MAGNETO-GAS-DYNAMICS.

SOME MATHEMATICAL ASPECTS OF RAREFIED GASDYNAMICS AS APPLIED TO HYPERSONICS, REENTRY AND MAGNETO-GAS-DYNAMICS

by M. Z. v. Krzywoblocki
(Michigan State University)

TABLE OF CONTENTS

M. Z. v. Krzywoblocki

SUMMARY

The author presents briefly the fundamental equations of the free molecule flow regime and of the remaining regions of the hypersonic flow. He discusses the recent developments in three techniques, possibly applicable to the hypersonic flow : integral operators, reduction of independent variables and topological technique.

A brief presentation of the fundamentals of the relativistic energodynamics and some concluding remarks close the paper.

INTRODUCTION

There exists no precise definition of the boundaries of the regime known under the name of hypersonics. On one side it includes the reentry phenomena which are inseparably connected with all the domains of the classical aero- and fluid-dynamics, involving all of the classical regions of the sub-, trans-, and super-sonic nature. On the other side it involves the relativistic phenomena with the velocity of light being another barrier, the light-barrier, having a some sort of analogy to the old sonic barrier. Practically, the hypersonics is interested in the sub-light regime, leaving the super-light region still in the sphere of speculations of the theoretical physics. Hypersonics applies all the possible tools, ever invented, developed and worked out by the mechanics of continuous media, kinetic theory of gases, Newtonian free molecule technique and finally the classical special theory of relativity. This refers to all kinds of gaseous media, i. e. , ideal, perfect, real, ionized, etc. There is no limit in that respect from any point of view. Concerning the problem of solving the differential and integral equations occurring in the fields in question, there are used all of the possible techniques and methods known in the theory of partial and ordinary differential as well as of integro-differential equations. One can mention here the classical techniques, special functions, algebraic, integral operator, topological techniques, reduction of the number of independent variables, etc. Each of these methods possesses certain advantages and disadvantages.

The present work is concerned with certain aspects of the enormously large field of hypersonics, namely with the discussion of some recent developments in a few techniques of remodelling the equations, governing the flow of a gas in that region. Obviously, not only the state of a neutral gas but as well that of an ionized gas (electro-magneto-hydrodynamics or plasma-dynamics) should be considered.

In general, the classical techniques are not strong enough to attack the nonlinear systems. Integral operator technique discussed in the present work, involves a hodograph transformation with all its enormously complicated formalism of returning back to the physical plane, difficulties with boundary conditions (unknown) in the hodograph plane, etc.

The technique of the reduction of independent variables is actually based upon the elementary fundamentals of the theory of invariant groups.

As such one, it does not take account of the boundary conditions.

The topological techniques furnish usually in a very simple manner the existence proof. But concerning the formal solution at a point they seem to require a lot of formalism involving necessarily numerical procedures usually with the use of high-speed computing machines.

Actually, all the techniques, discussed in the present work require necessarily the application of numerical solutions and the use of the high speed computing machines. There is briefly discussed the most recent tendency in calculating the reentry phenomena of blunt bodies (Apollo's shape) by simply programming directly the equations of motion for the high speed computing machines without any whatsoever remodelling them from their original forms.

Finally, tha last part of the work is concerned with the approach to the hypersonic flow regime from the light-barrier point of view. This is accomplished by discussing the fundamentals of the relativistic energo-dynamics. It involves the invariance of the total energy of the system in question filled out by a continuous (matter-full) medium under the transformation group of coordinates. The assumption is that the matter (i. e., a certain level of energy) can be transformed into the energy of the light (electro-magnetic-matterless energy). This approach could be of some value in motion of matter-full particles in the range of velocities approaching the velocity of light. Some concluding remarks close the work.

1. Free Molecule Flow Technique And The Fundamental Systems Of Equations

1. 1. Free Molecule Flow

In this chapter we shall briefly discuss the fundamental aspects of the free molecule flow (no collision between particles of the gas only the impact of the gas-molecules on the surface of the moving body), reflecting them from more than one point of view. Next we shall collect some fundamental systems of equations used to describe hypersonic flow in its various aspects.

If ξ', η', ζ' are the components of velocity of a molecule in the directions x', y', z' of a coordinate system in which the macroscopic velocity of the gas is zero, then since the velocity distribution is not modified by the impact with the body because of absence of collision between molecules in the free stream and re-emitted molecules from the surface of the body, the distribution is Maxwellian, or

$$N_{\xi'\eta'\zeta'} = N(H/\pi)^{3/2} \exp\left\{-h(\xi'^2 + \eta'^2 + \zeta'^2)\right\}. \tag{1.1.1}$$

$N_{\xi'\eta'\zeta'}$ is the number of molecules per unit volume in the range of velocities ξ' to $\xi' + d\xi'$, η' to $\eta' + d\eta'$, and ζ' to $\zeta' + d\zeta'$ divided by $d\xi' d\eta' d\zeta'$. N is total of molecules per unit volume. h is related to the most probable velocity c_i of the molecules in the free stream by the expression

$$h = 1/c_i^2 \, , \tag{1.1.2}$$

where $c_i^2 = 2RT = 2(p/\rho)$.

If the observer moves with a velocity e_1U, e_2U, e_3U in the directions x', y', z', then in the relative coordinate system x, y, z where the observer is considered at rest, the velocities ξ, η, ζ of the molecule in the directions x, y, z are

(1.1.3) $$\xi = \xi' - e_1 U, \quad \eta = \eta' - e_2 U, \quad \zeta = \zeta' - e_3 U .$$

Therefore, in the new coordinate system, the number of molecules having velocity component between ξ, η, ζ and $\xi + d\xi$, $\eta + d\eta$, $\zeta + d\zeta$ is

(1.1.4) $$N_{\xi\eta\zeta} = N(h/\pi)^{3/2} \exp\left\{-h(\xi + e_1 U)^2 + (\eta + e_2 U)^2 + (\zeta + e_3 U)^2\right.$$

Suppose there is a surface dS whose normal is the x-axis. During a unit second the molecules, having velocity components between ξ, η, ζ and $\xi + d\xi$, $\eta + d\eta$, $\zeta + d\zeta$, and striking the surface dS, will be contained at a given moment in the cylinder with dS as base and the length $\sqrt{\xi^2 + \eta^2 + \zeta^2}$ in the direction ξ, η, ζ.

The volume of the cylinder is equal to the area of the base dS multiplied by the heights $(-\xi)$. The number of this kind of molecules is then $N_{\xi\eta\zeta}(-\xi)dS$. The number of molecules between ξ, η, ζ and $\xi + d\xi$, $\eta + d\eta$, $\zeta + d\zeta$ that will strike a unit area with x-axis as normal is then $-\xi N_{\xi\eta\zeta}\, d\xi\, d\eta\, d\zeta$. The total number n of molecules striking this unit area is

(1.1.5) $$n = -N\left(\frac{h}{\pi}\right)^{3/2} \int_{-\infty}^{0} d\xi \int_{-\infty}^{\infty} d\eta \int_{-\infty}^{\infty} \xi\, d\xi \, \exp\left\{-h\left[(\xi + e_1 U)^2 + (\eta + e^2 U)^2 + (\zeta + e_3 U)^2\right]\right\}$$

the result being

(1.1.6) $$n = N\left\{\left[2(\pi h)^{1/2}\right]^{-1} \exp\left[-h(e_1 U)^2\right] + 2^{-1} e_1 U \left[1 + \mathrm{erf}(e_1 U\sqrt{h})\right]\right\}$$

where erf(t) is the error function defined as

(1.1.7) $$\mathrm{erf}(t) = 2(\pi)^{-1/2} \int_0^t \exp(-s^2)ds .$$

Hence, the number of molecules per second striking a unit area of the plate inclined at angle θ to the stream with velocity U is

(1.1.8) $$n = \frac{N}{2}\left\{(\pi h)^{-1/2}\exp\left[-h(U\sin\theta)^2\right] + U\sin\theta\left[1+\mathrm{erf}(Uh^{1/2}\sin\theta)\right]\right\}$$

The mass m_i of the stream per second striking a unit area of the plate is

(1.1.9) $$m_i = \frac{c_i\,\rho}{2\,\pi^{1/2}}\left\{\exp\left[-(Uc_i^{-1}\sin\theta)^2\right] + \pi^{1/2}Uc_i^{-1}\sin\theta\left[1+\mathrm{erf}(Uc_i^{-1}\sin\theta)\right]\right\}$$

The component of velocity of the molecule in a direction, having directional cosines e_1', e_2', e_3' with the axes is $e_1'\xi + e_2'\eta + e_3'\zeta$. If this molecule is absorbed by the surface after striking it, the corresponding momentum will be transferred to the surface. For the surface with x-axis as normal considered as above, the total momentum $M_{e_1'e_2'e_3'}$ per second per unit area is

(1.1.10) $$M_{e_1'e_2'e_3'} = -\rho(h\pi^{-1})^{3/2}\int_{-\infty}^{0}d\xi\int_{-\infty}^{\infty}d\eta\int_{-\infty}^{\infty}\xi(e_1'\xi + e_2'\eta + e_3'\zeta).$$
$$.\exp\left\{-h\left[(\xi+e_1U)^2+(\eta+e_2U)^2+(\zeta+e_3U)^2\right]\right\}d\zeta\ ,$$

or

(1.1.11) $$M_{e_1'e_2'e_3'} = -\frac{\rho}{2}U^2\left\{(\pi h)^{-1/2}U^{-1}(e_1e_1'+e_2e_2'+e_3e_3')\exp\left[-h(e_1U)^2\right] +\right.$$
$$\left.+\left[e_1'(2hU^2)^{-1}+e_1(e_1e_1'+e_2e_2'+e_3e_3')\right].\left[1+\mathrm{erf}(Ue_1h^{1/2})\right]\right\}.$$

The pressure p_i due to impact of molecules on a plate inclined at an angle θ to the stream of velocity U is calculated by using

(1.1.12) $$e_1 = \sin\theta\ ,\ e_2 = \cos\theta\ ,\ e_3 = 0;\ e_1' = -1,\ e_2' = 0,\ e_3' = 0\ ,$$

and the impact pressure p_i is

(1.1.13) $$\frac{p_i}{\frac{1}{2}\rho U^2} = \pi^{-1/2}\sin\theta\ (c_iU^{-1})\exp\left[-(Uc_i^{-1}\sin\theta)^2\right]+$$
$$+\left[2^{-1}(c_iU^{-1})^2+\sin^2\theta\right].\left[1+\mathrm{erf}(Uc_i^{-1}\sin\theta)\right].$$

To calculate the shearing stress τ_i due to impact of molecules on the plate, the direction cosines are

(1. 1. 14) $$e_1 = \sin\theta\ ,\ e_2 = \cos\theta\ ,\ e_3 = 0;\ e'_1 = 0,\ e'_2 = -1,\ e'_3 = 0\ .$$

By substituting Eq. (1. 1. 14) into Eq. (1. 1. 11), we obtain

(1. 1. 15) $$\frac{\tau_i}{\frac{1}{2}\rho U^2} = \cos\theta \cdot c_i U^{-1} \exp[-(Uc_i^{-1}\sin\theta)^2] + \\ + \sin\theta\cos\theta\ [1 + \mathrm{erf}(Uc_i^{-1}\sin\theta)]\ .$$

If the molecules reflect specularly from the surface, then the pressure and the shearing stress due to re-emission are

(1. 1. 16) $$p_r = p_i\ ;\quad \tau_r = -\tau_i\ .$$

On the other hand, if molecules re-emit diffusively, $\tau_r = 0$, and the pressure p_r due to diffuse-reemission, is given by

(1. 1. 17) $$\frac{p_r}{\frac{1}{2}\rho U^2} = 2^{-1}\pi^{1/2} c_r U^{-1}\Big\{ c_i U^{-1}\pi^{-1/2}\exp[-(Uc_i^{-1}\sin\theta)^2] + \\ + \sin\theta\,[1 + \mathrm{erf}(Uc_i^{-1}\sin\theta)]\Big\}\ ,$$

where c_r is the most probable velocity of the molecule in the termal equilibrium at a temperature T_r of the reemitted gas, having the relation

(1. 1. 18) $$c_r^2 = 2RT_r\ .$$

The above presentation is actually a part of the work by Tsien [72] .

1. 2. <u>Kinetic Theory of Gases Approach.</u>

The approach to the free molecule flow from the kinetic theory of gases was proposed by Heineman [37] and Keller [42] .

One can find the momentum per second imparted to dS' by the impinging only :

$$-m \int_{-\infty}^{0} du \int_{-\infty}^{\infty} dv \int_{-\infty}^{\infty} dw.\, u(u\cos\theta + v\sin\theta).$$

(1. 2. 1)

$$.\, f(u+V\cos\theta, v+V\sin\theta, w, xyz)\,dS'.$$

Here the symbol f denotes the distribution function of the gas. Then total momentum per second D_i for the impinging molecules is

(1. 2. 2)

$$D_i = -m\Big\{\int dS' \int_{-\infty}^{0} du \int_{-\infty}^{\infty} dv \int_{-\infty}^{\infty} dw\, u(u\cos\theta + v\sin\theta).$$

$$.\, f(u+V\cos\theta, v+V\sin\theta, w, xyz) -$$

$$- \int dS'' \int_{0}^{\infty} du \int_{-\infty}^{\infty} dv \int_{-\infty}^{\infty} dw\, u(u\cos\theta + v\sin\theta).$$

$$.\, f(u+V\cos\theta, v+V\sin\theta, w, xyz)\Big\}.$$

The total momentum per second exerted by the reflected molecules is

(1. 2. 3)

$$D_r^{(s)} = -m\Big\{\int dS' \int_{0}^{\infty} du \int_{-\infty}^{\infty} dv \int_{-\infty}^{\infty} dw\, u(u\cos\theta + v\sin\theta).$$

$$.\, f(u-V\cos\theta, v+V\sin\theta, w, xyz) -$$

$$- \int dS'' \int_{-\infty}^{0} du \int_{-\infty}^{\infty} dv \int_{-\infty}^{\infty} dw\, u(u\cos\theta + v\sin\theta).$$

$$.\, f(u-V\cos\theta, v+V\sin\theta, w, xyz)\Big\},$$

for specular reflection, and

(1. 2. 4)

$$D_r^{(d)} = -m\Big\{\int dS' \int_{0}^{\infty} du \int_{-\infty}^{\infty} dv \int_{-\infty}^{\infty} dw\, A_f u(u\cos\theta + v\sin\theta)\exp(-h_r c^2) -$$

$$- \int dS'' \int_{-\infty}^{0} du \int_{-\infty}^{\infty} dv \int_{-\infty}^{\infty} dw\, A_b u(u\cos\theta + v\sin\theta)\exp(-h_r c^2)\Big\},$$

for diffuse reflection as the distribution of reflected molecules is of the form $A\exp(-h_r c^2)$; here $h_r = m(2KT_r)^{-1}$ where T_r is the absolute temperature of the reflected stream, $c^2 = u^2 + v^2 + w^2$. A_f and A_b can be determined from the conservation of energy and number at the surface. A_f and A_b are given by

$$A_f \int_0^{\infty} du \int_{-\infty}^{\infty} dv \int_{-\infty}^{\infty} dw\, u \exp(-h_r c^2) = - \int_{-\infty}^{0} du \int_{-\infty}^{\infty} dv \int_{-\infty}^{\infty} dw\, . \tag{1.2.5}$$
$$. \, u f(u + V\cos\theta \;, \; v + V\sin\theta \;, w, xyz),$$

$$A_b \int_{-\infty}^{\infty} du \int_{-\infty}^{\infty} dv \int_{-\infty}^{\infty} dw\, u \exp(-h_r c^2) = - \int_0^{\infty} du \int_{-\infty}^{\infty} dv \int_{-\infty}^{\infty} dw\, . \tag{1.2.6}$$
$$. \, u f(u + V\cos\theta \;, \; v + V\sin\theta \;, w, xyz).$$

In the first approximation we neglect collisions between the molecules. At infinity the function f is Maxwellian, i. e.,

$$f = f^{(M)} = N(h \pi^{-1})^{3/2} \exp\left\{ -h\left[(u+V\cos\theta)^2 + (v+V\sin\theta)^2 + w^2\right]\right\}. \tag{1.2.7}$$

Here N is the number density for the monatomic molecules and at the boundary, $f = f^{(M)} + f^{(R)}$ where $f^{(R)}$ is the distribution function of the reflected stream. Eqs(1. 2. 5) and (1. 2. 6) now take the form

$$A_f = N \pi^{-3/2} h_i^{1/2} h_r^2 \left\{ (\pi h_i^{-1})^{1/2} V\cos\theta + h_i^{-1} \exp(-h_i V^2 \cos^2\theta) + \right. \tag{1.2.8}$$
$$\left. + 2V\cos\theta \int_0^{V\cos\theta} \exp(-h_i u^2) du \right\}$$

$$A_b = N \pi^{-3/2} h_i^{1/2} h_r^2 \left\{ -(\pi h_i^{-1})^{1/2} V\cos\theta + h_i^{-1} \exp(-h_i V^2 \cos^2\theta) + \right. \tag{1.2.9}$$
$$\left. + 2V\cos\theta \int_0^{V\cos\theta} \exp(-h_i u^2) du \right\},$$

where $h_i = m(2KT_i)^{-1}$, T_i being the temperature of the impinging stream. Heineman furnishes the drag coefficients for a plate, sphere, right circular cone and prolate ellipsoid. We present here the drag coefficient of a plate :

Specular reflection :

$$C_D = 8(2\pi\gamma)^{-1/2} M^{-2} \left\{ (2/\gamma)^{1/2} (1 + \gamma M^2 \cos^2\theta) \operatorname{erf}((\gamma/2)^{1/2} M\cos\theta) + \right. \tag{1.2.10}$$
$$\left. + M\cos\theta \, \exp(-(\gamma/2) M^2 \cos^2\theta) \right\}.$$

Diffuse reflection :

$$C_D = 4(2\pi\gamma)^{-1/2}(M_i^2\cos\theta)^{-1}\Big\{(2/\gamma)^{1/2}(1+\gamma M_i^2)\cos\theta\,\mathrm{erf}\big[(\gamma/2)^{1/2}M_i\cos\theta\big] \tag{1.2.11}$$
$$+ M_i\exp\big[-(\gamma/2)M_i^2\cos^2\theta\big]\Big\} + (2\pi\gamma^{-1})^{1/2}M_r^{-1}\cos\theta ,$$

where M_i and M_r are respectively equal to $V/v_s^{(i)}$ and $V/v_s^{(r)}$, $v_s^{(i)}$ and $v_s^{(r)}$ being the sound velocities in the impinging and reflected streams.

Keller employs the Jaffé's method [41] with more general type of boundary condition. Let s denotes arc length along a trajectory, then the Boltzmann equation may be written :

$$df/ds = a\lambda^{-1}J(f,f) , \qquad \lambda = a^3/N\pi\sigma^2 , \tag{1.2.12}$$

where a is a typical macroscopic dimension; λ is (when divided by π) the mean free path in a gas of spherical molecules of radius σ ; N = number of particles $/a^3$;

$$J(f,f) = \iiint \big[f(c')f(c_1') - f(c)f(c_1)\big]\,|c-c_1|\,b\,db\,d\varepsilon\,dc_1 . \tag{1.2.13}$$

We now assume that f can be represented by a convergent power series in :

$$f = f_o + a\lambda^{-1}f_1 + (a\lambda^{-1})^2 f_2 + \dots \tag{1.2.14}$$

If this solution is inserted into Eq. (1.2.12) and coefficients of like powers of $a\lambda^{-1}$ are equated, the following infinite set of equations is obtained :

$$df_o/ds = 0 , \qquad df_1/ds = J(f_o,f_o) , \tag{1.2.15}$$
$$df_2/ds = J(f_o,f_1) + J(f_1,f_o) = 2J(f_o,f_1), \dots$$

When ther external forces F_1, F_2, F_3, are constants, the trajectories may be calculated explicitly, and one finds that the general solution for f_o is :

$$f_o = h(x-ut+F_1t^2/2,\ y-vt+F_2t^2/2,\ z-wt+F_3t^2/2,\ u-F_1t,\ v-F_2t,\ w-F_3t) , \tag{1.2.16}$$

where h is an arbitrary function.

Keller assumes that for every gas molecule which strikes the surface element dS of a solid or liquid surface during the time dt with velocity (relative to that of dS) between c' and c' + dc' there is a probability p(c, c') dc dc' that a molecule with velocity between c and c + dc will leave the element dS during the interval dt. Further, he assumes that there is a probability g(c) dc dS dt that a particle with velocity between c and c + dc will spontaneously leave the element dS during the time interval dt , and finds the relation which should be satisfied by f(c) at a solid or liquid surface :

$$(1.2.17) \qquad -f(c)c.n = \int_{c'.n > o} p(c,c')f(c')c'.ndc' + g(c) \quad \text{for} \quad c.n < 0$$

where n is a unit normal to dS pointing out of the gas, and p(c, c') is given by :

(i) Specular reflection :

$$(1.2.18) \qquad p_s(c,c') = \begin{cases} \infty & \text{if } c = c' - 2(c'.n)n \\ 0 & \text{if } c \neq c' - 2(c'.n)n \end{cases}, \quad \int_{c.n < o} p_s(c,c')dc = 1 ;$$

(ii) Diffuse reflection :

$$(1.2.19) \qquad \int_{c.n < o} p_o(c,c')dc = 1 ;$$

$$p_o(c,c') = (2\pi)^{-1} m^2 (KT)^{-2} (-c.n) \exp\left[-mc^2 (2KT)^{-1} \right]$$

where temperature T is given by $T = T_g + \alpha (T_s - T_g)$, T_g = temperature of incident molecules, T_s = temperature of the surface, α = coefficient of accomodation, $0 < \alpha < 1$.

(iii) Part specular and part diffuse :

$$(1.2.20) \qquad p(c,c') = f_r p_D + (1-f_r)p_S ; \quad \int_{c.n < o} p(c,c')dc = 1 .$$

The theoretical determination of $p(c, c')$ and $g(c)$ can be based on the quantum mechanical investigation of the interaction of molecules with a solid surface (see [63]).

The drag force and the torque (with respect to a given origin) exerted by a gas on a body in the gas are given by :

(1. 2. 21) $$D = m \int_S \int_c cfc.\, dSdc \quad ,$$

(1. 2. 22) $$T = m \int_S \int_c c \times rfc.\, dSdc \quad .$$

1. 3. Equations Based On The Theory Of Continuous Media.

The equations of this kind used in hypersonics in any region, mentioned above (sub-, transon, super-sonic), are the well-known equations of Euler and Navier-Stokes. In the field of hypersonics there are usually introduced the following improvements :

(i) the specific heats c_p , c_v , and their ratio, γ must be properly adjusted to the physical nature of the gas (not necessarily the air in the zero-level consistency); since in the mechanics of continuous media these parameters cannot be evaluated from the fundamental concepts, they must be furnished by the experimental physics;

(ii) similarly, the both coefficient of viscosity, their relation and the coefficient of heat conduction resulting from the transport phenomena must be furnished by the experimental physics.

Since the above equations are so well-known, we do not need to present them in the present work.

1. 4. Macroscopic Equations Based Upon The Kinetic Theory Of Gases.

These equations were derived in the past and actually present some average description of the medium in question, which supposedly consists of discrete particles subject to the collision phenomena.

Since these are macroscopic equations we can deal with them in a way similar to that applied to equations based on the mechanics of continuous media.

We briefly quote the following system of equations from [70] :

(1.4.1) $$\frac{\partial \rho}{\partial t} + \frac{\partial(\rho u_i)}{\partial x_i} = 0$$

(1.4.2) $$\frac{\partial u_i}{\partial t} + u_j \frac{\partial u_i}{\partial u_j} + \rho^{-1} \frac{\partial P_{ij}}{\partial x_j} = 0$$

(1.4.3) $$\frac{\partial p}{\partial t} + \frac{\partial (pu_i)}{\partial x_i} + (2/3) \frac{\partial q_i}{\partial x_i} + (2/3)P_{ij} \frac{\partial u_i}{\partial x_j} = 0 ,$$

(1.4.4) $$\frac{\partial \tau_{ij}}{\partial t} + \frac{\partial}{x_k}(u_k \tau_{ij}) - (2/5)\frac{\partial q_i}{\partial x_j} + \tau_{ik}\frac{\partial u_j}{\partial x_k} - p\frac{\partial u_i}{\partial x_j} = - p \mu^{-1} \tau_{ij} ,$$

$$\frac{\partial q_i}{\partial t} + \frac{\partial (u_k q_i)}{\partial x_k} + (7/5) q_k \frac{\partial u_i}{\partial x_k} + (2/5) q_k \frac{\partial u_k}{\partial x_i} + (2/5) q_i \frac{\partial u_k}{\partial x_k} - RT \frac{\partial \tau_{ik}}{\partial x_k}$$

(1.4.5.) $$- (7/2) \tau_{ik} R \frac{\partial T}{\partial x_k} + \tau_{ij} \rho^{-1} \frac{\partial P_{ik}}{\partial x_k} + (5/2) p R \frac{\partial T}{\partial x_i} = -(2/3) p \mu^{-1} q_i ,$$

where

(1.4.6.) $$\rho = m \int_{-\infty}^{\infty} \int_{-\infty}^{\infty} \int_{-\infty}^{\infty} f \, dv_{m1} \, dv_{m2} \, dv_{m3} \equiv m \int f \, d\vec{v}_m \equiv m n ,$$

(1.4.7.) $f = f_o\left[1 - (2\,pRT)^{-1}\tau_{ij} V_i V_j - (pRT)^{-1} q_i V_i (1 - V^2 (5RT)^{-1})\right]$,

(1.4.8) $f_o = (2\pi RT)^{-3/2}\, n \exp\left[- V^2 (2RT)^{-1}\right]$,

(1.4.9) $u_i = n^{-1}\int v_{mi}\, f d\vec{v}_m$, $\quad q_i = 2^{-1} m \int V_i V^2 f\, d\vec{v}_m$,

(1.4.10) $P_{ij} = m\int (v_{m_i} - v_{m_j})(v_{m_j} - v_{m_i})\, f d\vec{v}_m \equiv m\int V_i V_j f d\vec{v}_m \equiv p\delta_{ij} - \tau_{ij}$,

(1.4.11) $$\tau_{ij}^{(n)} = \mu \frac{\partial \overline{u_i}}{\partial x_j} - \mu p^{-1}\left[\frac{D\tau_{ij}^{(n-1)}}{Dt} + \tau_{ij}^{(n-1)} \frac{\partial u_k}{\partial x_k} - (2/5)\frac{\partial q_i^{(n-1)}}{\partial x_j} + \right.$$

$$\left. + \tau_{ik}^{(n-1)} \frac{\partial u_j}{\partial x_k}\right],$$

$$q_i^{(n)} = - k_{th}\frac{\partial T}{\partial x_i} - 3\mu(2p)^{-1}\left(\frac{Dq_i^{(n-1)}}{Dt} + (7/5)\, q_i^{(n-1)}\frac{\partial u_j}{\partial x_j} - RT\,\frac{\partial \tau_{ij}^{(n-1)}}{\partial x_j}\right.$$

$$+ q_j^{(n-1)}\left[\frac{\partial u_i}{\partial x_j} + (2/5)\left(\frac{\partial u_i}{\partial x_j} + \frac{\partial u_j}{\partial x_i}\right)\right]$$

(1.4.12) $$- (7/2)\tau_{ij}^{(n-1)} RT\,\frac{\partial T}{\partial x_j} + \tau_{ij}^{(n-1)}\rho^{-1}\frac{\partial P_{jk}^{(n-1)}}{\partial x_k},$$

and $\overline{A_{ij}} \equiv A_{ij} + A_{ji} - (2/3)\,\delta_{ij} A_{kk}$,

$\mu = 0.243\,(2mA^{-1})^{1/2}\, mRT$,

$k_{th} = 15 R\mu / 4$.

Ikenberry and Truesdell [37] present the n-th iterate:

$$(1.4.13)\quad -(p/\mu)P_{ij}^{(n+1)} \equiv 2pE_{ij} + \dot{P}_{ij}^{(n)}E - (2/3)P_{kl}^{(n)}E_{kl}\delta_{ij}$$

$$+ 2P_k^{(n)}({}_i u_j)k + \left[p_{ijk}^{(n)} - (2/3)h_k^{(n)}\delta_{ij}\right]_{,k},$$

$$-(p/2\mu)(3p_{ijk}^{(n+1)} - 2h_{(i\delta_{ik})}^{(n+1)}) \equiv \dot{p}_{ijk}^{(n)} + p_{ijk}^{(n)}E + p_{ijkl,l}^{(n)} -$$

$$-3p\rho^{-1}p_{,(i\delta_{jk})} - 3\rho^{-1}p_{,(i}P_{jk)}^{(n)}$$

$$(1.4.14)\quad -3\rho^{-1}p\delta_{(ij}\rho_{k)}{}^{-3}_{l,l}\;\rho^{-1}P_{(ij}^{(n)}P_{k)}^{(n)}{}_{l,l} +$$

$$+3p_{l(iju_k),l}^{(n)},$$

where :

$$n \equiv \int_\infty f\,d\vec{\xi},\quad \rho \equiv mn,\quad u_i \equiv \bar{\xi}_i,\quad c_i \equiv \xi_i - u_i;$$

$$p_{i_1 i_2 \ldots i_n} \equiv \rho\, c_{i_1} c_{i_2} \ldots c_{i_n} = m\int_\infty c_{i_1} c_{i_2} \ldots c_{i_n} f\,d\vec{\xi},\quad h_i = (1/2)\,p_{ijj},\quad (1.4.15)$$

$$(1.4.16)\quad (\dot{\ }) \frac{D(\ )}{Dt}\ \frac{\partial}{\partial t} + (\ )_{,i}u_i,$$

$$(1.4.17)\quad P_{ij} \equiv p_{ij} - p\delta_{ij},\quad E \equiv u_{k,k},\quad E_{ij} \equiv (1/2)(u_{i,j} + u_{j,i}) - (1/3)E\delta_{ij},$$

$$(1.4.18)\quad \mu = (1/3)\,(2mG^{-1})^{1/2}\,mp\,(\rho A_2)^{-1},$$

G being the constant of proportionality between the intermolecular force and the reciprocal 5th power of distance, $A_2 = 1.37\ldots$ is a numerical constant evaluated by Maxwell [64]. The above iterate gives the following system of equations:

$$(1.4.19) \qquad \partial_t \rho^{(n+1)} + (\rho^{(n+1)} u_i^{(n+1)})_{,i} = 0 ,$$

$$(1.4.20) \qquad \rho^{(n)} \partial_t u_i^{(n+1)} + \rho^{(n)} u_{i,j}^{(n+1)} u_j^{(n)} + p_{,i}^{(n)} - \rho^{(n)} f_i = 0 ,$$

$$(1.4.21) \qquad 3 \partial_t p^{(n+1)} + 3 p_{,i}^{(n+1)} u_i^{(n)} + 5 p^{(n+1)} E^{(n)} + 2 P_{ij}^{(n+1)} E_{ij}^{(n)} + 2 h_{i,i}^{(n)} = 0,$$

$$\partial_t P_{ij}^{(n+1)} + P_{ij,k}^{(n+1)} u_k^{(n)} + P_{ij}^{(n+1)} E^{(n)} + 2 p^{(n)} E_{ij}^{(n)}$$

$$+ (p^{(n)}/\mu^{(n)}) P_{ij}^{(n+1)} - (2/3) P_{kl}^{(n+1)} E_{kl}^{(n)} \delta_{ij} + 2 P^{(n+1)}_{k(i} \omega_{j),k}^{(n)}$$

$$\text{etc.} \quad (1.4.22) \qquad + P_{ijk,k}^{(n)} - (4/15) h_{k,k}^{(n)} \delta_{ij} + (4/5) h_{(i,j)}^{(n)} = 0 ,$$

The Hilbert-Enskog-Chapman-Burnett method obtains the necessary relations in terms of a solution of the Maxwell-Boltzmann equation. It is assumed that the collision term is dominant and that the distribution function may be determined by successive iterations on the collision term. This is roughly equivalent to assuming that the distribution function is given in terms of a power series in the mean free path. Then the Maxwell-Boltzmann equation can be reduced to a sequence of linear integral equations, which are in turn solved by replacing them by systems of simultaneous linear equations. The first approximation to the distribution function is the equilibrium distribution, (1.4.8) which gives the Euler equation after substitution into the Maxwell-Boltzmann equation.

The second and the third approximations respectively give the Navier-Stokes, and the Burnett equations.

The Euler, Navier-Stokes and Burnett equations are all contained in the system of Eqs. (1.4.1) - (1.4.5) if it is assumed that τ_{ij}, and q_i can be given in the form of (1.4.11) and (1.4.12).
$p_{ij}^{(o)} = q_i^{(o)} = 0$ (Euler equation) yields $\tau_{ij}^{(1)}$, $q_i^{(1)}$, which give the Navier-Stokes equations. $\tau_{ij}^{(2)}$, $q_i^{(2)}$ yield the Burnett equations (for Maxwellian molecules) and $\tau_{ij}^{(3)}$, $q_i^{(3)}$ will furnish the so-called Thirteen Moment equations, derived originally in 1949 completely independently by Grad [34].

1.5. Asymptotic Expansion.

Asymptotic solutions of Boltzmann equation are very thoroughly treated by Grad. The reader interested in the subject is referred to his works, (see [35, 36]).

1,6, MHD And Plasma

Actually both magneto-hydrodynamics and plasmadynamics in all their forms are used very extensively in the field of hypersonics. Below in chapter 2 and 4, we shall be barely able to consider a MHD flow. Plasmadynamics will not be discussed at all and the reader is referred to the enormous number of references on this subject. Needless to say, the dynamics of rarefied, ionized gas is today perhaps the most important aspect of the reentry hypersonics. Lack of space does not allow the author to discuss it as thoroughly as it should be done.

2. Hodograph Transformation and Integral Operators.

2.1. Preliminary Remarks.

During reentry of a blunt body there appears in front a bow -shock. Behind it the flow varies from sub- through trans-, to super-sonic one. The subsonic domain must be determined very precisely. It furnishes the initial data for the transonic flow and finally through it one must obtain precise information about the supersonic region at Mach number greater than one so that one can apply the theory of characteristics which is so powerful tool in the supersonic domain. We shall not discuss the corelation between subsonic and transonic flows.

In this chapter we restrict ourselves to discussing one of the possible techniques in the subsonic domain . Due to the high temperature the gas behind the bow-shock may be ionized. The technique in question is the hodograph transformation combined with the integral operator technique. The method is applicable at the present status to an inviscid, non-heat conducting gas. In the case of an irrotational steady flow, the equations in the hodograph plane are linear. In other cases of flows like rotational, magneto-hydrodynamic flow, etc., the equations in hodograph plane are nonlinear. In some terms there appears the Jacobian of the transformation in coefficients in front of derivatives. In such cases, one can apply a limiting process (iteration, successive approximation, etc.) starting with the irrotational equations. In hodograph plane such a procedure is much more efficient and more strongly convergent than in the physical plane. The procedure carries with itself all the disadvantages of the hodograph transformation technique like lack of knowledge of the boundary conditions in the hodograph plane, a very time consuming returning process from the hodograph plane to the physical plane, etc.

All these items must be solved by some sort of approximation techniques. The two curve boundary value problems must be solved by some sort of trial and error procedure. The technique was generalized to a three dimensional flow and to MHD flows in a two dimensinal case.

2.2. Hodograph Transformation in Two Dimensional Flow

To explain the fundamental aspects of the integral operator technique we begin with the simplest possible case.

It is assumed that the flow of a perfect gas is steady, irrotational, inviscid, non-heat conducting, isentropic and two dimensional.

The equations of conservations of mass, momentum are :

(2.2.1) $$\frac{\partial}{\partial x}(\rho u) + \frac{\partial}{\partial y}(\rho v) = 0 ,$$

(2.2.2) $$\rho q \, dq = - dp \; ; \; \rho \, d\left(\frac{q^2}{2}\right) = \rho \, d\left(\frac{u^2+v^2}{2}\right) = - dp ,$$

where the used symbols denote : ρ is a mass density u, v are velocity components in x-axis and y-axis, respectively, q is the velocity along the stream line. Introducing the speed of sound $c^2 = dp / d\rho$ in Eq. (2,2.2) we obtain :

(2.2.3) $$d\rho = -\rho c^{-2} \, d\left(\frac{u^2+v^2}{2}\right),$$

from which one can calculate the partial derivatives $\partial\rho/\partial x$, $\partial\rho/\partial y$. Eq. (2.2.1) may be written as :

$$(2.2.4)\quad \rho(u_x + v_y) + u\frac{\partial\rho}{\partial x} + v\frac{\partial\rho}{\partial y} = 0 .$$

Let $q = \operatorname{grad}\varphi$; we substitute $\frac{\partial\rho}{\partial x}$, $\frac{\partial\rho}{\partial y}$ calculated from Eq. (2.2.3) into Eq. (2.2.4) ; then the equation for the potential function has the form:

$$(2.2.5)\quad \left(1-\frac{\varphi_x^2}{c^2}\right)\varphi_{xx} + \left(1-\frac{\varphi_y^2}{c^2}\right)\varphi_{yy} - 2\frac{\varphi_x\varphi_y}{c^2}\varphi_{xy} = 0 .$$

We may satisfy Eq. (2.2.1) by a stream-function, $\psi = \psi(x, y)$:

$$(2.2.6)\quad \rho u = \frac{\partial\psi}{\partial y}, \quad \rho v = -\frac{\partial\psi}{\partial x},$$

or

$$(2.2.6')\quad \frac{\partial\varphi}{\partial x} = \frac{1}{\rho}\frac{\partial\psi}{\partial y}, \quad \frac{\partial\varphi}{\partial y} = -\frac{1}{\rho}\frac{\partial\psi}{\partial x}.$$

In a way analogous to the procedure for obtaining the potential function we get :

$$(2.2.7)\quad \left(1-\frac{u^2}{c^2}\right)\psi_{xx} + \left(1-\frac{v^2}{c^2}\right)\psi_{yy} - 2\frac{uv}{c^2}\psi_{xy} = 0 .$$

Following the standard procedure, the hodograph transformation from (x, y) - plane to (q, θ) - plane furnishes the general Cauchy-Riemann equations:

$$(2.2.8)\quad \frac{\partial\varphi}{\partial q} = \frac{M^2-1}{\rho q}\frac{\partial\psi}{\partial\theta}, \quad \frac{\partial\varphi}{\partial\theta} = \frac{q}{\rho}\frac{\partial\psi}{\partial q}, \quad u = q\cos\theta,\ v = q\sin\theta,$$

or Chaplygin's equations :

$$(2.2.9) \qquad \frac{\partial^2 \psi}{\partial q^2} + \frac{1-M^2}{q^2} \frac{\partial^2 \psi}{\partial \theta^2} + \frac{1}{q} (1+M^2) \frac{\partial \psi}{\partial q} = 0 ,$$

$$(2.2.10) \qquad \frac{\partial^2 \varphi}{\partial q^2} + \frac{1-M^2}{q^2} \frac{\partial^2 \varphi}{\partial \theta^2} + \frac{1-M^2}{\rho q} \frac{d}{dq} \left(\frac{\rho q}{1-M^2} \right) \frac{\partial \varphi}{\partial q} = 0 .$$

let

$$(2.2.11) \quad \lambda = \int^{0} (1-M^2)^{1/2} q^{-1} dq, \ \text{ i.e.,} \ \frac{d\lambda}{dq} = (1-M^2)^{1/2} q^{-1},$$

$\frac{\partial}{\partial q} = \frac{d\lambda}{dq} \cdot \frac{\partial}{\partial \lambda}$ in Eq. (2.2.9) , then we have :

$$(2.2.12) \qquad \frac{\partial \psi^2}{\partial \theta^2} + \beta^{-1} \frac{\partial}{\partial \lambda} \left(\beta \frac{\partial \psi}{\partial \lambda} \right) = 0 ,$$

where $\beta = (1-M^2)^{1/2} \rho^{-1}$.

If we introduce $\psi = \psi^* \beta^{-1/2}$, $\frac{\partial \psi}{\partial \lambda} = \beta^{-1/2} \frac{\partial \psi^*}{\partial \lambda} - (2 \beta^{3/2})^{-1} \frac{d\beta}{d\lambda}$,

in Eq. (2.2.12) , we arrive at :

$$(2.2.13) \quad \Delta \psi^* = \frac{\partial^2 \psi^*}{\partial \lambda^2} + \frac{\partial^2 \psi^*}{\partial \theta^2} = F(\lambda) \psi^*,$$

where

$$(2.2.14) \quad F(\lambda) = (2 \beta^{1/2})^{-1} \frac{d}{d\lambda} \left(\beta^{-1/2} \frac{d\beta}{d\lambda} \right) .$$

For an incopressible fluid (M=0) , $\lambda = \log q$, we get:

$\beta = \rho^{-1}$ = constant, $F = 0$, $\Delta \psi$ = constant, $\Delta \psi^* = 0$.

In the compressible case, we attampt to find a solution in the form:

$$(2.2.15) \qquad \psi^* = f_o + \sum_{n=1}^{\infty} f_n g_n ,$$

where f_o, f_1, f_2 ... are analytical functions of the complex variable $z = \lambda + i\theta$ and g_i, g_2, g_3 ..., are real functions of λ only. If the relation (2.2.15) satisfies Eq. (2.2.14), we can take its real part as well as its imaginary part as a solution, each supplying one definite flow of a compressible fluid.

From:

$$(2.2.16) \qquad \Delta f_n = 0 \quad \text{and} \quad \Delta(ab) = a\,\Delta b + b\,\Delta a + 2\left(\frac{\partial a}{\partial \lambda}\frac{\partial b}{\partial \lambda} + \frac{\partial a}{\partial \theta}\frac{\partial b}{\partial \theta}\right),$$

we find:

$$(2.2.17) \qquad \Delta(f_n g_n) = f_n \Delta g_n + 2\frac{\partial f_n}{\partial \lambda} g'_n = f_n g''_n + 2\frac{\partial f_n}{\partial \lambda} g'_n .$$

Here $\partial f_n / \partial \lambda$ is the directional derivative of f_n in the direction of the real axis and equals the complex derivative $d f_n / d z$ of the analytical function f_n. Substitution of (2.2.15) into Eq. (2.2.14) gives the condition:

$$\sum_{n=1}^{\infty} (f_n g''_n + 2 f'_n g'_n) = F(\lambda)\,(f_o + \sum_{n=1}^{\infty} f_n g_n).$$

or

$$(2.2.18) \qquad \sum_{n=1}^{\infty} \left[f_n (g''_n - F g_n) + 2 f'_n g'_n\right] = F f_o .$$

We choose the functions $f_n(z)$ so that

$$(2.2.19) \qquad (-1/2) f_{n-1} = f'_n ,\ \text{i.e.,}\ f_1 = (-1/2)\int^z f_o\, dz ,\ f_2 = (-1/2)\int^z f_1\, dz, \ldots,$$

and the functions $g_n(\lambda)$ so that:

(2.2.20) $\quad g'_{n+1} = g''_n - F g_n \; ; \quad n = 0, 1, 2, 3, \ldots ,$

With these assumptions, the above condition can be written as:

(2.2.21) $$\sum_{n=1}^{\infty} (f_n g'_{n+1} - f_{n-1} g'_n) = F f_o .$$

The left-hand side is the limit for $n = \infty$ of the difference : $f_n g'_{n+1} - f_o g'_1$. Since the sum in (2.2.15) must be supposed to be convergent, $f_n g_n$ goes toward zero. We also assume that $f_n g'_n$ or $f_n g'_{n+1}$ has the limit zero for infinite n. Then Eq. (2.2.21) reduces to the simple condition :

(2.2.22) $$- f_o g'_1 = F f_o \text{ or } g'_1 = - F, \quad g_1 = - \int^{\lambda} F \, d\lambda .$$

The recursion formula (2.2.20) can also be written as :

(2.2.23) $$g_n = g'_{n-1} - \int^{\lambda} F g_{n-1} \, d\lambda ,$$

and this remains valid for $n = 0$ also if we introduce $g_o = 1$. The sequence of functions $g_1, g_2, g_3, \ldots$ depends on $F(\lambda)$ and this is completely determined by the p, ρ - relation. Thus the $g_n(\lambda)$ can be computed once for all and tabulated.

The functions $f_1, f_2, f_3 \ldots$ depend on f_o only and can be represented explicitly in terms of f_o. By differentiation it can be seen that

(2.2.24) $$f_n(z) = (-1)^n (n! \, 2^n)^{-1} \int_0^z (z - \zeta)^n f'_o(\zeta) \, d\zeta ,$$

satisfies the condition (2.2.19). In fact, taking the derivative on both sides,

$$f'_n(z) = (-1)^n (n! \, 2^n)^{-1} n \int_0^z (z - \zeta)^{n-1} f'_o(\zeta) \, d\zeta = (-1/2) f_{n-1}(z) .$$

For $n=0$, the right-hand side of Eq. (2.2.24) becomes f_o, expect for an additional constant which has no importance.

Inserting Eq. (2.2.24) in (2.2.15) leads, with $g_o = 1$, to :

$$\psi^* = \sum_{n=0}^{\infty} g_n(\lambda)\,(n!2^n)^{-1} \int_0^z (\zeta - z)^n f'_o(\zeta)\, d\zeta$$

$$(2.2.25) \qquad = \int_0^z f'_o(\zeta)\, G(\lambda, \theta, \zeta)\, d\zeta,$$

where

$$(2.2.26) \qquad G(\lambda, \theta, \zeta) = \sum_{n=0}^{\infty} (n!2^n)^{-1}\, g_n(\lambda)\,(\zeta - z)^n.$$

If we write $w(z)$ for the arbitrary function $f'_o(z)$, the final solution can be written in the form :

$$(2.2.27) \qquad \psi(\lambda, \theta) = \beta^{-1/2} \int^z G(\lambda, \theta, \zeta)\, w(\zeta)\, d\zeta$$

Once the p, ρ - relation is known, β is a given function of λ, then $G(\lambda, \theta, \zeta)$ is defined by Eq. (2.2.26) while for $w(\zeta)$ any analytic function of one complex variable can be introduced. Eq. (2.2.27) represents the integral operator which transforms an analytic function into a couple of solutions of Eq. (2.2.9). There remains to be seen that the infinite series included in Eq. (2.2.27) converges and that all solutions of Eq. (2.2.9) can be represented in this form by an appropriate choice of $f(\zeta)$.

For an isentropic flow the quantities λ, β, F can be expressed in terms of the Mach number M. From the fundamental relation $q^2[(\gamma - 1)/2 + M^{-2}] = c_o^2$, where γ is the ratio of the specific heats, c_p / c_v, we derive:

$$\lambda = \int^{q} (1-M^2)^{1/2} q^{-1} dq = (1/2) \int^{q} (1-M^2)^{1/2} d \log (q^2)$$

$$= (1/2) \int^{M} (1-M^2)^{1/2} d \left[-\log\left\{ (\gamma-1)/2 + M^{-2} \right\} \right]$$

$$(2.2.28) = 2^{-1} \log \left(\left\{ 1-(1-M^2)^{1/2} \right\} \left\{ 1+(1-M^2)^{1/2} \right\}^{-1} \left[\left\{ 1+h(1-M^2)^{1/2} \right\} \cdot \right. \right.$$

$$\left. \left. \cdot \left\{ 1-h(1-M^2)^{1/2} \right\} \right]^{1/h^2} \right),$$

where $h = (\gamma+1)(\gamma-1)^{-1}$.

By similar computations the functions β and F are :

$$(2.2.29)\ \beta = \rho^{-1}(1-M^2)^{1/2}, \quad \beta^{-1/2} = (1-M^2)^{-1/4} \left[1 + (\gamma-1)/2 \cdot M^2 \right]^{-1/2(\gamma-1)}$$

$$(2.2.30)\ F = (\gamma+1)/16\, M^4 (1-M^2)^{-2} \left[16 - 4(3-2\gamma) M^2 - (3\gamma-1) M^4 \right].$$

Eqs. (2.2.28) and (2.2.30) combined determine F as function of λ and, therefore, the functions $g_1(\lambda)$, $g_2(\lambda)$, $g_3(\lambda)$, ...

For the sake of practical computation an appropriate independent variable has to be chosen.

The function F can be roughly approximated by the simple expression ; $F(\lambda) = C \lambda^{-2}$ (C = constant).

From Eq. (2.2.20) the g_n can be computed :

$$g_n(\lambda) = 2^n n!\, C_n \lambda^{-n} \text{ with } C_{n+1} = -(1/2)\, C_n \left[1+n^{-1} + C(n+1)^{-2} \right].$$

From a certain $n = n_o$ the bracket is smaller than 2, whatever C is, and thus $|C_{n+1}| < \eta |C_n|$ with $|\eta| < 1$. The coefficients $g_n (n! 2^n)^{-1}$ in Eq. (2.2.26) behave like the terms of a convergen geometrical series.

For further details, see [66].

Once a solution in the hodograph plane has been found, one still has to transfer it to the physical plane.

First assume that both stream function ψ and potential φ are known as functions of q, θ and the lines φ = constant and ψ = constant plotted with a certain increment $d\varphi = d\psi = \Delta$. Let P be the point in the physical plane that corresponds to P'. To find the streamline element PP_1 mapping $P'P'_1$ we make $PP_1 \parallel O'P'$ and $\overline{PP}_1 = \Delta q^{-1} = \Delta(\overline{O'P'})^{-1}$. In this way the entire streamline passing through P can be plotted. The next streamline will be known if we have one initial point P_2.

Such a point is given by $PP_2 \perp PP_1$ and $\overline{PP}_2 = \Delta(\rho q)^{-1}$ where $q = \overline{O'P'}$ and ρ a known function of q, depending on the p, ρ - relation.

An analytic procedure assuming the knowledge of the function $\psi(q, \theta)$ alone can be based on the relations $\partial\varphi/\partial s = q$, $dx = \cos\theta\, ds$, $dy = \sin\theta\, ds$ and runs as follows. Along a streamline we have:

$$\frac{\partial\psi}{\partial q} dq + \frac{\partial\psi}{\partial\theta} d\theta = 0, \quad \frac{\partial\varphi}{\partial q} dq + \frac{\partial\varphi}{\partial\theta} d\theta = d\varphi.$$

Using Eq. (2.2.8), we obtain:

$$\text{(2.2.31)} \qquad d\varphi = (M^2-1)(\rho q)^{-1} \frac{\partial\psi}{\partial\theta} dq + q\rho^{-1} \frac{\partial\psi}{\partial q} d\theta =$$

$$= \left(\rho \frac{\partial\psi}{\partial\theta}\right)^{-1} \left[(M^2-1) q^{-1} \left(\frac{\partial\psi}{\partial\theta}\right)^2 - q\left(\frac{\partial\psi}{\partial q}\right)^2\right] dq.$$

For a definite streamline $\psi(q,\theta) = c$ we know θ as function of q and thus the factor of dq is a known function of q. From the above relations between dx, dy, ds, and $d\varphi$ we draw:

$$x = \int q^{-1} \cos\theta \, d\varphi \, , \quad y = \int q^{-1} \sin\theta \, d\varphi . \tag{2.2.32}$$

If $d\varphi$ is substituted from Eq. (2.2.31) the integrands become functions of q and the integrals are defined. They determine one streamline. To find the other ones, one potential line has to be computed which supplies the initial values for the integrals (2.2.32) . This computation can be performed in an analogous way if $\varphi(q,\theta)$ is also considered as given. In most cases, one φ - line in the x, y-plane will be given by the conditions of the flow, e.g., if all streamlines are known to start with the same initial velocity vector.

In practical problems boundary conditions will be given in the physical plane while the functions $\psi(q,\theta)$ and $\varphi(q,\theta)$ can only be determined by conditions in the hodograph plane. A tedious process of successive approximations has then to be applied . Assume that the flow around an elliptical profile E with given velocity at infinity has to be found. We would then start from the known solution of this problem for an incompressible fluid. This gives us a velocity distribution along the ellipse and allows us to map the ellipse onto the hodograph plane where it appears as a streamline E' . We try to solve the compressible fluid problem for a flow around E' in the hodograph plane. This supplies a φ - distribution along E' and enables us, according to the first method described in this section, to plot the corresponding streamline E_1 in the physical plane which will not coincide with E. A contour between E and E_1 might be assumed and the whole procedure repeated, and so on.

2.3. Bergman's Operator Technique in General

We shall briefly discuss the main results obtainable by means of Bergman's operators. The reader who is more deeply interested in the subject is referred to the original sources [4 - 9, 47, 48, 51, 60]. We begin with the discussion of differential equations in two variables. In general, Bergman considers a differential equation of the form :

(2.3.1) $\tilde{L}(\tilde{\tilde{U}}) = \tilde{\tilde{U}}_{xx} + \tilde{\tilde{U}}_{yy} + a\tilde{\tilde{U}}_x + b\tilde{\tilde{U}}_y + c\tilde{\tilde{U}} = 0.$

By means of substitutions :

(2.3.2) $z = x + iy, \quad z^* = x - iy,$

Eq. (2.3.1) takes the form :

(2.3.3.) $L(U) = U_{zz^*} + AU_z + BU_{z^*} + CU = 0, \; B = \overline{A}, U(z, z^*) = \tilde{\tilde{U}}(x, y).$

Let $A \equiv A(z, z^*)$, $B \equiv B(z, z^*)$, $C \equiv C(z, z^*)$, for $(z, z^*) \in \mathfrak{U}^4(0, 0)$, be continuously differentiable functions and let

(2.3.4) $D = n_z - \int_0^z A_z \, dz^* + B, \quad F = -A_z - AB + C,$

where $n = n(z)$ is an arbitrary analytic function of a complex variable which is regular for $z \in \mathfrak{U}^2(0)$.

Let further $\tilde{E}(z, z^*, t)$, for $(z, z^*) \in \mathfrak{U}^4(0,0)$, $|t| \leqslant 1$, be twice continuously differentiable solution of the equation :

(2.3.5) $B(\tilde{E}) \equiv (1 - t^2)\tilde{E}_{z^*t} - t^{-1}\tilde{E}_{z^*} + 2tz(\tilde{E}_{zz^*} + D\tilde{E}_{z^*} + F\tilde{E}) = 0$

which possesses the following properties :

For $(z, z^*) \in \mathfrak{U}^4(0, 0)$

$$(2.3.6) \qquad \lim_{t=+1} (1 - t^2)^{1/2} \tilde{E}_{z^*}(z, z^*, t) = 0$$

(uniformly in t) . Further $t^{-1} \tilde{E}_{z^*}$ is continuous for

$$(z, z^*) \in \mathfrak{U}^4(0, 0), \qquad |t| \leqslant 1 .$$

Let

$$(2.3.7) \qquad U(z, z^*) = \int_{s^1} E(z, z^*, t) f(z(1-t^2)/2) (1-t^2)^{-1/2} dt ,$$

where f is an analytic function of a complex variable , regular at the origin ,

$$(2.3.8) \qquad E(z, z^*, t) = \exp\left[- \int^{z^*} A dz^* + n(z)\right] \tilde{E}(z, z^*, t) ,$$

and s^1 is a path in the complex t- plane which connects the points - 1 and 1 and omits the point t = 0 . Then Eq. (2.3,7) is a solution of the equation :

$$(2.3.9) \qquad L(U) = U_{zz^*} + AU_z + BU_{z^*} + CU = 0 ,$$

which is twice continuously differentiable in $\mathfrak{U}^4(0, 0)$. For the proof, see [4].

We call E (see Eq. (2.3.8)) a generating function for the differential equation (2.3.9) with respect to the origin .

Eq. (2.3.7) yields complex solutions of Eq. (2.3.9) . If $B(z, \bar{z}) = \bar{A}(z, \bar{z})$ and $C(z, \bar{z})$ is real, we obtain for $z^* = \bar{z}$ real solutions writing :

$$(2.3.10) \int_{s^1} \left[E_1(z, \bar{z}, t) f (z(1-t^2)/2) + E_2(z, \bar{z}, t) \bar{f}(\bar{z}(1-t^2)/2) \right. (1-t^2)^{-1/2} dt,$$

where we denote by E_1 the function (2.3.8) and by E_2 an analogously formed expression such that $E_2(z, \bar{z}, t) = \bar{E}_1(\bar{z}, z, t)$.

To a given differential equation (2.3.9) there exist infinitely many generating functions E. It is of interest to investigate them, and to determine those which have some interesting properties.

For harmonic functions we have the representation :

$$\psi(z, z^*) = \left[g(z) + \bar{g}(z^*)\right] / 2 \tag{2.3.11}$$

where g is an arbitrary analytic function of a complex variable .
We shall show that the generating functions E_i, i = 1, 2, in (2.3.10) can be chosen in such a way that (2.3.10), after a slight modification, represents a generalization of the formula (2.3.11).

Bergmann distinguishes various kinds of operators. He calls the operator $C_2(z, z^*; g)$ which transforms g(z) into $U(z, z^*)$ the integral operator of the first kind for the equation L = 0. An integral operator of this kind can be obtained as follows. Let

$$g(z) = \sum_{n=0}^{\infty} A_n z^n, \tag{2.3.12}$$

and let

$$f(z/2) = -(2\pi)^{-1}\int_{s}^{1} g(z(1-t^2))t^{-2}dt = \sum \Gamma(n+1)\left\{\Gamma(1/2)\Gamma(n+1/2)\right\}^{-1} A_n z^n. \tag{2.3.13}$$

If $E_i(z, z^*, t)$, i = 1, 2, are of the form :

$$E_1(z, z^*, t) = \exp\left[-\int_0^{z^*} A(z, z^*)\, dz^*\right]\left[1+t\, zz^* \ell(z, z^*, t)\right], \tag{2.3.14}$$

$$E_2(z, z^*, t) = \exp\left[-\int^{z} \bar{A}(z^*, z)\, dz\right]\left[1+tzz^* \ell(z, z, t)\right], \tag{2.3.15}$$

then

$$(2.3.16) \qquad C_2(z, z^*; g) = \int_{s^1} [E_1(z, z^*, t) f(z(1-t^2)/2) +$$

$$+ E_2(z, z^*, t) f(z^*(1-t^2)/2)] (1-t^2)^{-1/2} dt,$$

will be an integral operator of the first kind. Here f is defined by (2.3.13).

For various applications it is convenient to write the integral operator (2.3.7) in a somewhat modified form and to derive for it different representations. We introduce the function g(z) (inverse to (2.3.13)) by the relation:

$$(2.3.17) \quad g(z) = \int_{t=-1}^{1} f(z(1-t^2)/2) (1-t^2)^{-1/2} dt .$$

If

$$E(z, z^*, t) = \exp\left[-\int_0^{z^*} A(z, z^*) dz^*\right]\left[1 + \sum_{n=1}^{\infty} t^{2n} \ell_n(z, z^*)\right],$$

$$(2.3.18) \qquad \ell_n(z, z^*) = z^n Q^{(n)}(z, z^*),$$

then the integral operator

$$(2.3.19) \qquad \int_{s^1} E(z, z^*, t) f(z(1-t^2)/2) (1-t^2)^{-1/2} dt$$

can also be written in the form:

$$\exp\left[-\int_0^{z^*} A(z, z^*) dz^*\right]\left[g(z) + \sum_{n=1}^{\infty} \Gamma(2n+1)\left\{2^{2n}\Gamma(n+1)\right\}^{-1} .\right.$$

$$(2.3.20) \qquad \left. . Q^{(n)}(z, z^*) \int_0^z \int_0^{z_1} \cdots \int_0^{z_{n-1}} g(z_n) dz_n \ldots dz_1\right],$$

or

$$\exp\left[-\int_0^{z^*} A(z,z^*)\,dz^*\right]\left[g(z) + \sum_{n=1}^{\infty} (2^{2n} B(n,n+1)\, Q^{(n)}(z,z^*)\,.\right.$$

(2.3.21)
$$\left. .\int_0^z (z-\zeta)^{n-1} g(\zeta)\, d\zeta\right].$$

Here

(2.3.22)
$$Q^{(n)}(z,z^*) = \int_0^{z^*} P^{(2n)}(z,z^*)\,dz^*,$$

where $P^{(2n)}$ are given in the form:

$$P^{(2)} = -2F,$$

(2.3.23)
$$(2n+1)\,P^{(2n+2)} = -2\left[P_z^{(2n)} + DP^{(2n)} + F\int_0^{z^*} P^{(2n)} dz^*\right],\ n = 1, 2, \ldots$$

We note that in addition to (2.3.13), $f(z/2)$ can be represented as a function of g in the form:

$$f(z/2) = z^{1/2}\,(\Gamma(1/2))^{-1}\,\frac{d^{1/2} g(z)}{d(z/2)^{1/2}}$$

(2.3.24)
$$= \pi^{-1}\left[g(0) + 2\int_0^{\pi/2} z\sin\vartheta\,\frac{dg(z\sin^2\vartheta)}{d(z\sin^2\vartheta)}\,d\vartheta\right].$$

The operator of the first kind can be represented in terms of integrals.

Let $D(z,z^*)$ and $F(z,z^*)$ be functions of two complex variables z and z^* which are regular in a domain $\mathfrak{U}^4$ of the space of two complex variables z and z^*, and le $g(z)$ be a function of a complex variable z which is regular in the domain $\mathfrak{U}^2 \subset \mathfrak{U}^4$. ($\mathfrak{U}^2$ and $\mathfrak{U}^4$ include the origin.)

We introduce :

$$T(F_\nu, D_{\nu-1}, D_{\nu-2}, \ldots, F_2, F_1; g) =$$

$$(2.3.25) \quad = \int_0^z \int_0^{z^*} F_\nu \int_0^{z_\nu} \int_0^{z^*_{\nu-j}} D_{\nu-1} \int_0^{z_{\nu-1}} D_{\nu-2} \ldots \int_0^{z_3} \int_0^{z_3^*} F_2 \int_0^{z_2} \int_0^{z_1^*} F_1 g \, \delta_\nu ,$$

where $\delta_\nu = dz_\nu dz^*_\nu \, dz_{\nu-1} \ldots dz_{j+1} \, dz^*_{j+1} \, dz_j \, dz_{j-1} \ldots dz_1$,

$F_\nu = F(z_\nu, z^*_{\nu+\rho})$, $\quad D_{\nu-1} = D(z_{\nu-1}, z^*_{\nu+\rho-1})$, etc.,

and by $J_\nu \equiv J_\nu(g)$, we denote the some of the $2^{\nu-1}$ expressions $T(F_\nu, D_{\nu-1}, \ldots, F_1; g)$ where all possible combinations of F_μ and D_i occur, except those for which we have D_1 in the last place.
Then

$$(2.3.26) \quad \tilde{\psi}(z, z^*) = g + \sum_{\mu=1}^{\infty} (-1)^\mu J_\mu(g)$$

is a solution of the equation $\tilde{L}(V) = 0$ which has the property that

$$(2.3.27) \qquad V(z, 0) = g(z), \quad V(0, z^*) = g(0).$$

Various properties of the integral operator of the first kind are discussed in [4].

It may be valuable to present a solution of the differential equation :

$$(2.3.8) \qquad \Delta_2 V + F(r^2) V = 0,$$

where $F(r^2)$ is an entire function of $r^2 = x^2 + y^2 = z z^*$.
In the case of the differential equation (2.3.28), the generating function $E(z, z^*, t)$ of the integral operator of the first kind is a real function

of $\Gamma^2 = z z^*$ and t . The generating function

$$(2.3.29) \qquad E(\Gamma^2, t) = 1 + \sum_{n=1}^{\infty} t^{2n} Q^{(2n)}(\Gamma^2) ,$$

where $Q^{(2n)}$ is provided by :

$$(2.3.30) \qquad \frac{\partial Q^{(2)}}{\partial(\Gamma^2)} + 2F(\Gamma^2) = 0$$

$$(2.3.31) \qquad (2n+1)\frac{\partial Q^{(2n+2)}}{\partial(\Gamma^2)} + 2\Big[\frac{\partial(\Gamma^2\,\partial Q^{(2n)}/\partial(\Gamma^2))}{\partial(\Gamma^2)} + F(\Gamma^2)\,Q^{(2n)} - n\,\frac{\partial Q^{(2n)}}{\partial(\Gamma^2)}\Big] = 0 ,$$

is thus real and we may speak of the conjugate solutions of Eq. (2.3.28) whose developments at the origin are given by :

$$(2.3.32) \quad V = \int_{-1}^{1} E(\Gamma^2, t)\,\mathrm{Re}\big[f(u)\big]\,(1-t^2)^{-1/2}dt = \mathrm{Re}\Big\{\int_{-1}^{1} E(\Gamma^2, t) f(u)(1-t^2)^{-1/2}dt\Big\},$$

$$(2.3.33) \quad W = \int_{-1}^{1} E(\Gamma^2, t)\,\mathrm{Im}\big[f(u)\big]\,(1-t^2)^{-1/2}dt = \mathrm{Im}\Big\{\int_{-1}^{1} E(\Gamma^2, t) f(u)(1-t^2)^{-1/2}dt\Big\},$$

where $u = z(1-t^2)/2$.

A real solution, regular at the origin, can be written in the form :

$$(2.3.34) \qquad V = \sum_{n=0}^{\infty} \big[a_n J^{(n)}(\Gamma) \cos n\varphi - b_n J^{(n)}(\Gamma) \sin n\varphi \big] ,$$

while its conjugate is given by :

$$(2.3.35) \qquad W = \sum_{n=0}^{\infty} \big[b_n J^{(n)}(\Gamma) \cos n\varphi + a_n J^{(n)}(\Gamma) \sin n\varphi \big] ,$$

where

(2.3.36) $$J^{(n)} = 2^{-n} \, r^{n} \int_{-1}^{1} E(r^{2}, t)\,(1-t^{2})^{n-1/2}\, dt .$$

Integral operators can be of an expontial type like :

(2.3.37) $$E = \exp Q , \quad Q = Q(z, z^{*}, t) = \sum_{\mu=0}^{m} q(z, z^{*})\, t^{\mu} .$$

Let $u(z, z^{*})$ be the solution of Eq. (2.3.9) obtained by applying a generating function of the the form (2.3.37) to the function $f(z) = z^{n}$, $n = 1, 2, \ldots$. Then the function $U(z_1, z_2) = u(z, z^{*})$ (where $z = z_1 + iz_2$, $z = z_1 - iz_2$) satisfies for any fixed value of z_2 an ordinary linear differential equation (in the variable z_1) :

(2.3.38) $$\sum_{\mu=0}^{k} B_{\mu}(z_1, z_2) \frac{d^{\mu} U}{d z_1^{\mu}} = 0 , \quad (B_k = 1) .$$

The order k of Eq. (2.3.38) is independent of the value of n appearing in the function $f(z) = z^{n}$, and depends only on the degree m of Q in (2.3.37) . It is always possible to determine an equation (2.3.38) whose order is at most m+1 .

Eichler [14] considers another type of a differential equation, namely ,

(2.3.39) $$\Delta_2 \psi + N(x)\psi = 0 ,$$

where

(2.3.40) $$N(x) = C_0 + C_1 x + C_2 x^2 + \ldots .$$

The solutions ψ of Eq. (2.3.39) are generated by integral operators:

(2.3.41) $$f(z) - \int_0^{z} S(x, y, \zeta)\, f(\zeta)\, d\zeta , \quad z = x + iy .$$

where satisfies :

(2.3.42) $S_{xx} + S_{yy}$ N (x) S = 0 , $S_x(x,y,z) + i S_y(x,y,z) = N(x)/2$.

In analogy to Eq. (2.3.17) $\psi(z, \bar{z})$ can be represented in the form:

(2.3.43) $$\psi(z,\bar{z}) = e_2(z,\bar{z},g) \equiv g(z) - p_1(x)\int_0^z g(z_1)dz_1 + p_2(x)\int_0^z\int_0^{z_1} g(z_2)dz_2dz_1 + \\ + \dots ,$$

(2.3.44) $$p_1(x) = (1/2)\int_0^x N(x)dx + \gamma_1,\ p_2(x) = (1/2)\int_0^x (p_1'' + N(x)\, p_1(x))dx + \gamma_2, \dots,$$

where γ_n are integration constants (ascending series).

$e_2(z, \bar{z}, g)$ also can be written in the form :

(2.3.45) $e_2(z, \bar{z}, g) = q_0(x)g(z) + q_1(x)g_z(z) + q_2(x)\, g_{zz}(z) + \cdots,\ g_z = dg/dz,$

(descending series) where the $q_n(x)$ are connected by the recurrence formulae :

(2.3.46) $q'' + Nq_0 = 0\ ,\ q''_1 + Nq_1 = -2q'_0\ , \cdots$.

We may discuss briefly a certain class of fourth - order equations which will indicate how how the methods employed previously are extended. Consider equations of the form :

(2.3.47) $L(U) = U_{zzz^*z^*} + MU_{zz} + LU_{zz^*} + NU_{z^*z^*} + AU_z + BU_{z^*} + CU = 0,$

where M, L, N, A, B, C are entire functions of the complex variables z, z^*. When written in terms of the variables : $x = (z+z^*)/2$, $y = (z-z^*)/2i$, (which become real if the variable z is replaced by $\bar{z}$, the conjugate of z) the equation assumes the form :

(2.3.48) $\Delta\Delta U + aU_{xx} + 2bU_{xy} + cU_{yy} + dU_x + cU_y + fU = 0$,

where a, b, c, d, e, and f, are simply related to the coefficients of Eq. (2.3.47).

There exist four functions $E^{(k\mu)}(z, z^*, t)$, $k = I, II$, $\mu = 1, 2$, which are defined for sufficiently small values, say $|z| < \rho_1$, $|z^*| < \rho_2$, and for $|t| \leq 1$, possessing the following property: if $f_\mu(\zeta)$ and $g_\mu(\zeta)$ $\mu = 1, 2$, are any analytic functions of ζ defined and regular in a neighborhood of the origin, then

$$U(z, z^*) = \sum_{n=1}^{2} \int_{-1}^{1} \Big[E^{(I\mu)}(z, z^* t) f_\mu(z(1-t^2)/2) +$$

(2.3.49) $$+ E^{(II\mu)}(z, z, t)\, g_\mu(z^*(1-t^2)/2)\Big] (1-t^2)^{-1/2}\, dt,$$

is a solution of Eq. (2.3.47). Coversely, if $U(z, z^*)$ is a solution of (2.3.47) defined in a neighborhood of the origin $z = z^* = 0$, then U can be represented in the form (2.3.49) by means of suitably chosen functions f_μ and g_μ, $\mu = 1, 2$. The functions $E^{(k\mu)}(z, z^*, t)$ introduced above have the property that:

(2.3.50) $E^{(I1)}(z, 0, t) = E^{(II1)}(0, z^*, t) = 1$, $E^{(I2)}(z, 0, t) = E^{(II2)}(0, z^*, t) = 0$,

(2,3.51) $E^{(I1)}_{z^*}(z, 0, t) = E^{(II1)}_{z}(0, z^*, t) = 0$, $E^{(I2)}_{z^*}(z, 0, t) = E^{(II2)}_{z}(0, z^*, t) = 1$.

Each of the four functions $E^{(k\mu)}$ is required to satisfy the following partial differential equation:

$$L_1(E) = z^{-1} t^{-1} (1-t^2) \big[E_{zz^*z^*t} + ME_{tz} + LE_{tz^*}/2 + AE_t/2\big] +$$

$$+ (4z^2t^2)^{-1} (1-t^2)^2 \big[E_{z^*z^*tt} + ME_{tt}\big] -$$

$$- z^{-1} t^{-2} \left[E_{zz^* z^*} + ME_z + LE_{z^*}/2 + AE/2 \right] -$$

$$-(3/4)\, z^{-2} t^{-3} (1-t^4) \left[E_{tz^* z^*} + ME_t \right] +$$

(2.3.52) $$+ (3/4)\, z^{-2} t^{-4} \left[E_{z^* z^*} + ME \right] + L(E) = 0,$$

where L is the operator defined by eq. (2.3.47).

There were developped integral operators which transform functions of two variables into solutions of certain classes of partial differential equations in three variables. We consider a partial differential equation of the form:

(2.3.53) $$\Delta_3 \psi + A(r^2)\, X \cdot \nabla \psi + C(r^2)\, \psi = 0 .$$

We shall find an integral operator generating solutions of Eq. (2.3.53). Let $H(r, \tau)$ satisfy the equation:

(2.3.54) $$(1-\tau^2) H_{r\tau} - \tau^{-1} (1+\tau^2) H_r + r\tau (H_{rr} + 2 r^{-1} H_r + BH) = 0 ,$$

for $|\tau| \leqslant 1$ and $0 \leqslant r < r_0$ (where r_0 is any positive constant) and where

(2.3.55) $$B = - (3/2) A - rA_r/2 - r^2 A^2/4 + C .$$

Suppose $H_r / r\tau$ is continuous at $\tau = r = 0$.

Let

(2.3.56) $$E(r,\tau) = \exp\left(-2^{-1} \int_0^r A\, r\, dr\right) H(r,\tau) ,$$

and let $f(w, \zeta)$ be analytic in the complex variables w, ζ for $w \in \mathfrak{U}^2(0)$ and $|\zeta| \leqslant 1$. Then the function $\psi(X)$ defined by

(2.3.57) $$\psi(X) = (2\pi i)^{-1} \int_{|\zeta|=1} \int_{\tau=-1}^{1} E(r,\tau)\, f(u(1-\tau^2), \zeta)\, d\tau\, \zeta^{-1} d\zeta ,$$

satisfies Eq. (2.3.53) in a neighborhood of the origin, where

$$u = x + (iy + z)/2 \cdot \zeta + (iy - z)/2 \cdot \zeta^{-1}.$$

A solution of Eq. (2.3.53) may be given by a series expansion. We shall say that function $g(\theta, \varphi)$, $0 \leq \theta \leq \pi$, $0 \leq \varphi \leq 2\pi$ satisfies condition L if it can be expanded into a uniformly convergent series of Legendre functions:

$$g(\theta, \varphi) = \sum_{n=0}^{\infty} \Big[A_{no} P_{n,o}(\cos\theta) +$$

$$(2.3.58) \qquad + \sum_{m=1}^{n} (A_{nm} \cos m\varphi + B_{nm} \sin m\varphi) P_{n,n}(\cos\theta) \Big].$$

The coefficients A_{nm}, B_{nm} are expressible as certain integrals which can be obtained by taking account of the orthogonality properties of the terms of the above series.

Let S be the spherical surface $r = \rho$ and $\mathfrak{I}$ the interior of S. Suppose that there exists a positive functions $A(r, \theta, \varphi)$, continuous in $\mathfrak{I}$, such that every function $\psi(r, \theta, \varphi)$ which satisfies Eq. (2.3.53) in $\mathfrak{I}$ and is continuous in $\mathfrak{I} + S$ also satisfies the inequality:

$$(2.3,59) \qquad |\psi(r, \theta, \varphi)| \leq A(r, \theta, \varphi) \max_{S} |\psi(\rho, \theta, \varphi)| .$$

Suppose further that $\psi(\rho, \theta, \varphi)$ satisfies condition L, Then ψ can be expanded into the following series, uniformly convergent in every compact subset of $\mathfrak{I}$:

$$\psi(r, \theta, \varphi) = \sum_{n=0}^{\infty} r^n J_n^*(r) (\rho^n J_n^*(\rho))^{-1} \Big[A_{no} P_{n,o}(\cos\theta) +$$

$$(2.3.60) \qquad + \sum_{m=1}^{n} (A_{nm} \cos m\varphi + B_{nm} \sin m\varphi) P_{n,m}(\cos\theta) \Big],$$

where

$$(2.3.61)\qquad J_n^*(r) = \int_{-1}^{1} E(r, \tau)(1-\tau^2)^n \, d\tau.$$

Bergman considers a partial differential equation of the form:

$$(2.3.62)\qquad \Delta_3 \psi + F(y, z)\psi = 0 .$$

We introduce the variables : $X = x$, $Z = (z+iy)/2$, $Z^* = -(z-iy)/2$, and express the function $F(y, z)$ appearing in Eq. (2.3.62) as a function of Z and Z^*; we also use the symbol F for this new function. The equation (2.3.62) then assumes the form :

$$(2.3.63)\qquad \psi_{XX} - \psi_{ZZ^*} + F(Z, Z^*)\psi = 0$$

We proceed to obtain particular solutions of (2.3.63) which are polynomials in X, as follows. Let $\tilde{\gamma}(Z, Z^*)$ be any solution of the equation:

$$(2.3.64)\qquad -\tilde{\gamma}_{ZZ^*} + F\tilde{\gamma} = 0$$

and let the polynomials $P^{(N, k, \alpha)}$ be defined as follows:

$$P^{(N, k, k-2\nu)} \equiv \binom{N}{k-\nu} \cdot \binom{k-\nu}{\nu} Z^{N-k+\nu} Z^{*\nu},$$

$$(2.3.65)\qquad N=0, 1, 2, \cdots; \quad k=0, 1, 2, \cdots, 2N; \; \nu=k, k-2, \cdots, k-2\left[\frac{k}{2}\right].$$

Let the functions $\pi^{(N, k, \alpha)}(Z, Z^*)$ satisfy the equations :

$$(2.3.66)\qquad -N\tilde{\gamma}_{Z^*} P^{(N-1, k, k)} - \pi^{(N, k, k)}_{ZZ^*} + F\pi^{(N, K, K)} = 0$$

$$- N\tilde{\gamma}_{Z^*} P^{(N-1, k, \nu)} - N\tilde{\gamma}_Z \, P^{(N-1, k-2, \nu)} +$$

$$(2.3.67)\qquad + (\nu+2)(\nu+1)\pi^{(N, k, \nu+2)} - \pi^{(N, k, \nu)}_{ZZ^*} + F\pi^{(N, k, \nu)} = 0, \; \nu < k.$$

Then one finds by direct computation that the functions :

$$\psi^{(N,k)}(X, Z, Z^*) = \tilde{\gamma}\,(2\pi i)^{-1}\int_{|\zeta|=1} u^N \zeta^{-(N-k)} \zeta^{-1}\, d\zeta +$$

(2.3.68)
$$+ \sum_{\nu=0}^{[k/2]} \pi^{(N,k,k-2\nu)}(Z, Z^*)\, X^{k-2\nu},$$

(where $u = Z\zeta + X + Z^*\zeta^{-1}$) are (complex) solutions of Eq. (2.3.63).

The following equations and systems are treated by Bergman in [4]:

(2.3.69) (i) $\psi_x + \psi_{yy} + \psi_{zz} + F(y, z)\psi = 0;$

(2.3.70) (ii) $g^{\mu\nu} \nabla_\mu \nabla_\nu \varphi + h^\mu \nabla_\mu \varphi + k\varphi = 0,$

in the domain of the three-dimensional Riemannian space ;

(iii) system of equations :

(2.3.71) $\dfrac{\partial^2 \psi}{\partial z_1 \partial z_1^*} = F(z_1, z_1^*)$, $\dfrac{\partial^2 \psi}{\partial z_2 \partial z_2^*} = G(z_2, z_2^*)\psi$,

where z_1, z_1^*, z_2, z_2^*, are independent complex variables and F, G are entire functions of the indicated variables ;

(iv) equations of mixed type : a special case :

(2.3.72) $M(\psi) = \psi_{xx} + I(x)\,\psi_{yy} = 0,\ I(x) = \sum_{n=1}^{\infty} a_n (-x)^n,\ a_1 > 0$;

(v) initial value problem in the large ;

(vi) generalized Cauchy-Riemann equations ;

(vii) the differential equation :

(2.3.73) $\Delta_2 \psi + N(x)\psi = 0,$

with a new type of singularity of N ;

(viii) an integral operator for equations with non-analytic coefficients.

2.4. Generalization of the Hodograph Technique to Diabatic Flow.

This was done in [60] . Starting with the Euler equation and the continuity equation with $dQ \neq 0$, $Q \neq 0$, the following results was obtained for ψ in the hodograph plane :

$$(2.4.1) \qquad a_1 \psi_{,qq} - c_1 \psi_{,q\theta} - b_1 \psi_{,\theta\theta} + a_{1,q} \psi_{,q} - b_{1,\theta} \psi_{,\theta} - c_{1,\theta} \psi_{,q} = 0 ,$$

where

$$a_1 = \rho^{-1} q ; \quad b_1 = (\rho q)^{-1} (q \alpha^{-2} - 1 + (\gamma - 1) q \alpha^{-2} Q_{,q}) ,$$

$$c_1 = (\gamma - 1)(\rho \alpha^2)^{-1} Q_{,\theta} ; \quad \alpha^2 = (\partial p / \partial \rho)_S = \gamma \rho^{-1} p = \gamma R T .$$

2.5. Generalization of the Hodograph Technique to Magneto-Gas Dynamics.

It is assumed that a diabatic flow is inviscid, non-heat conducting, obeying the perfect gas law, heat being added by means of sources distributed in the flow domain with an electro-magnetic field.

Starting with the equations of continuity, momentum, energy and the pressure-density-entropy relation, accompanied by Maxwell's equations, we obtain (see details in [61]):

$$(2.5.1) \qquad a \psi_{,\theta\theta} + (b - \bar{c}) \psi_{,\theta q} - d \psi_{,qq} + (a_{,\theta} - \bar{c}_{,q}) \psi_{,\theta} + (b_{,\theta} - d_{,q}) \psi_{,q} - e_{,q} = 0 ,$$

where

$$a = (\rho q)^{-1} \left[q - g(\sin\theta + \cos\theta) \right] \left[q^{-1} (M^2 - 1) + \right.$$

$$(2.5.2) \qquad \left. + (\gamma - 1) c^{-2} Q_{,q} - (\rho c^2)^{-1} F_{e,q} \right] ,$$

$$b = (\rho q)^{-1} \Big\{ g(\sin\theta - \cos\theta) -$$

$$- c^{-2}\big[q - g(\sin\theta + \cos\theta)\big]\big[(\gamma - 1) Q,_{\theta} - \rho^{-1} F_{e,\theta}\big]\Big\}, \tag{2.5.3}$$

$$\overline{c} = (\rho q)^{-1} g(\sin\theta - \cos\theta) \quad ; \quad M^2 = q^2 c^{-2}, \tag{2.5.4}$$

$$d = \rho^{-1}\big[q - g(\sin\theta + \cos\theta)\big], \tag{2.5.5}$$

$$e = q\, J_{1\omega}\big[q - g(\sin\theta + \cos\theta)\big], \; g,_x - g,_y = \omega(x, y), \tag{2.5.6}$$

and F_e is the electromagnetic force potential and Q contains the Joule heat. The Maxwell equations and Ohm's law are transformed directly into the hodograph plane by means of a simple transformation of derivatives. In the work in question the author derived the canonical forms in the hodograph plane, discussed the general approach to solving equations and proposed a detailed table-procedure for particular steps of a solution. In particular, an inverse problem was solved . In it, in the physical (x, y) - plane the streamlines map into a pattern of concentric circles about the origin .

2.6 Transonic Flow.

Due to the importance of the transonic regime in the flow around a blunt body (Apollo shape) , as furnishing the initial data for the supersonic domain (characteristics) , the transonic flow is treated in more details .

Stark [71] uses the Bergman integral operator to generate families of flow patterns which yield the transonic flow pattern (the solution due to Ringleb [68] is a special case) . In order to obtain a flow pattern of a certain shape by this method it is necessary to determine the specific associate functions of the operator for the subsonic region and for the supersonic region. First the Chaplygin equation was transformed into :

(2.6.1) $$\frac{\partial^2 \psi}{\partial \mathcal{H}^2} + I(\mathcal{H}) \frac{\partial^2 \psi}{\partial \theta^2} = 0 ,$$

where

(2.6.2) $$\mathcal{H} = \int \rho q^{-1} dq , \quad I(\mathcal{H}) = \rho^{-2} (1-M^2) .$$

Using λ, Λ defined by $\lambda + i\Lambda = \int_0^{\mathcal{H}} [I(\tau)]^{1/2} d\tau$ we obtain equations of the form :

(2.6.3) $$\psi_{\lambda\lambda} + \psi_{\theta\theta} + 4 N \psi_\lambda = 0, \quad \text{for } M < 1 \text{ (subsonic)},$$

(2.6.4) $$\psi_{\Lambda\Lambda} - \psi_{\theta\theta} + 4N_1 \psi_\Lambda = 0, \quad \text{for } M > 1 \text{ (supersonic)}.$$

Here $N \equiv N(\lambda)$, $N_1 \equiv N_1 (\Lambda)$ and

(2.6.5a) $$\lambda = (1/2) \log\left[(1-T)(1+T)^{-1} \left\{ (1+hT)(1-hT)^{-1} \right\}^{1/h} \right],$$

(2.6.5b) $$T = (1-M^2)^{1/2} ,$$

$$\Lambda = h^{-1} \arctan (h\tilde{T}) \arctan (\tilde{T}), \tilde{T} = (M^2-1)^{1/2}, h = \left[(\gamma-1)(\gamma+1)^{-1} \right]^{1/\lambda} . \quad (2.6.6)$$

Bergman integral operator for the subsonic region is given by :

$$\psi = \operatorname{Im} P(f) ,$$

$$P(f) \equiv \int_c (A_1 E^{(1)} + A_2 (z(1-t^2)/2)^{2/3} E^{(2)}) f\left[z(1-t^2)/2\right] (1-t^2)^{-1/2} dt ,$$

(2.6.7) $$E^{(k)} = HE^{*(k)}, \quad E^{*(k)} = \sum_{n=0}^{\infty} q^{(n,k)} / (-t^2 z)^{n-(1/2)+(2k/3)}, \quad k=1,2.$$

Here P(f) is the Bergman integral operator of the second kind ,

$z = \lambda + i\theta$, $H = H(\lambda)$ depends upon N, and A_1, A_2 are complex constants. C is a suitably chosen curve in the complex t - plane connecting the points t= - 1 and t= 1. In general C is the path of the upper half of the unit circle, (see [2] and [3]). The functions $q^{(n,k)}$ are dependent upon the differential equation:they satisfy the system of ordinary differential equations: $q^{(0,k)}_{\lambda\lambda} + 4 F q^{(0,k)} = 0$,

$$2(n+2k/3)\, q^{(n,k)}_{\lambda} + q^{(n+1,k)}_{\lambda\lambda} + 4F q^{(n+1,k)} = 0 ,$$

where

$$F = - N^2 - N_\lambda/2 , \quad n = 1, 2, \cdots , \quad k = 1, 2.$$

Correspondingly, in the supersonic region, we have $z = i(\Lambda + \theta)$, and $\widetilde{H} = \widetilde{H}(\Lambda)$ depends on N_1. A_1 and A_2 are complex constants, C is taken along the upper half of the unit circle and the functions $\widetilde{q}^{(n,k)}$ are certain functions which depend only on the differential equation and they satisfy the system of ordinary differential equations;

$$- \widetilde{q}^{(0,k)}_{\Lambda\Lambda} + 4 F_1 \widetilde{q}^{(0,k)} = 0,$$

$$2 i (n+2k/3)\, \widetilde{q}^{(n,k)}_{\Lambda} + \widetilde{q}^{(n+1,k)}_{\Lambda\Lambda} - 4F_1 \widetilde{q}^{(n+1,k)} = 0 ,$$

where

$$F_1 \equiv F_1(\Lambda) = N_1^2 + (1/2) \frac{\partial N_1}{\partial \Lambda}, \qquad n = 0, 1, 2, \cdots .$$

For the supersonic region, the integral operator is given by :

$$\psi = \mathrm{Im}\ \widetilde{P}(\widetilde{f}),$$

$$\widetilde{P}(\widetilde{f}) \equiv \int_C (A_1 \widetilde{E}^{(1)} + A_2 \left[z(1-t^2)/2 \right]^{2/3} \widetilde{E}^{(2)})\, f\left[z(1-t^2)/2 \right] (1-t^2)^{-1/2} dt,$$

$$(2.6.8)\quad \tilde{E}^{(k)} = \tilde{H}\tilde{E}^{(k)}, \quad \tilde{E}^{*(k)} = \sum_{n=0}^{\infty} \tilde{q}^{(n,k)} / (-t^2 z)^{n-1/2+(2k/3)}, \quad k=1,2.$$

We associate with every stream function ψ the functions :

$$(2.6.9)\quad \chi_1(\theta) \equiv \lim_{M\to 1^-} \psi, \quad \chi_2(\theta) \equiv \lim_{M\to 1^-} \frac{\partial\psi}{\partial M}$$

when approaching from the subsonic region, and

$$(2.6.10)\quad \chi_1(\theta) \equiv \lim_{M\to 1^+} \psi, \quad \chi_2(\theta) \equiv \lim_{M\to 1^+} \frac{\partial\psi}{\partial M},$$

when approaching from the supersonic region .

Stark proposes two methods for obtaining the associate functions. In method I, there are used the expressions :

$$(2.6.11)\quad \chi_1(\theta) = a_o^{(1)} + \sum_{n=1}^{\infty}\left[a_n^{(1)} \cos n(\theta-\theta_o) + b_n^{(1)} \sin n(\theta-\theta_o)\right],$$

$$(2.6.12)\quad \chi_2(\theta) = a_o^{(2)} + \sum_{n=1}^{\infty}\left[a_n^{(2)} \cos n(\theta-\theta_o) + b_n^{(2)} \sin n(\theta-\theta_o)\right].$$

The associate function in the subsonic region of the desired stream function is given by :

$$F(\theta_o;\zeta) = a_o^{(1)} F_o^{(o)}(\theta_o;\zeta) + \sum_{n=1}^{\infty}\left[a_n^{(1)} F_n^{(o)}(\theta_o;\zeta) + b_n^{(1)} F_n^{(1)}(\theta_o;\zeta)\right]$$

$$(2.6.13)\quad + a_o^{(2)} G_o^{(o)}(\theta;\zeta) + \sum_{n=1}^{\infty}\left[a_n^{(2)} G_n^{(o)}(\theta_o;\zeta) + b_n^{(2)} G_n^{(1)}(\theta_o;\zeta)\right],$$

with respect to the operator (2.6.7) such that these associate functions satisfy the limit relations :

$$\lim_{M\to 1^-} \operatorname{Im} P(F_p^{(\mu)}) = \lim_{M\to 1^-} \operatorname{Im} \frac{\partial P(G_p^{(\mu)})}{\partial M}$$

(2.6.14) $$= \cos\left[p(\theta-\theta_0) - \frac{\pi\mu}{2}\right],$$

(2.6.15) $$\lim_{M\to 1^-} \operatorname{Im} \frac{\partial P(F_p^{(\mu)})}{\partial M} = \lim_{M\to 1^-} \operatorname{Im} P(G_p^{(\mu)}) = 0 .$$

A corresponding treatment in the supersonic case gives the associate function in the supersonic region .

In method II, one considers the functions $\chi_1(\theta)$, $\chi_2(\theta)$ expanded in Taylor series instead of the Fourier series in Eqs. (2.6.11) and (2.6.12) used in method I. Correspondingly differènt associate functions are provided which permit further treatment similar to the considerations of method I .

We compute two stream functions ψ whose conresponding $\chi_1(\theta)$, $\chi_2(\theta)$ are of the form :

(2.6.16) $$\chi_1(\theta) = a \sin\theta , \quad \chi_2(\theta) = b \sin\theta ,$$

where a, and b are real constants . We follow streamlines which cross the sonic line . To pass from the hodograph (q, θ) -palne to the physical (x, y)-plane involves integrating equations :

$$dx = \left[(M^2-1)(\rho q^2)^{-1} \cos\theta \cdot \psi_\theta - (\rho q)^{-1} \sin\theta \cdot \psi_q\right] dq +$$

(2.6.17) $$+\left[\rho^{-1} \cos\theta \cdot \psi_q - (\rho q)^{-1} \sin\theta \cdot \psi_\theta\right] d\theta ,$$

$$dy = \left[(M^2-1)(\rho q^2)^{-1} \sin\theta \cdot \psi_\theta + (\rho q)^{-1} \cos\theta \cdot \psi_q\right] dq +$$

(2.6.18) $$+\left[\rho^{-1} \sin\theta \cdot \psi_q + (\rho q)^{-1} \cos\theta \cdot \psi_\theta\right] d\theta .$$

Once we know the relation between the density ρ and velocity q, we can integrate Eqs. (2.6.17) and (2.6.18) to yield the sonic line in the physical (x, y)-plane.

For stream functions ψ defined by corresponding $\chi_1(\theta)$, $\chi_2(\theta)$ given in (2.6.16), the sonic line in the physical (x, y)-plane is given in terms of the parameter θ by :

(2.6.19) $$x = (1/2)(6/5)^3 \left[a-(6b/5) \right] \cos^2 \theta ,$$

(2.6.20) $$y = (6/5)^3 \left\{ (1/2)\left[a+(6b/5) \right] (\theta - \pi/2) + (1/4)\left[a-(6b/5) \right] \sin 2\theta \right\} ,$$

provided we take the origin in the physical plane as the image of the point $q=(5/6)^{1/2}$, $\theta = \pi/2$ on the sonic line in the hodograph plane. The value of q is calculated by $M^2 = q^2 / \left[1 - (\gamma - 1) q^2/2 \right]$ with $\gamma = 1.4$.

Example (I) : sonic line in physical plane is circular.

If we consider the stream function ψ defined by (2.6.16) with a, b related according to :

(2.6.21) $$a + (6b/5) = 0 ,$$

then (2.6.19) and (2.6.20) yield for parametric equations of the sonic line in the physical plane :

(2.6.22) $$x = a(6/5)^3 \cos^2 \theta , \qquad y = (1/2)a(6/5) \sin 2\theta .$$

Elimination of θ gives :

(2.6.23) $$x^2 + y^2 - a(6/5)^3 x = 0 ,$$

which gives a circle through the origin with center on x-axis .
If we set a $= c\,(6/5)^{1/2}$, then (2.6.16) under the restriction (2.6.21), becomes :

$$(2.6.24)\qquad \chi_1(\theta) = c(6/5)^{1/2}\sin\theta\,,\quad \chi_2(\theta) = -c(5/6)^{1/2}\sin\theta\,,$$

which define the Ringleb solution :

$$(2.6.25)\qquad \psi = (c/q)\sin\theta\,,$$

of Chaplygin's equation . There are computed grid values and stream lines for the stream function defined by (2.6.24) with the explicit value for the constant $c = \pi(5/18)^{1/6} \approx 2.538$.
The associate function $f_A(\zeta)$ with respect to he (subsonic) Bergman operator (2.6.7) is given by :

$$(2.6.26)\qquad f_A(\zeta) = \zeta^{7/6}\sum_{m=0}^{\infty}\Big\{\big[K/\Gamma(2m+5/3) + L/\Gamma(2m+7/3)\big](2\zeta)^{2m}\Big\},$$

where $\zeta = T + c_3T^3 + c_5T^5 + \cdots$, (see [7]), and

$$(2.6.27)\qquad K = Z(6/5)^{1/2}\Gamma(2/3),\quad L = -i(11/50)(2/15)^{1/6}\Gamma(1/3),$$

provided we take for A_1, A_2 the specific values given by $A_k = \exp\big[-\pi i(1/2 + k/6)\big]$, k=1, 2 . The associate function $\tilde{f}_A(\zeta)$ with respect to the (supersonic) Bergman operator (2.6.8) is

$$(2.6.28)\qquad \tilde{f}_A(\zeta) = \zeta^{7/6}\sum_{m=0}^{\infty}\Big\{\big[K/\Gamma(2m+5/3) - L/\Gamma(2m+7/3)\big](2\zeta)^{2m}\Big\},$$

where K, L are the constants defined by (2.6.27) .
For the given coordinates (Mach number M and angle θ) of points in the hodograph plane, the stream functions are evaluated by applying the

operators in which the associate functions are calculated by Burrough B-5000 truncated (after the first ten non-zero terms), and tabulated in [71]. Also the Ringleb stream functions $\psi = (c/q)\sin\theta$ are tabulated for the purpose of an investigation of the accuracy of the numerical operator methods discussed here.

Example (II): sonic line in physical plane is not circular.

We consider the stream function defined by the corresponding limit functions:

(2.6.29) $\chi_1(\theta) = c\sin\theta, \quad \chi_2(\theta) = (-c/2)\sin\theta,$

where c is given by $c = \pi(5/18)^{1/6} \approx 2.538$.

According to Eqs. (2.6.19) and (2.6.20), the sonic line in the physical plane for stream function is given by the parametric equations:

(2.6.30) $x = (4c/5)(6/5)^3\cos^2\theta, \quad y = (c/5)(6/5)^3\left[(\theta - \pi/2) + 2\sin 2\theta\right].$

The associate function $f_B(\zeta)$ is furnished by (2.6.13):

$$f_B(\zeta) = cF_1^{(1)}(0;\zeta) - (c/2)\,G_1^{(1)}(0;\zeta)$$

$$= \zeta^{7/6}\sum_{m=0}^{\infty}\Big\{\Big[\mathcal{K}/\Gamma(2m+5/3) +$$

(2.6.31) $$+ \mathcal{L}/\Gamma(2m+7/3)\Big]\;(2\zeta)^{2m}\Big\},$$

where

(2.6.32) $\mathcal{K} = 2\Gamma(2/3), \quad \mathcal{L} = i(1/20)(18/5)^{2/3}\,\Gamma(1/3).$

the associate function $\tilde{f}_B(\zeta)$ is given by

$$\tilde{f}_B(\zeta) = \zeta^{7/6} \sum_{m=0}^{\infty} \left\{ \left[\mathcal{K} / \Gamma(2m+5/3) + \right.\right.$$

$$\text{(2.6.33)} \qquad \left.\left. - \mathcal{L} / \Gamma(2m+7/3) \right] (2\zeta)^{2m} \right\},$$

where $\mathcal{K}$, $\mathcal{L}$ are given by (2.6.32).

To determine streamlines in the hodograph plane for Expample (II), an ALGOL procedure was written which yields stream function value for given coordinates q, θ. This procedure first computes M from q and uses $f_B(\zeta)$ in (2.6.7) if $M < 1$, or uses $\tilde{f}_B(\zeta)$ in (2.6.8) if $M > 1$, (for $M = 1$, stream function equals $\chi_1(\theta)$). Using this procedure, interpolations to find the path of ψ = constant were carried out in the q direction at 5 degree intervals of θ using tolerance factor 10^{-3}. To obtain the image in the physical plane, Eqs. (2.6.17) and (2.6.18) were integrated using the trapezoid rule. The path of integration was along $q = (5/6)^{1/2}$ from $\theta = 90$ degrees clockwise to $\theta = 40$ degrees, then along $d\theta = 0$ to a point on the stream line under consideration, and then along this stream line to the point whose image is sought in the physical plane.

2.7. Gilbert's Technique.

A lot of work on integral operators was done by Kreyszig [43 - 46] and Gilbert [1, 17 - 31, 32, 33] . Below, we shall briefly discuss some recent results obtained by Gilbert. His technique was used in the development of the generalized axially symmetric potential theory (abbreviated GASPT) and the GASPT differential operator is of the form :

$$L_{2\lambda}[u] \equiv \Delta u + 2\lambda y^{-1} u_{,y} .$$

For illustrative purposes we shall briefly present Gilbert's technique applied to a generalized axially symmetric potential of the form (see [17]):

(2.7.1) $$L[u] \equiv \frac{\partial^2 u}{\partial z^2} + \frac{\partial^2 u}{\partial \rho^2} + K \rho^{-1} \frac{\partial u}{\partial \rho} = 0 .$$

Solutions to Eq. (2.7.1) may be constructed by an operator which transforms functions of a single complex variable $f(\sigma)$ into axially symmetric potentials $u(r, \theta)$, $(r^2 = z^2 + \rho^2$, $\theta = \cos z/r)$:

(2.7.2) $$u(r, \theta) = A_n(f, \mathcal{L}, X_0) \equiv \int_{+1}^{-1} f(\sigma)(u-u^{-1})^{k-1} u^{-1} du,$$

where $\sigma = z + i\rho(u+u^{-1})/2$, $|X - X_0| < \varepsilon$, $X \equiv (z, \rho)$, $X^0 \equiv (z^0, \rho^0)$,

$\varepsilon > 0$ is sufficiently small, $\mathcal{L}$ is a differentiable arc in the u-plane; here the arc is taken as the upper half of a unit circle.

If $f(\sigma)$ has a Taylor expansion convergent in some neighborhood of $\sigma = 0$:

(2.7.3) $$f(\sigma) = \sum_{n=0}^{\infty} a_n \sigma^n ,$$

then the operator $A_n(f, \mathcal{L}, X_0)$ defines an axially symmetric potential for sufficiently small r:

(2.7.4) $$u(r\ \theta) = (4\,i)^k \left(\Gamma(k/2)\right)^2/4 \sum_{n=0}^{\infty} a_n\, n!\, \left(\Gamma(k-n)\right)^{-1} r^n C_n^{k/2}(\cos\theta).$$

This may be seen by considering the identity:

(2.7.5) $$r^n C_n^{\lambda}(\cos\theta) = 2^{1-2\lambda}(n!)^{-1}\Gamma(2\lambda+n)\,(\Gamma(\lambda))^2 \int_0^{\pi} \left[z + i\rho\cos\varphi\right]^n (\sin\varphi)^{2\lambda-1} d\varphi.$$

It is convenient to continue the arguments of $u(r, \theta)$ to complex values, if the followings are introduced: $r = (z^2 + \rho^2)^{1/2}$, $\xi = z r^{-1}$, which reduces to $\xi = \cos\theta$ for real z and ρ.

Let $u(r, \theta)$ be an axially symmetric potential regular at the origin :

(2.7.6) $$u(r, \theta) = \int_{+1}^{-1} f(\sigma)(u - u^{-1})^{k-1} u^{-1}\, du ,$$

where $|u| = 1$, $\operatorname{Im} u \geqslant 0$, $f(\sigma) = \sum a_n \sigma^n$,

then $f(\sigma)$ may be generated by the following integral transform :

$$f(\sigma) = k\left[(2i)^k \pi\right]^{-1} \int_{-1}^{+1} W(r, \xi)(1-\xi^2)^{(k-1)/2} (1-\sigma^2 r^{-2}) \cdot$$

(2.7.7) $$\cdot (1-2\xi\sigma r^{-1} + \sigma^2 r^{-2})^{-k/2-1} \, d\xi ,$$

where $W(r, \xi) \equiv u(r, \theta)$, and C is the real axis .

Let

$$K(\sigma r^{-1}, \xi) = (2i)^{-k} k \pi^{-1} (1-\xi^2)^{(k-1)/2} (1-\sigma^2 r^{-2}) \cdot$$

(2.7.8) $$\cdot (1-2\xi\sigma r^{-1} + \sigma^2 r^{-2})^{-k/2-1} ,$$

then $K(\sigma r^{-1}, \xi)$ is analytic in ξ and also, since $u(r, \theta)$ is harmonic, $W(r, \xi)$ is analytic in ξ except for the points $\xi = \pm 1$. Thus the integral involved in the expression for $f(\sigma)$ is a Cauchy-integral and the restriction of the integration path to the real axis is not necessary .

Gilbert [29] applies the similar technique to a generalized axially symmetric wave equation of the form (GASWE) :

$$\frac{\partial^2 u}{\partial x^2} + \frac{\partial^2 u}{\partial y^2} + 2\nu y^{-1}\frac{\partial u}{\partial y} + k^2 u = 0\,, \quad \nu = \text{real}\,. \tag{2.7.9}$$

Here solutions to (2.7.9) with $k > 0$ will be investigated by using Bergman's operator method. Henrici [38] gave an integral representation for a complete system of solutions for (2.7.9) ; namely, for $r^2 = x^2 + y^2$, $\theta = \cos^{-1} x/r$, we have :

$$(kr)^{-\nu} J_{\nu+n}(kr)\, C_n^{\nu}(\cos\theta) = \Gamma(2\nu+n)\,\Gamma(\nu+1/2)\cdot$$

$$\cdot \left\{ 2^{1-\nu}\Gamma(n+1)\,\Gamma(2\nu)\,\Gamma(1/2) \right\}^{-1}\cdot$$

$$\cdot \int_0^{\pi} \left[kr(\cos\theta + i\sin\theta\cos\varphi)\right]^{-\nu} J_{\nu+n}\left[kr(\cos\theta + i\sin\theta\cos\varphi)\right]\cdot$$

$$\cdot\,(kr\sin\theta\sin\varphi)^{-\nu+1}\, J_{\nu-1}(kr\sin\theta\sin\varphi)\,(\sin\varphi)^{2\nu-1}\,d\varphi, \tag{2.7.10}$$

for $\nu >\ 0$ and $n = 0, 1, 2, \cdots$.

It is known that an arbitrary solution to (2.7.9), regular about the origin may be expressed as a Bessel-Gegenbauer series (see, [38]) :

$$w(r,\theta) = \Gamma(2\nu)\,(kr)^{-\nu}\cdot$$

$$\cdot \sum_{n=0}^{\infty} a_n\, n!\left[\Gamma(2\nu+n)\right]^{-1} J_{\nu+n}(kr)\, C_n^{\nu}(\cos\theta)\,, \tag{2.7.11}$$

and an arbitrary analytic function regular about the origin may be expressed as a Neumann series [16] :

$$f(\sigma) = \tau^{-\nu} \sum_{n=0}^{\infty} a_n\, J_{\nu+n}(\sigma)\,. \tag{2.7.12}$$

It may be shown for r sufficiently small that the class of analytic functions (2.7.12) may be mapped onto the class of functions (2.7.11) by an operator of the form :

$$(2.7.13)\qquad \mathcal{H}_{k,\nu}[f]\, h_{k,\nu} \int_{\mathcal{L}',+1}^{-1} J_{\nu-1}\left[ky\,(\zeta-\zeta^{-1})\,/\,(2i)^{-1}\right] \cdot$$

$$\cdot\, f(k\sigma)\,(\zeta-\zeta^{-1})\,\zeta^{-1}\, d\zeta\,,$$

$$(2.7,14)\qquad w\,(r,\theta) \equiv u(x,\,y) = \mathcal{H}_k^{\nu}[f]\,,\quad \sigma = x + (i/2)\,y\,(\zeta+\zeta^{-1})\,,$$

where $\mathcal{L}'$ is a differentiable arc in the w-plane , defined by :

$$\mathcal{L}' \equiv \left\{\zeta \,\middle|\, \zeta = e^{i\alpha}\,;\ 0 \leqslant \alpha \leqslant \pi\right\},\quad h_k^{\nu} \equiv -(iky)^{1-\nu}/2 \cdot \Gamma(\nu+1/2)\left[\Gamma(1/2)\right]^{-1}.$$

it is useful for us to consider replacing the contour $\mathcal{L}'$ by an arbitrary smooth contour $\mathcal{L}$ which has + 1 and - 1 as end points . Cauchy's theorem tells us that both representations are the same provided that we do not pass over a singularity of the integrand in the process of deforming $\mathcal{L}'$ into $\mathcal{L}$.

Gilbert and Howard consider the problem of obtaining an inverse operator of the form :

$$(2.7.15)\qquad \mathcal{H}^{-1}_{k\nu}[u] \equiv \int_a^b K\,(\sigma,\, r,\, \xi)\, u\,(r\xi\,,\, r(1-\xi^2)^{1/2})\, d\xi = f(k\sigma),$$

where a, b are appropriately selected limits of integration and $r = (x^2+y^2)^{1/2}$, $\xi = x/r$. They take a = - 1, b = + 1 , and try to determine $K\,(\sigma,\, r\,\xi)$ such that :

$$\Gamma(2\nu)\,(kr)^{-\nu} \int_{-1}^{+1} K(\sigma,r,\xi)\left\{\sum_{n=0}^{\infty} a_n\, n!\,(\Gamma(n+2\nu))^{-1} J_{\nu+n}(kr)\, C_n^{\nu}(\xi)\right\} d\xi$$

$$(2.7.16) \qquad = (k\sigma)^{-\nu} \sum_{n=0}^{\infty} a_n J_{\nu+n}(k\sigma) .$$

This may be done formally by recalling the orthogonality relation for the Gebenbauer polynomials [16] :

$$\int_{-1}^{+1} C_m^{\nu}(\xi)\, C_n^{\nu}(1-\xi^2)^{\nu-1/2}\, d\xi =$$

$$(2.7.17) \qquad = \delta_{n\,m}\, 2^{1-2\nu}\pi\Gamma(n+2\nu)\left[\Gamma^2(\nu)\,(\nu+n)\right]^{-1};$$

the right-hand side may be written as :

$$\delta_{n\,m}\Gamma(n+2\nu)\left\{2^{1-2\nu}\, n!\,(\nu+n)\right\}^{-1}\left[\Gamma(\nu+1/2)\,(\Gamma(2\nu))^{-1}\right]^2,$$

by use of the Legendre duplication formula.

Thus , if we define :

$$K(\sigma, r, \xi) \equiv a_{\nu}(1-\xi^2)^{\nu-1/2}(2^{2\nu-1})^{-1}(kr)^{\nu}(k\sigma)^{-\nu}(\nu+m)\cdot$$

$$(2.7.18) \qquad \cdot J_{\nu+m}(k\nu)\left[J_{\nu+m}(k\sigma)\right]^{-1} C_m^{\nu}(\xi),$$

where $a_{\nu} = 2^{1-2\nu}\Gamma(2\nu)\left[\Gamma(\nu+1/2)\right]^{-2}$,

we have :

$$(k\sigma)^{-\nu} a_m J_{\nu+m}(k\sigma) = \Gamma(2\nu)(kr)^{-\nu}.$$

$$(2;7.19) \qquad \int_{-1}^{+1} K_m(\sigma, r, \xi)\, u(r\xi, r(1-\xi^2)^{1/2})\, d\xi .$$

Consequently, if we define :

$$K(\sigma, r, \xi) \equiv \sum_{m=0}^{\infty} K_m(\sigma, r, \xi) =$$

(2.7.20) $$= a_\nu (r/\sigma)^\nu (1-\xi^2)^{\nu-1/2} \sum_{m=0}^{\infty} (\nu+m) J_{\nu+m}(k\sigma)(J_{\nu+m}(kr))^{-1} C_m^\nu ,$$

then we get formally :

(2.7.21) $$\Gamma(2\nu)(kr)^{-1} \int_{-1}^{+1} K(\sigma, r, \xi)\, u(r\xi, r(1-\xi^2)^{1/2}) d\xi = f(k\sigma) .$$

In order to show that the series expansion for $K(\sigma, r, \xi)$ converges to a holomorphic function of the two complex variables σ, ξ and that the representation (2.7.21) is valid, one considers the asymptotic behavior of its Gegenbauer coefficients as $m \to \infty$. For the proof of this statement and the location of singularities and the growth of solutions, the reader is referred to [29].

As another example, Gilbert and Howard [32] consider the generalized bi-axially symmetric Helmholtz equation (GBSHE) in the form :

(2.7.22) $$\frac{\partial^2 u}{\partial x^2} + \frac{\partial^2 u}{\partial y^2} + 2\mu x^{-1} \frac{\partial u}{\partial x} + 2\nu y^{-1} \frac{\partial u}{\partial y} + k^2 u = 0 ,$$

$$\mu, \nu > 0 , \quad k > 0 .$$

We shall consider these solutions of the GBSHE which are of the class C^2 in some neighborhood of the origin and even in x and in y . Then we must have, for u(x, y) , a solution :

(2.7.23) $$u_x = 0 \quad \text{on } x = 0 , \qquad u_y = 0 \quad \text{on } y = 0 .$$

Henrici [39] furnishes a complete set of solutions, regular about the origin, as this particular class of solutions (denoted by S) cited below (2.7.22) :

$$(2.7.24) \qquad f_n(r, t) = P_n^{(\nu-1/2,\mu-1/2)}(t)\,(kr)^{-\mu-\nu} J_{\mu+\nu+2n}(kr), \; n = 0, 1, \cdots,$$

where $t = \cos 2\theta$, $r^2 = x^2 + y^2$ and $P_n^{(\alpha,\beta)}$ stands for the Jacobi Polynomials (see [16]):

$$P_n^{(\nu-1/2,\mu-1/2)}(t)\,(kr)^{-\mu-\nu} J_{\mu+\nu+2n}(kr) \equiv f_n(r,t) =$$

$$= \Gamma(\nu+n+1/2)\left[\Gamma(\nu)\Gamma(1/2)\Gamma(n+1)\right]^{-1} \int_0^{\pi} \left\{ (k\sigma)^{-\mu-\nu} J_{\mu+\nu+2n}(k\sigma) \right\} \cdot$$

$$\cdot \left\{ (\sigma/x)^{\mu}\, \Phi_2(\mu, 1-\mu, \nu; \xi^1 - \eta^1)\,(\sin\phi)^{2\nu-1}\, d\phi \right\},$$

$$\sigma = x + iy\cos\phi, \quad x = r\cos\theta, \quad y = r\sin\theta, \quad \xi^1 = -y^2 \sin^2\phi/(4x\sigma),$$

$$\eta^1 = -k^2 y^2 \sin^2\phi/4, \quad k, \mu, \nu, > 0, \; n = 0, 1, 2, \cdots.$$

An arbitrary solution of the class S may be represented in a series form [39] :

$$w(r, \theta) = (kr)^{-\mu-\nu} \sum_{n=0}^{\infty} a_{2n}\, n! \left[\Gamma(n+\nu+1/2)\right]^{-1} \cdot$$

$$(2.7.25) \qquad \cdot P_n^{(\nu-1/2,\mu-1/2)}(\cos 2\theta)\, J_{\mu+\nu+2n}(kr),$$

and an even analytic function regular about the origin may be expressed as

$$(2.7.26) \qquad f(\sigma) = \sigma^{-\mu-\nu} \sum_0^{\infty} a_{2n} J_{\mu+\nu+2n}(\sigma).$$

Hence for r sufficiently small it follows that the class of analytic functions (2.7.26) is mapped onto the class of solutions (2.7.25) by an operator of the form :

$$w(r,\theta) \equiv u(x,y) \equiv 0[f] \equiv a \int_{+1}^{-1} f(k\sigma)\sigma^{\mu}(\zeta - \zeta^{-1})^{2\nu-1} \cdot$$

$$(2.7,27) \qquad \cdot\ \Phi_2(\mu, 1-\mu, \nu; \zeta^1, \eta^1)\zeta^{-1}\, d\zeta,$$

where $\sigma = x+iy(\zeta - \zeta^{-1})/2$, $\zeta^1 = y^2(\zeta - \zeta^{-1})^2/(16x\sigma)$,

$$\eta^1 = k^2 y^2(\zeta - \zeta^{-1})/16, \quad \{\zeta | \zeta = e^{i\Phi},\ 0 \leq \phi \leq \pi\},$$

$$a = -i(2i)^{1-2\nu}\left[\Gamma(\nu)\Gamma(1/2)\right]^{-1} x^{-\mu} = 2\left[x^{\mu}(2i)^{2\nu}\Gamma(\nu)\Gamma(1/2)\right]^{-1}.$$

It is useful to continue the arguments of the solutions $u(x, y)$ of (2.7.22) to complex values. A continuation of $r^2 = x^2 + y^2$, $\xi = \cos 2\theta = (x^2-y^2)/(x^2-y^2)$ to complex values allows one to obtain an inverse operator $0^{-1}[u]$ which maps the class of solutions S back onto the class of analytic function (2.7.26).

To obtain such an operator in the form :

$$(2.7.28) \qquad f(k\sigma) \equiv 0^{-1}[u] = \int_{-1}^{1} K(\sigma, r, \xi)\, u\left[r((1+\xi)/2)^{1/2}, r((1-\xi)/2)^{1/2}\right] d\xi$$

we try determine K such that, formally :

$$(k\sigma)^{-\mu-\nu}\sum_0^{\infty} a_{2n} J_{\mu+\nu+2n}(k\sigma) = (kr)^{-\mu-\nu}\int_{-1}^{+1} K(\sigma, r, \xi)\cdot$$

$$(2.7.29) \qquad \cdot\left\{\sum_0^{\infty} a_{2n} n!\, P_n^{(\nu-1/2,\mu-1/2)}(\xi)\left[\Gamma(n+\nu+1/2)\right]^{-1} J_{\mu+\nu+2n}(kr)\right\} d\xi.$$

This may be done by recalling the orthogonality relation for the Jacobi polynomials :

$$\int_{-1}^{+1} (1-\xi)^{\nu-1/2}(1+\xi)^{\mu+1/2} P_n^{(\nu-1/2,\mu-1/2)}(\xi)\, P_m^{(\nu-1/2,\mu-1/2)}(\xi)\, d\xi$$

$$= \delta_{nm}\, 2^{\mu+\nu}\Gamma(n+\nu+1/2)\Gamma(n+\mu+1/2)\cdot$$

$$\cdot \left[(2n+\mu+\nu)\Gamma(n+1)\Gamma(n+\nu+\mu)\right]^{-1}. \tag{2.7.30}$$

Thus, if we define :

$$K_n(\sigma, r, \xi)\ 2^{-(\mu+\nu)} b_n (kr/k\sigma)^{\mu+\nu} J_{\mu+\nu+2n}(k\sigma)\,(J_{\mu+\nu+2n}(kr))^{-1}\,.$$

$$\cdot\, P_n^{(\nu-1/2,\mu-1/2)}(\xi)\,(1-\xi)^{\nu-1/2}(1+\xi)^{\mu-1/2}, \tag{2.7.31}$$

where

$$b_n = (2n+\mu+\nu)\,\Gamma(n+\mu+\nu)\,\left(\Gamma(n+\mu+1/2)\right)^{-1},$$

we have

$$a_{2n}(k\sigma)^{-(\mu+\nu)} J_{\mu+\nu+2n}(k\sigma) = \int_{-1}^{1} K_n(\sigma, r, \xi)\,.$$

$$.\, u\left(r((1+\xi)/2)^{1/2},\ r((1-\xi)/2)^{1/2}\right) d\xi\,. \tag{2.7.32}$$

Hence

$$f(k\sigma) = \int_{-1}^{+1} K(\sigma, r, \xi)\, u\left[r((1+\xi)/2)^{1/2},\ r((1-\xi)/2)^{1/2}\right] d\xi\,, \tag{2.7.33}$$

where

$$K(\sigma, r, \xi) = 2^{-(\mu+\nu)}(r/\sigma)^{\mu+\nu}(1-\xi)^{\nu-1/2}(1+\xi)^{\mu-1/2}\,.$$

$$\cdot \sum_{0}^{\infty}(2n+\mu+\nu)\Gamma(n+\nu+\mu)\,(\Gamma(n+\mu+\nu))^{-1}$$

$$J_{\mu+\nu+2n}(k\sigma)\left[J_{\mu+\nu+2n}(kr)\right]^{-1} P_n^{(\nu-1/2,\mu-1/2)}(\xi)\,.$$

To verify that these formal calculations are justified and that K as a function of the complex variables, σ , r , and ξ is holomorphic, the reader is referred to the proof given by Gilbert and Howard [32] . Also the location of the singularities and the growth of the solutions are given in [32] . Application of integral operators in ordinary differential equations was achieved by v. Krzywoblocki [59] .

3. Reduction of Independent Variables.

3.1. Preliminary Remarks.

The idea of the reduction of the number of independent variables in solving the partial differential equations was actually introduced into the field of incompressible fluid dynamics by L. Prandtl in 1904. In the course of the years the technique was generalized to compressible fluids and to hypersonics. In this case we deal with a viscous , heat-conducting fluid . The main goal of the technique is to deal with ordinary differential equations in place of partial differential equations. The two-point boundary value problem in ordinary differential equations has a rigorous solution in some cases at least . But the two-curve boundary value problem in partial differential equations has up to now in general no rigorous solution. For this reason, ordinary differential equations are often preferable in handling some problems in mathematical physics.

3.2. Early Approaches .

Assume a system of partial non-linear differential equations of arbitrary order and degree in n dependent variables $f_i(x, y)$ and in two independent variables (x, y) :

$$(3.2.1) \qquad [D] : \mathcal{D}_i(x, y, f_i, f_{i,x}, f_{i,y}, \cdots) = 0, \ (i=1, 2, \cdots, n),$$

with the following boundary conditions superimposed on it :

$$(3.2.2) \qquad \mathcal{D}_i^{(1)} (x^{(1)}, y^{(1)}; f_i(x^{(1)}, y^{(1)}), f_{i,x}(x^{(1)}, y^{(1)}), \cdots) = 0, (i=1 \cdots, j)$$

$$(3.2.3) \qquad \mathcal{D}_k^{(2)} (x^{(2)}, y^{(2)}; f_k(x^{(2)}, y^{(2)}), f_{k,x}(x^{(2)}, y^{(2)}), \cdots) = 0, (k=j+1, \cdots, n),$$

which show that some functions f_i should fulfill the boundary value problem only along the curve $\{x^{(1)}, y^{(1)}\}$ whereas the others should fulfill it only along the curve $\{x^{(2)}, y^{(2)}\}$. We shall add to the system [D] one more equation of the form :

$$(3.2.4) \qquad \mathcal{D}_{n+1} (x, y ; f_{(n+1)}(x, y)) = \mathcal{D}_{n+1}(x, y; z) ; z = f_{(n+1)}(x, y) ,$$

where the function $f_{n+1}(x, y)$ is some real function of x and y, satisfying the following conditions : the independent variable y should be expressable explicitly in terms of x and z; any derivatives of f_{n+1} with respect to x and y must be expressable explicitly in terms of x and z only. The so obtained system, associated with the original system [D] is denoted by the symbol $[D_1]$. The associated system $[D_1]$ is related to the original system [D] in the sense that a particular solution of $[D_1]$ is a particular solution of [D]. , since a particular solution of a system of (n+1) -differential equations is a particular solution of the reduced system of n - equations.
The function $f_{n+1}(x, y) \equiv z$ will be introduced into $\mathcal{D}_i$, (i=1, ···, n).

Then, with the system $[D]$, we associate the system $[D_2]$:

(3.2.5) $$D_2 : \mathcal{D}_i(x, z; F_i(x, z), \frac{dF_i}{dz}, \frac{d^2F_i}{dz^2}, \cdots) = 0, (i = 1, \cdots, n),$$

with the boundary conditions :

(3.2.6) $$\mathcal{D}_i^{(1)}(x^{(1)}, z^{(1)}; F_i(x^{(1)}, z^{(1)}), \frac{dF_i}{dz}\bigg|_{x^{(1)}, z^{(1)}}, \cdots) = 0, (i = 1, \cdots, j),$$

(3.2.7) $$\mathcal{D}_k^{(2)}(x^{(2)}, z^{(2)}; F_k(x^{(2)}, z^{(2)}), \frac{dF_k}{dz}\bigg|_{x^{(2)}, z^{(2)}}, \cdots,) = 0, (k = j+1, \cdots, n).$$

In this we can associate the first original system with an ordinary differential equation at the end of our chain association .

Hence, in particular, let us restrict ourselves to the system of the first order:

(3.2.8) $$[D] : \mathcal{D}_i(x, y; f_i, f_{i,x}, f_{i,y}) = 0, (i = 1, \cdots, n),$$

with the boundary conditions :

(3.2.9) $$f_i(x^{(1)}, y^{(1)}) = \gamma_i^{(1)}(x^{(1)}, y^{(1)}; f_{i,x}(x^{(1)}, y^{(1)}), \ldots), (i = 1, \cdots, j),$$

(3.2.10) $$f_k(x^{(2)}, y^{(2)}) = \gamma_k^{(2)}(x^{(2)}, y^{(2)}; f_{k,x}(x^{(2)}, y^{(2)}), \cdots), (k = j+1, \cdots, n),$$

where the functions $\gamma_i^{(1)}$, $\gamma_k^{(2)}$ are of known , given forms in terms of x, y, $f_{k,x}$, etc. A special case of the above boundary conditions may be:

(3.2.11) $$f_i(x^{(1)}, y^{(1)}) = \gamma_i^{(1)}(x^{(1)}, y^{(1)}) = \alpha_i, (i = 1, \cdots, j),$$

(3.2.12) $$f_k(x^{(2)}, y^{(2)}) = \gamma_k^{(2)}(x^{(2)}, y^{(2)}) = \alpha_k, (k = j+1, \cdots, n),$$

with α_i, α_k being known .

Let us introduce a parameter u and let us associate with any function F(x, z) of two independent variables a parametric function $y_i(x; u)$ of one independent variable and of the parameter u ; then the system [D] of (3.2.8) is associated with the system :

$$\dot{y}_i(x;u) = \phi_i(x, y_1(x;u), \cdots, y_n(x;u); u), \quad (i = 1, \cdots, n), \tag{3.2.13}$$

or with the system :

$$[D_3]: \ \dot{y}_i = f_i(x, y_1(x;u), \cdots, y_n(x;u); u) +$$

$$+ \sum_{j=1}^{n} A_{ij}(x, y_1, \cdots, y_n; u) y_j, \quad (i=1, \cdots, n), \tag{3.2.14}$$

subject to the following boundary conditions:

$$y_i(a_i^{(1)}; u) = \Gamma_i^{(1)}(a_i^{(1)}; \dot{y}_i(a_i^{(1)}; u), \ddot{y}_i(a_i^{(1)}; u), \cdots, u), \ (i=1, \cdots, j), \tag{3.2.15}$$

$$y_k(a_k^{(2)}; u) = \Gamma_k^{(2)}(a_k^{(2)}; \dot{y}_k(a_i^{(2)}; u), \ddot{y}_k(a_k^{(2)}; u), \cdots, u), \quad (k=j+1, \cdots, n), \tag{3.2.16}$$

a special case of which will be

$$y_i(a_i^{(1)}; u) = \alpha_i(u), \quad (i=1, \cdots, j), \tag{3.2.17}$$

$$y_k(a_k^{(2)}; u) = \alpha_k(u), \quad (k=j+1, \cdots, n), \tag{3.2.18}$$

and the dot over the symbol y denotes the ordinary derivative with respect to x, and u is a parameter .

We are entirely working in the real domain and dealing with the system of ordinary, first order differential equations (3.2.14) . v. Krzywoblocki [49] proves the existence and uniqueness theorems of the system (3.2.14) first with (3.2.17) and (3.2.18) and next with more general boundary conditions by employing the integral system corresponding to (3.2.14), thus obtaining the existence theorem (but not uniqueness) for a system of the original form (3.2.8).

3.3. Michal's Approach.

Michal considers an r-parameter continuous transformation group:

$$G_r : \bar{x}^i = f^i(x^1, \cdots, x^m; a^1, \cdots, a^r) \equiv f(x;a),$$

(3.3.1) $\bar{y} = \varphi(y; a^1, \cdots, a^r) \equiv \varphi(y;a)$, $(i=1, \cdots, m,\ m>1,\ r \geqslant 1)$,

where the x's and a's are numerical and y is a variable of calss $C^{(n)}$ with n sufficiently large, in a Banach space, B. The group S_{G_r} $(x^i \rightarrow \bar{x}^i)$ is assumed to possess $S \geqslant 1$ functionally independent Fréchet differentiable absolute invariants:

(3.3.2) $\eta_i(x^1, \cdots, x^m), \cdots, \eta_s(x^1, \cdots, x^m)$,

where $s < m$. It is further assumed that G_r possesses a B-valued, Fréchet differentiable, absolute invariant $g(y, x^1, \cdots x^m)$ solvable in y for all admissable y and x's.

A B-valued function $y(x^1, \cdots, x^m)$ of the numerical variables $(x^1, \cdots, x^m)$ is called an invariant function under G_r if, under G_r y is the same function of the x's as $\bar{y}$ is of the $\bar{x}$'s, i.e., if $y = H(x)$ then $\bar{y} = H(\bar{x})$.

If B and B_1 are two reflexive Banach spaces (not necessarily distinct, i.e., they may be the same Banach space) and if:

(3.3.3) $\Omega\left(x, y(x), \frac{\partial y}{\partial x}, \cdots, \frac{\partial^g y}{\partial x^g}\right)$, is a B -valued g-th order differential invariant of invariant b-valued functions $y(x^1, \cdots, x^m)$ under the group G_r, then Ω is expressable in the form :

(3.3.4) $$\Omega(\eta, \nu(\eta), \frac{\partial \nu}{\partial \eta}, \ldots, \frac{\partial^g \nu}{\partial \eta^g}),$$

where the corresponding B-valued functions $\nu(\eta_i, \cdots, \eta_s)$ exist and are determined by the formula :

(3.3.5) $$\nu(\eta_i(x^1, \cdots, x^m), \cdots, \eta_s(x^1, \cdots, x^m)) =$$
$$= g(y(x^1, \cdots, x^m), x^1, \cdots, x^m).$$

An outline of the proof of the above statement is given in [65]. Conversely, if B_1 and B are two Banach spaces (not necessarily distinct) and if $\nu(\eta_i, \ldots, \eta_s)$ is an arbitrary B-valued function of the s -invariants $\eta_i, \cdots, \eta_s$, then the corresponding B-valued function $y(x^1, \cdots, x^m)$ determined by Eq. (3.3.5) is an invariant function under G_r. In addition, the B_1- valued q'th order differential expression (3.3.4) may be expressed as a B_1-valued q'th order differential invariant Ω of invariant B-valued functions $y(x^1, \cdots, x^m)$ under G_r.

If y(x) is a solution to the partial differential equation :

(3.3.6) $$\Omega(x, y(x), \frac{\partial y}{\partial x}, \cdots, \frac{\partial^g y}{\partial x^g}) = 0,$$

where Ω is defined in the discussion following (3.3.3) and, in addition y(x) is an invariant function under G_r then y(x) is said to be an invariant solution of Eq. (3.3.6) .

Hence , an invariant solution $y(x^1, \cdots, x^m)$ of Eq. (3.3.6) determines, by means of Eq. (3.3.5), a solution $\nu(\eta_1, \cdots, \eta_s)$ to the corresponding partial differential equation :

$$(3.3.7) \qquad \omega\left(\eta, \nu(\eta), \frac{\partial \nu}{\partial \eta}, \ldots, \frac{\partial^g \nu}{\partial \eta^g}\right) = 0,$$

where y, $\omega(\eta, \nu(\eta), \cdots)$ and $\nu(\eta)$ are defined by (3.3.4) and (3.3.5), respectively. To each solution $\nu(\eta)$ of Eq. (3.3.7) corresponds an invariant solution y(x) of Eq. (3.3.6). The correspondence is given by (3.3.5). Morgan [67] deals with one-dimensional normed linear spaces and continuous groups in only one numerical parameter a.

3.4. Examples of the Reduction to Parametric Functions.

We restrict ourselves to two independent variables and for illustrative purposes assume a one-parameter continuous group of transformations of the form :

$$(3.4.1) \qquad \bar{x}^1 \equiv \bar{x} = f_1(a)x^1 \equiv f_1 x; \quad \bar{x}^2 \equiv \bar{y} = f_2(a)x^2 \equiv f_2 y,$$

where $f_i (i = 1, 2)$ are some functions of the numerical parameter a. Then one must have :

$$(3.4.2) \qquad y\,g(x) = \bar{y}\,g(\bar{x}),$$

where g(x) is some function of x. Suppose, that the function $g(\bar{x})$ can be represented in the form $g(f_1(a)) \cdot g(x)$, then Eq. (3.4.2) implies :

$$(3.4.3) \qquad f_2\, g(f_1) = 1,$$

which may enable one to find out the form of the function $g(f_1)$ and consequently that of g(x). For example, if m, n, p, are real numbers, then one may choose :

$$f_1 = a^m \cdot f_2 = a^n \; ; \quad g = x^p \; ; \quad n + mp = 0 \; ; \quad p = -nm^{-1} \; ;$$

$$f_1 = \exp(ma) \; ; \; f_2 = \exp(na) \; ; \quad g = x^p \; ; \; n+mp=0 \; ; p = -nm^{-1} \; ;$$

(3.4.4) $f_1 = \exp(ima) \; ; f_2 = \exp(ina) \; ; g = x^p \; ; n+mp = 0 \; ; \; p = -nm^{-1} \; ;$

where in the last proposition only the real parts $\mathrm{Re}\left\{f_i\right\}$ should be taken into account. One may construct easily more complicated functions f_i $(i = 1, 2)$ and g :

(3.4.5) $\bar{x} = ma + x \; ; \bar{y} = y \exp(na) \; ; \; \bar{y} = y \exp(p\bar{x}) = y \exp(px) ,$

which results in $p = -n/m$, or :

(3.4.6) $\bar{x} = ma + x \; ; \bar{y} = y \exp(a \exp n) \; ; \bar{y} = y \exp(p\bar{x}) = y \exp(px) ,$

which results in $p = -m^{-1} \exp n$. The absolute invariants of the group are :

(3.4.7) $\eta = y x^p \; ; \qquad \eta = y \exp(px) \; .$

In a similar way we deal with the dependent variables; thus , as an example one may choose:

(3.4.8) $\bar{y}_\delta \equiv \bar{k}_\delta = f_3(a) y \equiv f_3 k_\delta \; .$

For illustrative purposes assume a function $g(x)$ equal to x^r, say . Then it should be :

(3.4.9) $k_\delta x^r = \bar{k}_\delta \bar{x}_\delta^{-r} \qquad f_3 f_1^r = 1$, etc

The procedure is identical with the one, explained above. The absolute invariants of the group (3.4.8) are :

(3.4.10) $g_\delta = k_\delta x^r \; .$

Hence by virtue of equation :

(3.4.11) $z_\delta(x^1, \cdots, x^m) = F_\delta(\eta)$,

the invariant solutions of equation

(3.4.12) $\Phi(x^1, \cdots, x^m; y_1, \cdots, y_n; \frac{\partial^k y_1}{\partial (x^1)^k}, \cdots, \frac{\partial^p y_n}{\partial (x^m)^p}) = 0$,

must be of the form :

(3.4.13) $k_\delta \equiv y_\delta = F_\delta(\eta)\, x^{-r}$

with η given by Eq. (3.4.7). Contrary to Morgan's approach, there are no conditions superimposed upon the differential form or system. Hence the function $g(x) = x^{-r}$ in Eq. (3.4.13) is arbitrary and without a loss of generality one may assume it to be equal to unity. Moreover, x is a constant and the functions y_δ are equal to F_δ (x = const., η) = $F_\delta(\eta)$, which is correct.

In case of two independent variables x^1, x^2, when the function $\eta = \eta(x^1, x^2)$ satisfies the usual conditions of analyticity, is expandable in power series, etc., one can choose this invariant η in an arbitrary manner. It is usually possible to construct the one-parameter continuous group of transformation :

$$\bar{x}_i = f^i(x^1, \cdots, x^m; a), \quad (i=1, \cdots, m; m \geqslant 2);$$

(3.4.14) $\bar{y}_\delta = f_\delta(y_\delta; a)$, $(\delta = 1, \cdots, n; n \geqslant 1)$.

corresponding to the chosen η, i.e., satisfying all the properties of such a group. In practical applications, the function $\eta = y/f(x)$ is often used. Applying the usual procedure from the theory of groups, one can easily verify whether the function in question satisfies the conditions of the one-parameter group of transformations.

Let us choose :

(3.4.15) $\eta = y/f(x)$; $\bar{x} = x \exp p_1$; p_1 = parameter.

Then, from the condition that η is an invariant, i.e., from :

(3.4.16) $y / f(x) = \bar{y} / f(\bar{x})$;

one has:

(3.4.17) $\bar{y} = y f(x \exp p_1) / f(x)$.

This transformation is valid in the extreme case when $p = 0$. In the next step one gets :

(3.4.18) $\bar{\bar{x}} = \bar{x} \exp p_2$; $\bar{\bar{y}} = \bar{y} f(\bar{x} \exp p_2) / f(\bar{x})$

or inserting Eqs. (3.4.15) and (3.4.17) into (3.4.18) :

(3.4.19) $\bar{\bar{x}} = x \exp(p_1 + p_2)$; $\bar{\bar{y}} = y f(x \exp(p_1 + p_2)) / f(x)$.

Similarly, one can easily verify that Eq. (3.4.15) represents an invariant :

(3.4.20) $\bar{y} / f(\bar{x}) = [y f(x \exp p_1)/f(x)] / f(x \exp p_1) = y/f(x)$.

3.5. Application of Theory to the Hypersonic Boundary Layer.

Assuming that fundamenta system of equations governing the distribution of the velocity components, density, pressure and temperature is given in form of the solution of Maxwell-Boltzmann equation as derived by Grad in Cartesian tensor notation one obtains a system of equations in case of a flow without external forces. After some elementary operations on tensor forms in the case of a two-dimensional Cartesian coordinates, the system with $u_1 \equiv u$, $u_2 \equiv v$, etc. takes the form (see [49]) :

(3.5.1) $\rho(u\,u,_x + v\,u,_y) + \alpha^{-1}(p,_x + p_{xx,x} + p_{xy,y}) = 0$;

(3.5.2) $\rho(u\,v,_x + v\,v,_y) + \alpha^{-1}(p,_y + p_{yx,x} + p_{yy,y}) = 0$

(3.5.3) $(\rho u),_x + (\rho v),_y = 0$;

(3.5.4) $p = R\rho T$; $\alpha = \gamma_o M_o^2$; $c_o^2 = \gamma_o R_o T_o$,

$$\chi\rho\left[(c_v T),_x u + (c_v T),_y v\right] + p(u,_x + v,_y) + p_{xx}u,_x +$$

(3.5.5) $+ p_{xy}(u,_y + v,_x) + p_{yy}v,_y + (S_{x,x} + S_{y,y})/2 = 0$;

$$(p_{xx}u),_x + (p_{xx}v),_y + (2/15)(2S_{x,x} - S_{y,y}) +$$

$$+ (2/3)(2p_{xx}u,_x + 2p_{xy}u,_y - p_{yx}v,_x - p_{yy}v,_y) +$$

(3.5.6) $+ (2/3)p(2u,_x - v,_y) + \alpha^{-1}\beta\mu^{-1}p\,p_{xx} = 0$;

$$(p_{xy}u),_x + (p_{xy}v),_y + (S_{x,y} + S_{y,x})/5 + p_{xx}v,_x +$$

$$+ p_{xy}(u,_x + v,_y) + p_{yy}u,_y + p(u,_y + v,_x) +$$

(3.5.7) $+ \alpha^{-1}\beta\mu^{-1}p\,p_{xy} = 0$, $\chi = c_{v_o}R_o^{-1}$, $\beta \equiv Re = L\rho_o U_o \mu^{-1}$,

$$(p_{yy}u),_x + (p_{yy}v),_y + (2/15)(2S_{y,y} - S_{x,x}) +$$

$$+ (2/3)(2p_{yy}v,_y + 2p_{yx}v,_x - p_{xy}u,_y - p_{xx}u,_x) +$$

(3.5.8) $+ (2/3)p(2v,_y - u,_x) + \alpha^{-1}\beta\mu^{-1}p\,p_{yy} = 0$;

$$(S_x u),_x + (S_x v),_y + (11/5)S_x u,_x + (2/5)S_x v,_y +$$

$$+ (7/5) S_y u,_y + (2/5) S_y v,_x + 2 \alpha^{-1} RT (p_{xx,x} + p_{xy,y}) +$$

$$+ 7 \alpha^{-1} \left[p_{xx} (RT),_x + p_{xy} (RT),_y \right] -$$

$$- 2 \alpha^{-1} p^{-1} \left[p_{xx} (P_{xx,x} + P_{xy,y}) + p_{xy} (P_{yx,x} + P_{yy,y}) \right] +$$

$$\text{(3.5.9)} \quad + 5 \alpha^{-1} p (RT),_x + (5/2) \alpha^{-1} \beta \lambda^{-1} Rp S_x = 0, \qquad \lambda = R\mu ,$$

$$(S_y u),_x + (S_y v),_y + (2/5) S_x u,_y + (7/5) S_x v,_x +$$

$$+ (2/5) S_y u,_x + (11/5) S_y v,_y + 2 \alpha^{-1} RT (p_{yx,x} + p_{yy,y}) +$$

$$+ 7 \alpha^{-1} \left[p_{yx} (RT),_x + p_{yy} (RT),_y \right] -$$

$$- 2 \alpha^{-1} \rho^{-1} \left[p_{yx} (P_{xx,x} + P_{xy,y}) + p_{yy} (P_{yx,x} + P_{yy,y}) \right] +$$

$$\text{(3.5.10)} \quad + 5 \alpha^{-1} p (RT),_y + (5/2) \alpha^{-1} \beta \lambda^{-1} R p S_y = 0 ,$$

$$\text{(3.5.11)} \quad P_{xx} = p_{xx} + p \; ; \; P_{xy} = P_{yx} = p_{xy} = p_{yx} \; ; \; P_{yy} = p_{yy} + p .$$

This is a system of ten non-linear partial differential equations of the first order in the dependent variables and two independent variables. To transform the system of the above equations , one may choose the following rules of transformations :

$$Q_i(x, y) = Q(x,z) \; ; \; z = y/g(x) \; ; \; z,_x = - zg^{-1} g' \; ;$$

$$\text{(3;5 12)} \quad z,_y = g^{-1} \; ; \; Q_{1,x} = z,_x \, d Q/dz \; ; \; Q_{1,y} = z,_y \, dQ/dz \; ; \; \text{etc .},$$

where all the higher order derivatives of z with respect to y are equal to zero and primes denote derivatives with respect to z. We introduce new dependent variables:

(3,5.13) $v = g'\tilde{v};\ p_{xy} = g'p_{xy};\ p_{x,y} = g'(p_{xy}\,g'^{-1})_{,y} = g'\tilde{p}_{x,y}$,

then we obtain , from Eq. (3.5.1):

(3.5.14) $\rho(-zu+\tilde{v})\,u' + \alpha^{-1}\left[-z\,P'_{xx}(x,z) + \tilde{p}'_{xy}(x,z)\right] = 0$,

where prime denotes ordinary differentiation with respect to z. Let $u'(x, z) = G$, $dz = G^{-1}\,du$, $z = \int G^{-1}\,du$, then Eq. (3.5.14) can be given in the form

(3.5.15) $\rho(-zu+\tilde{v})\,u' + \alpha^{-1}\left[-zP'_{xx}(x,u) + \tilde{p}'_{xy}(x,u)\right] = 0$,

where prime denotes ordinary differentiation with respect to u . With the new dependent variables : $p = g'\tilde{p}$; $p_{yy} = g'\tilde{p}_{yy}$; $P_{yy} = g'\tilde{P}_{yy}$, one easily gets, from Eq. (3.5.2) :

(3.5.16) $\rho(-zu+\tilde{v})\,v'(x,u) + \alpha^{-1}\left[\tilde{P}_{yy}(x,u) - zp'_{xy}(x,u)\right] = 0$.

After all the transformation in the equations of continuity and state, one obtains :

(3.5.17) $z\left[\rho + \rho'(x,u)\,u\right] - \rho\tilde{v}'(x,u) - \rho'(x,u)\,\tilde{v} = 0$; $p = R\rho T$

If we use a new dependent variable, $S_y = g'\tilde{S}_y$, Eq. (3,5,5) takes the form :

$$\chi\rho(-zu+\tilde{v})\,d(c_v T)/du - zP_{xx} + \left[(g')^{-1} - zv'(x,u)\right]p_{xy} +$$

(3.5.18) $+\tilde{v}'(x,u)\,P_{yy} - \left[zS'_x(x,u) - \tilde{S}'_y(x,u)\right]/2 = 0$.

With the use of new dependent variables $S_x = g'\tilde{S}_x$, $p_{xx} = g'\tilde{p}_{xx}$, one easily obtains :

$$\Big\{ - z\, d(u p_{xx})/du + d(\widetilde{v}\, p_{xx})/du - (2/15)\Big[2zS'_x(x,u) + \widetilde{S}'_x(x,u)\Big] +$$

$$+ (2/3)\Big[-2zP_{xx} + \Big(2\,(g')^{-1} + zv'(x,u)\Big) p_{xy} - \widetilde{v}'(x,u)\, P_{yy}\Big]\Big\}\, G +$$

$$\text{(3.5.19)} \quad + \alpha^{-1} \beta\, \mu^{-1}\, g\, p\, \widetilde{p}_{xx} = 0 ;$$

$$\Big\{ - z\, d(u\, p_{xy})/du + d(\widetilde{v}\, p_{xy})/du + \Big[\widetilde{S}'_x(x,u) - zS'_y(x,u)\Big] /5 -$$

$$- zv'(x,u)\, P_{xx} - \Big[z - \widetilde{v}'(x,u)\Big]\, p_{xy} + (g')^{-1} P_{yy}\Big\}\, G +$$

$$\text{(3.5.20)} \quad + \alpha^{-1} \beta\, \mu^{-1}\, g\, p\, \widetilde{p}_{xy} = 0 ;$$

$$\Big\{ - z\, d(up_{yy})/du + d(\widetilde{v}\, p_{yy})/du + (2/15)\Big[zS'_x(x,u) + 2\widetilde{S}'_y(x,u)\Big] +$$

$$+ (2/3)\Big[zP_{xx} - ((g')^{-1} + 2\, zv'(x,u))\, p_{xy} +$$

$$\text{(3.5.21)} \quad + 2\,\widetilde{v}'(x,u)\, P_{yy}\Big]\Big\}\, G + \alpha^{-1} \beta\, \mu^{-1}\, g\, p\, \widetilde{p}_{yy} = 0 .$$

Components of the heat flow vector are given in the forms of :

$$\Big\{ - z\, d(uS_x)/du + d(\widetilde{v}S_x)/du + (1/5)\Big\{\Big[-11\, z + 2\widetilde{v}'(x,u)\Big]\, S_x +$$

$$+ \Big[7\,(g')^{-1} - 2zv'(x,u)\Big] S_y\Big\} + 2\alpha^{-1}\Big[-zd\,(RT\, p_{xx})/du + d(RT\widetilde{p}_{xy})/du\Big] +$$

$$+ 5\,\alpha^{-1}\,(-zP_{xx} + \widetilde{p}_{xy})\, d\,(RT)/du - 2\,\alpha^{-1}\, \rho^{-1}\Big\{\Big[-zP'_{xx}(x,u) +$$

$$+ \widetilde{P}'_{xy}(x,u)\Big]\, P_{xx} + \Big[-z\, P'_{xy}(x,u) + \widetilde{P}'_{yy}(x,u)\Big]\, p_{xy}\Big\}\Big\}\, G +$$

$$\text{(3.5.22)} \quad + (5/2)\,\alpha^{-1} \beta\, \lambda^{-1}\, gR\, p\, S_x = 0 ,$$

$$\Big\{ - z\, d\,(uS_y)/du + d\,(\widetilde{v}S_y)/du + (1/5)\Big\{\Big[2(g')^{-1} - 7\, zv'(x,u)\Big]\, S_x +$$

$$+ \Big[-2z + 11\widetilde{v}'(c,u)\Big]\, S_y\Big\} + 2\,\alpha^{-1}\Big[-zd(RTp_{xy})/du + d(RT\widetilde{p}_{yy})/du\Big] +$$

$$+ 5\alpha^{-1}(-zp_{xy} + \widetilde{P}_{yy})\, d(RT)/du - 2\alpha^{-1}\rho^{-1}\Big\{\Big[-z P'_{xx}(x,u) +$$

$$+ \widetilde{P}'_{xy}(x,u)\Big] p_{xy} + \Big[-zP'_{xy}(x,u) + \widetilde{P}'_{yy}(x,u)\Big] p_{yy}\Big\}\Big\} G +$$

$$\text{(3.5,23)} \quad + (5/2)\,\alpha^{-1}\beta\lambda^{-1} g R p \widetilde{S}_y = 0 .$$

Eqs. (3.5.15) to (3.5.23) jointly with the equation for G, i.e., $G = 1/(dz/du)$, and equations (definitions) for P_{xx}, etc., $\widetilde{v}$, etc., represent the system of 23 ordinary, non-linear, first order differential equations for 23 dependent functions, $z; v; \rho; p; T;$

$p_{xx}; \; p_{yy}; \; S_x; \; S_y; \; P_{xx}; \; P_{xy}; \; P_{yy}; \; \widetilde{v};$

$\widetilde{p}; \; \widetilde{p}_{xx}; \; \widetilde{p}_{xy}; \; \widetilde{p}_{yy}; \; \widetilde{P}_{xy}; \; \widetilde{P}_{yy}; \; \widetilde{S}_x; \; \widetilde{S}_y; \; G,$

in one independent variable u with a parameter x. One may preserve the original forms of dependent functions without introducing the functions $\widetilde{v}$, $\widetilde{p}_{xx}$, etc., thus obtaining a little more complicated structure of the remaining equations. Basically, when all the magnitudes like $\widetilde{v}$, $\widetilde{p}$, G, P_{xx}, etc., are inserted into the main system of equations, it reduces to ten equations for : $z, v, \rho, p, T, p_{xx}, p_{yy}, S_x S_y$.

3.6. Particular Gases of the Direct Reduction of Independent Variables (with no Parameters).

Below, we demonstrate how a group may be found such that a particular system of partial differential equations is conformally invariant under the group in question. The technique, shown below is a new one.

Consider the system of equations [62] :

$$(3.6.1) \qquad \frac{\partial u}{\partial y} = 0 \ , \qquad u = u(x, y) .$$

We wish find a conformal invariance under a group A_1 :

$$A_1 : \bar{x} = f^1(x, y ; a) , \ \bar{y} = f^2(x, y ; a) ,$$

$$(3.6.2) \qquad \bar{u} = f^3(u; a) \equiv f^4(u;a) + f^5(a) .$$

Since $\frac{\partial f^5}{\partial \bar{y}} = 0$, Eqs. (3.6.1) , (3.6.2) yield :

$$\frac{\partial \bar{u}}{\partial \bar{y}} = \frac{\partial}{\partial x}(f^4 u) \frac{\partial x}{\partial \bar{y}} + \frac{\partial}{\partial \bar{y}}(f^4 u) \frac{\partial y}{\partial \bar{y}}$$

$$(3.6.3) \qquad = u \left(\frac{\partial f^4}{\partial x} \frac{\partial x}{\partial \bar{y}} + \frac{\partial f^4}{\partial y} \frac{\partial y}{\partial \bar{y}} \right) + f^4 \left(\frac{\partial u}{\partial x} \frac{\partial x}{\partial \bar{y}} + \frac{\partial u}{\partial y} \frac{\partial y}{\partial \bar{y}} \right) .$$

A function Ω of the x's , y's , and the partial derivatives of the y's up to the k - th order is said to be conformally invariant under $\Gamma_1^{E_k}$ (we drop E_k and simply say Γ_1) if :

$$\Omega\left(\bar{x}, \bar{y}^1(\bar{x}), \cdots, \bar{y}^n(\bar{x}), \frac{\partial \bar{y}^1}{\partial \bar{x}^1}, \ldots, \frac{\partial^k \bar{y}^n}{\partial (\bar{x}^m)^k}\right) =$$

$$(3.6.4) \qquad = F\left(x, y^1, \cdots, y^n, \cdots, \ldots, \frac{\partial^k y^n}{\partial (x^m)^k}; a\right) \Omega\left(x, y^1(x), \cdots, y^n, \cdots, \ldots, \frac{\partial^k y^n}{\partial (x^m)^k}\right),$$

under Γ_1 where $F\left(x, y^1, \cdots, y^n \ldots, \cdots, \frac{\partial^k y^n}{\partial (x^m)^k} ; a\right)$ is an arbitrary function and Ω is the same function of the original and transformed variables.

From Eqs. (3.6.3) and (3.6.4) , it is required that :

$$\frac{\partial \bar{u}}{\partial \bar{y}} = u \left(\frac{\partial f^4}{\partial x} \frac{\partial x}{\partial \bar{y}} + \frac{\partial f^4}{\partial y} \frac{\partial y}{\partial \bar{y}} \right) + f^4 \left(\frac{\partial u}{\partial x} \frac{\partial x}{\partial \bar{y}} + \frac{\partial u}{\partial y} \frac{\partial y}{\partial \bar{y}} \right)$$

$$(3.6.5) \qquad = F\left(x, y, u, \frac{\partial u}{\partial y}, \frac{\partial u}{\partial x}; a\right) \frac{\partial u}{\partial y} ,$$

where the function F has to satisfy some conditions due to the group properties but is otherwise arbitrary, i.e., there are sought solution of Eq. (3.6.5) which satisfy the conditions of a one-parameter group of transformation.

One such a class of solutions is obtained by equating on both sides of equation all terms in (3.6.3) containing $\frac{\partial u}{\partial y}$ explicitly and setting all other terms equal to zero. Eq. (3.6.3) then yields:

$$(3.6.6) \qquad u \frac{\partial f^4}{\partial x} \frac{\partial x}{\partial \bar{y}} = 0 ,$$

$$(3.6.7) \qquad u \frac{\partial f^4}{\partial y} \frac{\partial y}{\partial \bar{y}} = 0,$$

$$(3.6.8) \qquad f^4 \frac{\partial u}{\partial x} \frac{\partial x}{\partial \bar{y}} = 0,$$

which implies that:

$$\frac{\partial \bar{u}}{\partial \bar{y}} = f^4 \frac{\partial u}{\partial y} \frac{\partial y}{\partial \bar{y}} , \qquad \text{or} \qquad \frac{\partial \bar{u}}{\partial \bar{y}} = F(x, y, u ; a) \frac{\partial u}{\partial y} = 0 .$$

The system of partial differential equations G will be called the system corresponding to Eq. (3.6.1) and to the group A_1.
If $u = 0$, Eq. (3.6.1) is satisfied. However, solutions will be sought for which $u \neq 0$. Since the definition of a group states that the transformation A_1 has an inverse, the Jacobian determinant associated with A_1:

$$(3.6.9) \qquad \left| \frac{\partial (\bar{x}, \bar{y}, \bar{u})}{\partial (x, y, u)} \right| = \begin{vmatrix} \frac{\partial \bar{x}}{\partial x} & \frac{\partial \bar{x}}{\partial y} & \frac{\partial \bar{x}}{\partial u} \\ \frac{\partial \bar{y}}{\partial x} & \frac{\partial \bar{y}}{\partial y} & \frac{\partial \bar{y}}{\partial u} \\ \frac{\partial \bar{u}}{\partial x} & \frac{\partial \bar{u}}{\partial y} & \frac{\partial \bar{u}}{\partial u} \end{vmatrix}$$

cannot be zero . If in the last equation of (3.6.2), $f^4 = 0$, then $\frac{\partial \bar{u}}{\partial x} = \frac{\partial \bar{u}}{\partial y} = \frac{\partial \bar{u}}{\partial u} = 0$ in which case $\left|\frac{\partial (\bar{x}, \bar{y}, \bar{u})}{\partial (x, y, u)}\right| = 0$, contrary to the original assumption. Therefore it is necessary that $f^4 \neq 0$.

Similarly, the subgroup :

(3.6.10) $S_{A_1} : \bar{x} = f^1(x, y ; a)$, $\bar{y} = f^2(x, y ; a)$,

must have an inverse and therefore neither the Jacobian determinant associated with S_{A_1} :

(3.6.11) $$\left|\frac{\partial (\bar{x}, \bar{y})}{\partial (x, y)}\right| = \begin{vmatrix} \frac{\partial \bar{x}}{\partial x} & \frac{\partial \bar{x}}{\partial y} \\ \frac{\partial \bar{y}}{\partial x} & \frac{\partial \bar{y}}{\partial y} \end{vmatrix},$$

nor the Jacobian determinant :

(3.6.12) $$\left|\frac{\partial (x, y)}{\partial (\bar{x}, \bar{y})}\right| = \begin{vmatrix} \frac{\partial x}{\partial \bar{x}} & \frac{\partial x}{\partial \bar{y}} \\ \frac{\partial y}{\partial \bar{x}} & \frac{\partial y}{\partial \bar{y}} \end{vmatrix},$$

associated with the inverse transformation may be equal to zero . From (3.6.12), it follows that not both $\frac{\partial x}{\partial \bar{y}}$ and $\frac{\partial y}{\partial \bar{y}}$ are equal to zero.. If $\frac{\partial u}{\partial x} \neq 0$, then from (3.6.8) :

(3.6.13) $$\frac{\partial x}{\partial \bar{y}} = 0,$$

and therefore

(3.6.14) $$\frac{\partial y}{\partial \bar{y}} \neq 0.$$

Eqs. (3.6.6), (3.6.7), (3.6.8) and the above remarks imply that :

(3.6.15) $\frac{\partial x}{\partial \bar{y}} = 0\,, \qquad \frac{\partial f^4}{\partial y} = 0.$

Hence, (3.6.2) satisfying conditions (3.6.15) furnishes the conformal invariance.

We shall apply the above technique which may be called a technique of vanishing coefficients, to the time dependent Navier-Stokes equations in three dimension of motion of a viscous, compressible, perfect gas.

The equations of motion are :

(3.6.16)
$$\text{(i)}\quad \rho\left(\frac{\partial u}{\partial t} + u\frac{\partial u}{\partial x} + v\frac{\partial u}{\partial y} + w\frac{\partial u}{\partial z}\right) + \frac{\partial p}{\partial x} - \mu\left(\frac{\partial^2 u}{\partial x^2} + \frac{\partial^2 u}{\partial y^2} + \frac{\partial^2 u}{\partial z^2}\right) - 3^{-1}\mu\left(\frac{\partial^2 u}{\partial x^2} + \frac{\partial^2 v}{\partial x\partial y} + \frac{\partial^2 w}{\partial x\partial z}\right) = 0,$$

(3.6.17)
$$\text{(ii)}\quad \rho\left(\frac{\partial v}{\partial t} + u\frac{\partial v}{\partial x} + v\frac{\partial v}{\partial y} + w\frac{\partial v}{\partial z}\right) + \frac{\partial p}{\partial y} - \mu\left(\frac{\partial^2 v}{\partial x^2} + \frac{\partial^2 v}{\partial y^2} + \frac{\partial^2 v}{\partial z^2}\right) - 3^{-1}\mu\left(\frac{\partial^2 u}{\partial x\partial y} + \frac{\partial^2 v}{\partial y^2} + \frac{\partial^2 w}{\partial y\partial z}\right) = 0$$

and

(3.6.18)
$$\text{(iii)}\quad \rho\left(\frac{\partial w}{\partial t} + u\frac{\partial w}{\partial x} + v\frac{\partial w}{\partial y} + w\frac{\partial w}{\partial z}\right) + \frac{\partial p}{\partial z} - \mu\left(\frac{\partial^2 w}{\partial x^2} + \frac{\partial^2 w}{\partial y^2} + \frac{\partial^2 w}{\partial z^2}\right) - \frac{1}{3}\mu\left(\frac{\partial^2 u}{\partial x\partial z} + \frac{\partial^2 v}{\partial y\partial z} + \frac{\partial^2 w}{\partial z^2}\right) = 0.$$

In addition, the gas is described by equations of state, continuity and conservation of energy. They are, respectively :

(3.6.19) (iv) $p = \rho R T$ (state),

(3.6.20) (v) $\frac{\partial \rho}{\partial t} + \frac{\partial(\rho u)}{\partial x} + \frac{\partial(\rho v)}{\partial y} + \frac{\partial(\rho w)}{\partial z} = 0$ (continuity), and

$$\text{(vi)} \qquad \rho C_v \left(\frac{\partial T}{\partial t} + u \frac{\partial T}{\partial x} + v \frac{\partial T}{\partial y} + w \frac{\partial T}{\partial z} \right) +$$

$$+ p \left(\frac{\partial u}{\partial x} + \frac{\partial v}{\partial y} + \frac{\partial w}{\partial z} \right) - K \left(\frac{\partial^2 T}{\partial x^2} + \frac{\partial^2 T}{\partial y^2} + \frac{\partial^2 T}{\partial z^2} \right) -$$

$$- 2\mu \left[\left(\frac{\partial u}{\partial x} \right)^2 + \left(\frac{\partial v}{\partial y} \right)^2 + \left(\frac{\partial w}{\partial z} \right)^2 \right] - \mu \left[\left(\frac{\partial v}{\partial x} + \frac{\partial u}{\partial y} \right)^2 + \right.$$

$$+ \left(\frac{\partial w}{\partial y} + \frac{\partial v}{\partial z} \right)^2 + \left(\frac{\partial u}{\partial z} + \frac{\partial w}{\partial x} \right)^2 +$$

$$\text{(3.6.21)} \qquad \left. + \frac{2}{3} \left(\frac{\partial u}{\partial x} + \frac{\partial v}{\partial y} + \frac{\partial w}{\partial z} \right)^2 \right] = 0 \quad \text{(energy)},$$

where μ , R , C_v and k are constants .

The above system of six partial differential equations in six unknown functions of x, y, z and t will be referred to as the system " A " . In order to find the conditions on a group A_1 such that " A " is conformally invariant under A_1 , it is necessary to find the system corresponding to " A " and A_1. A_1 is a transformation group defined as :

$$A_1 : \bar{x} = f^1(x, y, z; a) , \quad \bar{y} = f^2(x, y, z; a), \quad \bar{z} = f^3(x, y, z; a) ,$$
$$\bar{u} = f^4(u; a) \equiv f^5(u; a)\, u + f^6(a) .$$

Since no new techniques are involved in finding the system in question, this problem will be left to the reader. The present paper will confine its attention to one such group under which " A " is conformally invariant. It is the following group :

$$P^1 : \bar{x} = x + \gamma_1 a \, , \quad \bar{y} = y - \gamma_2 a \, , \quad z = \bar{z} + \gamma_3 a \, ,$$

$$\bar{t} = t - \gamma_4 a \, , \quad \bar{u} = u \, , \quad \bar{v} = v, \; \bar{w} = w \, ,$$

(3.6.22) $\bar{\rho} = \rho$, $\bar{p} = p$, $\bar{T} = T$,

where the γ's are arbitrary constants. The conformal invariance of the system of equations "A" under the group P^1 is easily verified.

The invariants of P^1 may be chosen as follows :

$$\eta_1 = \gamma_2 x + \gamma_1 y \ , \quad \eta_2 = \gamma_3 y + \gamma_2 z \ ,$$

$$\eta_3 = \gamma_4 z + \gamma_3 t \ , \quad g_1 = u = \nu_1(\eta_1, \eta_2, \eta_3) \ ,$$

$$g_2 = v = \nu_2(\eta_1, \eta_2, \eta_3) \ , \quad g_3 = w = \nu_3(\eta_1, \eta_2, \eta_3) \ ,$$

$$g_4 = p = \nu_4(\eta_1, \eta_2, \eta_3) \ , \quad g_5 = \rho = \nu_5(\eta_1, \eta_2, \eta_3) \ ,$$

(3.6.23) $g_6 = T = \nu_6(\eta_1, \eta_2, \eta_3)$.

With the use of equation (3.6.23) the system "A" is reduced to the following system which will be referred to as the system " B ":

$$\text{(i)} \quad \nu_5\left(\gamma_3 \frac{\partial \nu_1}{\partial \eta_3} + \gamma_2 \nu_1 \frac{\partial \nu_1}{\partial \eta_1} + \gamma_1 \nu_2 \frac{\partial \nu_1}{\partial \eta_1} + \gamma_3 \nu_2 \frac{\partial \nu_1}{\partial \eta_2} + \right.$$

$$\left. + \gamma_2 \nu_3 \frac{\partial \nu_1}{\partial \eta_2} + \gamma_4 \nu_3 \frac{\partial \nu_1}{\partial \eta_3} \right) + \nu_2 \frac{\partial \nu_4}{\partial \eta_1} - \mu\left(\gamma_2^2 \frac{\partial^2 \nu_1}{\partial \eta_1^2} + \right.$$

$$+ \gamma_1^2 \frac{\partial^2 \nu_1}{\partial \eta_1^2} + 2\gamma_1 \gamma_3 \frac{\partial^2 \nu_1}{\partial \eta_1 \partial \eta_2} + \gamma_3^2 \frac{\partial^2 \nu_1}{\partial \eta_2^2} + \gamma_2^2 \frac{\partial^2 \nu_1}{\partial \eta_2^2} +$$

$$\left. + 2\gamma_2 \gamma_4 \frac{\partial^2 \nu_1}{\partial \eta_2 \partial \eta_3} + \gamma_4^2 \frac{\partial^2 \nu_1}{\partial \eta_3^2} \right) - \frac{1}{3}\mu\left(\gamma_2^2 \frac{\partial^2 \nu_1}{\partial \eta_1^2} + \right.$$

$$+\gamma_1\gamma_2\frac{\partial^2 \nu_2}{\partial \eta_1^2} + \gamma_1 \gamma_3 \frac{\partial^2 \nu_2}{\partial\eta_1 \partial\eta_2} + \gamma_2^2 \frac{\partial^2 \nu_3}{\partial\eta_1\partial\eta_2} +$$

(3.6.24) $$+\gamma_2\gamma_4 \frac{\partial^2 \nu_3}{\partial\eta_1\partial\eta_3}) = 0 ,$$

" B "

(3.6.25) (ii) $$\nu_5 (\gamma_3 \frac{\partial \nu_2}{\partial \eta_3} + \gamma_2 \nu_1 \frac{\partial \nu_2}{\partial \eta_1} + \cdots) + \cdots = 0 ,$$

(iii) $$\nu_5 (\gamma_3 \frac{\partial \nu_3}{\partial \eta_3} + \gamma_2 \gamma_1 \frac{\partial \nu_3}{\partial \eta_3} + \cdots) + \cdots = 0 ,$$

(3.6.27) (iv) $$\nu_4 = R\nu_5 \nu_6 ,$$

(v) $$\gamma_3 \frac{\partial \nu_5}{\partial \eta_3} + \gamma_2 \frac{\partial(\nu_5 \nu_1)}{\partial \eta_1} + \gamma_1 \frac{\partial(\nu_5 \nu_2)}{\partial \eta_1} + \gamma_3 \frac{\partial(\nu_5 \nu_2)}{\partial \eta_2} +$$

(3.6.28) $$+\gamma_2 \frac{\partial(\nu_5 \nu_3)}{\partial \eta_2} + \gamma_4 \frac{\partial(\nu_5 \nu_3)}{\partial \eta_3} = 0 ,$$

(3.6.29) (vi) $$C_v \nu_5 (\gamma_3 \frac{\partial \nu_6}{\partial \eta_3} + \gamma_2 \gamma_1 \frac{\partial \nu_6}{\partial \eta_1} + \cdots) + \cdots = 0 .$$

The system " B " is absolutely invariant under the group :

$$P^{(2)} : \bar{\eta}_1 = \eta_1 + \gamma_5 a , \quad \bar{\eta}_2 = \eta_2 - \gamma_6 a , \quad \bar{\eta}_3 = \eta_3 + \gamma_7 a ,$$

(3.6.30) $$\bar{\nu}_j = \nu_j \qquad (j = 1, \cdots, 6) ,$$

whose invariants , as in the previous case, may be chosen as follows:

$$\xi_1 = \gamma_6 \eta_1 + \gamma_5 \eta_2 , \quad \xi_2 = \gamma_7 \eta_2 + \gamma_6 \eta_3 ,$$

(3.6.31) $$h_j = \nu_j = \tau_j(\xi_1 , \xi_2) \quad (j = 1, \cdots, 6) .$$

The system " B " may be reduced to a system " C " (not included) with independent variables ξ_1 and ξ_2. The system " C " is, similarly, absolutely invariant under the group :

(3.6.32) $$P^{(3)} : \bar{\xi}_1 = \xi_1 + \gamma_8 a , \quad \bar{\xi}_2 = \xi_2 - \gamma_9 a, \quad \bar{\tau}_i = \tau_i \quad (i=1,\cdots,6),$$

whose invariants, as in the previous cases, may be chosen as :

(3.6.33) $$\alpha = \gamma_9 \xi_1 + \gamma_8 \xi_2 , \quad k_j = \tau_j = \beta_j(\alpha)$$

Therefore, the original system, " A ", is ultimately reduced to the following system, " D ", of ordinary differential equations :

$$\text{(i)} \quad A_i \frac{d\beta_1}{d\alpha} + \gamma_2 \gamma_6 \gamma_9 \frac{d\beta_4}{d\alpha} + A_2 \frac{d^2\beta_1}{d\alpha^2} -$$

$$- \frac{1}{3}\mu \Big[\gamma_2 \gamma_6^2 \gamma_9^2 (\gamma_1 + \gamma_2) \frac{d^2\beta_1}{d\alpha^2} +$$

$$+ \gamma_1 \gamma_3 \gamma_6 \gamma_9 (\gamma_5 \gamma_9 + \gamma_7 \gamma_8) \frac{d^2\beta_2}{d\alpha^2} +$$

(3.6.34) $$+ \gamma_2 \gamma_6 \gamma_9 (\gamma_2 \gamma_5 \gamma_9 + \gamma_2 \gamma_7 \gamma_8 + \gamma_4 \gamma_6 \gamma_8) \frac{d^2\beta_3}{d\alpha^2} \Big] = 0,$$

$$\text{(ii)} \quad A_i \frac{d\beta_2}{d\alpha} + \Big[(\gamma_1 \gamma_6 + \gamma_3 \gamma_5) \gamma_9 + \gamma_3 \gamma_7 \gamma_8 \Big] \frac{d\beta_4}{d\alpha} +$$

$$+ A_2 \frac{d^2\beta_2}{d\alpha^2} - \frac{1}{3}\mu \Big\{ \gamma_1 \gamma_6 \gamma_9 (\gamma_2 \gamma_6 \gamma_9 + \gamma_3 \gamma_5 \gamma_9 +$$

$$+ \gamma_3 \gamma_7 \gamma_8) \frac{d^2\beta_1}{d\alpha^2} + \Big[\gamma_1 \gamma_6 \gamma_9 (\gamma_1 \gamma_6 \gamma_9 + 2\gamma_3 \gamma_5 \gamma_9 +$$

$$+ 2\gamma_3 \gamma_7 \gamma_8) + \gamma_3^2 \gamma_5 \gamma_9 (2\gamma_7 \gamma_8 + \gamma_5 \gamma_9) + (\gamma_3 \gamma_7 \gamma_8)^2 \Big] \frac{d^2\beta_2}{d\alpha^2} +$$

$$+ \Big[\gamma_2 \gamma_9 (\gamma_1 \gamma_5 \gamma_6 \gamma_9 + \gamma_1 \gamma_6 \gamma_7 \gamma_8 + 2\gamma_3 \gamma_5 \gamma_7 \gamma_8) +$$

$$+ \gamma_2 \gamma_3 (\gamma_5^2 \gamma_9^2 + \gamma_7^2 \gamma_8^2) + \gamma_3 \gamma_4 \gamma_6 \gamma_8 (\gamma_5 \gamma_9 + \gamma_7 \gamma_8) +$$

$$+ \gamma_1 \gamma_4 \gamma_6^2 \gamma_8 \gamma_9 \Big] \frac{d^2\beta_3}{d\alpha^2} \Big\} = 0 , \qquad (3.6.35)$$

(iii) $$A_1 \frac{d\beta_3}{d\alpha} + (\gamma_2 \gamma_5 \gamma_9 + \gamma_2 \gamma_7 \gamma_8 + \gamma_4 \gamma_6 \gamma_8) \frac{d\beta_4}{d\alpha} +$$

$$+ A_2 \frac{d^2\beta_3}{d\alpha^2} - \frac{1}{3}\mu \Big\{ \gamma_2 \gamma_6 \gamma_9 (\gamma_2 \gamma_5 \gamma_9 + \gamma_7 \gamma_8 \gamma_9 +$$

$$+ \gamma_4 \gamma_6 \gamma_8) \frac{d^2\beta_1}{d\alpha^2} + \Big[\gamma_1 \gamma_2 \gamma_6 \gamma_8 (\gamma_5 \gamma_9 + \gamma_7 \gamma_8) +$$

$$+ \gamma_2 \gamma_3 \gamma_5 \gamma_9 (\gamma_5 \gamma_9 + 2\gamma_7 \gamma_8) + \gamma_4 \gamma_6 \gamma_8 \gamma_9 (\gamma_1 \gamma_6 +$$

$$+ \gamma_3 \gamma_5) + \gamma_7 \gamma_8^2 (\gamma_2 \gamma_3 \gamma_7 + \gamma_4 \gamma_6^2) \Big] \frac{d^2\beta_2}{d\alpha^2} +$$

$$+ \Big[\gamma_2^2 \gamma_5 \gamma_9 (\gamma_5 \gamma_9 + 2\gamma_7 \gamma_8) + 2\gamma_2 \gamma_4 \gamma_6 \gamma_8 (\gamma_5 \gamma_9 + \gamma_7 \gamma_8) +$$

$$+ \gamma_8^2 (\gamma_4^2 \gamma_6^2 + \gamma_2^2 \gamma_7^2) \Big] \frac{d^2 \beta_3}{d \alpha^2} \Big\} = 0 , \tag{3.6.36}$$

$$\text{(iv)}\ \beta_4 = R\, \beta_5\, \beta_6 , \tag{3.6.37}$$

$$\text{(v)}\ \gamma_3 \gamma_6 \gamma_8 \frac{d \beta_5}{d \alpha} + \gamma_2 \gamma_6 \gamma_9 \frac{d(\beta_5\ \beta_1)}{d \alpha} +$$

$$+ \Big[(\gamma_1 \gamma_6 + \gamma_3 \gamma_5) \gamma_9 + \gamma_3 \gamma_7 \gamma_8 \Big] \frac{d(\beta_5\ \beta_2)}{d \alpha} +$$

$$+ \Big[\gamma_2 \gamma_5 \gamma_9 + (\gamma_2 \gamma_7 + \gamma_4 \gamma_6) \gamma_8 \Big] \frac{d(\beta_5\ \beta_3)}{d \alpha} = 0 , \tag{3.6.38}$$

$$\text{(vi)}\ C_v A_1 \frac{d \beta_6}{d \alpha} + \beta_4 \Big\{ \gamma_2 \gamma_6 \gamma_9 \frac{d \beta_1}{d \alpha} + \Big[(\gamma_1 \gamma_6 + \gamma_3 \gamma_5) \gamma_9 +$$

$$+ \gamma_3 \gamma_7 \gamma_8 \Big] \frac{d \beta_2}{d \alpha} + \Big[\gamma_2 \gamma_5 \gamma_9 + (\gamma_2 \gamma_7 + \gamma_4 \gamma_6) \gamma_8 \Big] \frac{d \beta_3}{d \alpha} \Big\} +$$

$$+ \frac{k}{\mu} A_2 \frac{d^2 \beta_6}{d \alpha^2} - 2 \mu \Big\{ (\gamma_2 \gamma_6 \gamma_9 \frac{d \beta_1}{d \alpha})^2 +$$

$$+ \Big[(\gamma_1 \gamma_6 + \gamma_3 \gamma_5) \gamma_9 + \gamma_3 \gamma_7 \gamma_8 \Big]^2 \Big(\frac{d \beta_2}{d \alpha} \Big)^2 +$$

$$+ \Big[\gamma_2 \gamma_5 \gamma_9 + (\gamma_2 \gamma_7 + \gamma_4 \gamma_6) \gamma_8 \Big] \Big(\frac{d \beta_3}{d \alpha} \Big)^2 \Big\} -$$

$$- \mu \Big[\Big\{ \gamma_2 \gamma_6 \gamma_9 \frac{d \beta_2}{d \alpha} + \Big[(\gamma_1 \gamma_6 + \gamma_3 \gamma_5) \gamma_9 + \gamma_3 \gamma_7 \gamma_8 \Big] \frac{d \beta_1}{d \alpha} \Big\}^2 +$$

$$+\left\{\left[(\gamma_1\gamma_6+\gamma_3\gamma_5)\gamma_9+\gamma_3\gamma_7\gamma_8\right]\frac{d\beta_3}{d\alpha}+\right.$$

$$\left.+\left[\gamma_2\gamma_5\gamma_9+(\gamma_2\gamma_7+\gamma_4\gamma_6)\gamma_8\right]\frac{d\beta_2}{d\alpha}\right\}^2+$$

$$+\left\{\left[\gamma_2\gamma_5\gamma_9+(\gamma_2\gamma_7+\gamma_4\gamma_6)\gamma_8\right]\frac{d\beta_1}{d\alpha}+\right.$$

$$\left.+\gamma_2\gamma_6\gamma_9\frac{d\beta_3}{d\alpha}\right\}^2+\frac{2}{3}\left\{\gamma_2\gamma_6\gamma_9\frac{d\beta_1}{d\alpha}+\right.$$

$$+\left[(\gamma_1\gamma_6+\gamma_3\gamma_5)\gamma_9+\gamma_3\gamma_7\gamma_8\right]\frac{d\beta_2}{d\alpha}+$$

$$(3.6.39)\quad \left.\left.+\left[\gamma_2\gamma_5\gamma_9+(\gamma_2\gamma_7+\gamma_4\gamma_6)\gamma_8\right]\frac{d\beta_3}{d\alpha}\right\}^2\right]=0,$$

where :

$$A_1=\beta_5\left\{\gamma_3\gamma_6\gamma_8+\gamma_2\gamma_6\gamma_9\gamma_1+\right.$$

$$+\left[(\gamma_1\gamma_6+\gamma_3\gamma_5)\gamma_9+\gamma_3\gamma_7\gamma_8\right]\beta_2+$$

$$(3.6.40)\quad +\left[\gamma_2\gamma_5\gamma_9+(\gamma_2\gamma_7+\gamma_4\gamma_6)\gamma_8\right]\beta_3\quad ,$$

and

$$A_2=-\mu\left[(\gamma_6\gamma_9)^2\ (\gamma_1^{\,2}+\gamma_2^{\,2})+2\,\gamma_1\gamma_3\gamma_6\gamma_9(\gamma_8+\gamma_9)+\right.$$

$$+(\gamma_2^{\,2}+\gamma_3^{\,2})(\gamma_5^{\,2}\gamma_9^{\,2}+2\,\gamma_5\gamma_7\gamma_8\gamma_9+\gamma_7^{\,2}\gamma_8^{\,2})+$$

$$(3.6.41) \quad + 2 \gamma_2 \gamma_4 \gamma_6 \gamma_8 (\gamma_5 \gamma_9 + \gamma_7 \gamma_8) + (\gamma_4 \gamma_6 \gamma_8)^2 .$$

The triply invariant solutions of the original system " A " under $P^{(1)}$ (eq. (3.6.22), $P^{(2)}$ (eq. (3.6.30)) and $P^{(3)}$ (eq. (3.6.32)) are determined by the solutions of the system of ordinary differential equations, " D ". The correspondence is given by the relations :

$$\alpha = \gamma_2 \gamma_6 \gamma_9 x + \left[(\gamma_1 \gamma_6 + \gamma_3 \gamma_5) \gamma_9 + \gamma_3 \gamma_7 \gamma_8 \right] y +$$

$$+ \left[\gamma_2 \gamma_5 \gamma_9 + (\gamma_2 \gamma_7 + \gamma_4 \gamma_6) \gamma_8 \right] z + \gamma_3 \gamma_6 \gamma_8 t ,$$

$$(3.6.42) \quad \beta_1 = u, \ \beta_2 = v, \ \beta_3 = w, \ \beta_4 = p, \ \beta_5 = \rho, \ \beta_6 = T .$$

Although the present investigation considered a perfect gas, the reduction used can evidently be applied if equation (3.6.19) is replaced by a general equation of state, $F(p, \rho, T) = 0$. Furthermore, μ , C_v and k (see eqs. (3.6.16) , (3.6.17) , (3.6.18) and (3.6.21) could have been taken as arbitrary functions of p and T .

The technique discussed in this chapter can be applied to all the regimes (sub - trans- supersonic) and to all kinds of fluids : inviscid, viscous, MHD, etc. There are serious disadvantages of this technique: (i) it is very difficult to find invariant groups ; (ii) it is certainly very difficult to satisfy the boundary conditions, particularly two-curve B.C., in many practical cases .

4. Topological Technique .

4.1. Fundamental Concepts.

Without explaining all the details of the topological technique , we are going directly to the final results. The technique is based upon the elementary fundamentals of homology .

Assume a three - dimensional nonsteady rotational flow of a perfect, inviscid, non-heat-conducting fluid in an electromagnetic field. The fundamental equations governing the hydrodynamic phenomena are: equation of motion :

$$(4.1.1) \qquad \vec{q},_t + (\vec{q} \cdot \nabla)\vec{q} + \rho^{-1} \nabla p = \vec{P} ;$$

equations of continuity and state :

$$(4.1.2) \qquad \rho,_t + \nabla(\rho \vec{q}) = 0 ; \qquad p = R_1 \rho T ;$$

pressure -density- entropy relation :

$$(4.1.3) \qquad p_0^{-1} p = (\rho_0^{-1} \rho)^{\gamma} \exp\left[c_v^{-1} (S - S_0) \right] ,$$

where $\vec{P}$ denotes the external (including electromagnetic) forces per unit mass, $\vec{q}$ the velocity, and S the entropy . From the first law of thermodynamics :

$$d Q = T\, dS = c_v d T + p\, d(\rho^{-1}) ,$$

with $h = c_p T = c_v T + p \rho^{-1}$, c_v, c_p = constant , one obtains the vector equation :

$$(4.1.4) \qquad T \nabla S - \nabla h + \rho^{-1} \nabla p = 0 \qquad T \nabla S = \nabla Q$$

The expression dQ contains the Joule heat as well as any other enrgy (heat) addition or subtraction from or to outside. Addition of the expression $\vec{q} \times (\nabla \times \vec{q})$ to both sides of Eq. (4.1.1.) combining terms on the left-hand side and using Eq. (4.1.4) furnishes the generalized Crocco equation:

(4.1.5) $$\vec{q}_{,t} + \nabla H - \nabla Q = \vec{q} \times \vec{\omega} + \vec{P} ;$$

(4.1.6) $$H = q^2/2 + h ; \quad \vec{\omega} = \mathrm{curl}\, \vec{q} ;$$

$H_o = h_o = c_p T_o$ at the point where $\vec{q} = 0$. The velocity of sound is defined as:

(4.1.7) $$a^2 = (\partial p / \partial \rho)_S ,$$

which in a steady flow can be obtained from the generalized energy equation of the form :

(4.1.8) $$q^2/2 + (\gamma - 1)^{-1} a^2 - \int_o^S \vec{P} \cdot d\sigma - \int_o^S dQ = K(\psi, \mu) ,$$

where the integration is performed along a streamline, (ψ, μ) = const., ψ, μ = streamsurfaces, from a point $\sigma = 0$ to a point "σ". The function $K(\psi, \mu)$ assumes a constant value along a streamline, ψ, μ = constant. In the case of a unsteady flow one may calculate the velocity of sound from the generalized equation of energy obtained by means of the combination of Eqs. (4.1.1) and (4.1.4) and integration with respect to the running coordinate w along the particle line $[(\lambda, \chi, \nu) = \text{constant}]$:

(4.1.9) $$q^2/2 + \int_o^w \vec{q}_{,t} \cdot d\vec{w}_1 + (\gamma - 1)^{-1} a^2 - \int_o^w \vec{P} \cdot dw_1 - \int_o^w dQ = L(\lambda, \chi, \nu) .$$

The function $L(\lambda, \chi, \nu)$ assumes a constant value along a particle line (λ, χ, ν) = constant. The particle surfaces λ, χ, ν satisfy identically the continuity equation (4.1.2) .

Consider the following two fundamental equations (continuity and Crocco):

(4.1.10) $\operatorname{div}(\rho \vec{q}) + \rho,_t = \rho \operatorname{div} \vec{q} + \operatorname{grad} \rho \cdot \vec{q} + \rho,_t = 0$;

(4.1.11) $\vec{q} \times \vec{\omega} = \vec{q},_t + \nabla(H - Q) - \vec{P}$.

From (4.1.11) we get:

(4.1.12) $\vec{q} \times (\vec{q} \times \vec{\omega}) = (\vec{q} \cdot \vec{\omega}) \vec{q} - q^2 \vec{\omega} = \vec{q} \times \left[\vec{q},_t + \nabla(H - Q) - \vec{P} \right]$.

We may propose a certain number of hydrodynamic systems:

(I) $\operatorname{div} \vec{q} = -\rho^{-1} (\operatorname{grad} \rho \cdot \vec{q} + \rho,_t)$;

$\operatorname{curl} \vec{q} = q^{-2} \left\{ (\vec{q} \cdot \vec{\omega}) \vec{q} - \vec{q} \times \left[\vec{q},_t + \nabla(H - Q) - \vec{P} \right] \right\}$;

(II) $\operatorname{div}(\rho \vec{q}) = -\rho,_t$;

$\operatorname{curl}(\rho \vec{q}) = \rho q^{-2} \left\{ (\vec{q} \cdot \vec{\omega}) \vec{q} - \vec{q} \times \left[\vec{q},_t + \nabla(H - Q) - \vec{P} \right] \right\} + \operatorname{grad} \rho \times \vec{q}$;

(III) $\operatorname{div}(\vec{q} \times \vec{\omega}) = \operatorname{div} \vec{q},_t + \nabla^2 (H - Q) - \operatorname{div} \vec{P}$;

$\operatorname{curl}(\vec{q} \times \vec{\omega}) = \operatorname{curl} \vec{q},_t - \operatorname{curl} \vec{P}$.

For the purpose of the particular interest in an inviscid, non-heat-conducting fluid, the system (I) is taken into account:

(4.1.13) $\operatorname{div} \vec{q} = W$; $W = -\rho^{-1} (\operatorname{grad} \rho \cdot \vec{q} + \rho,_t)$;

(4.1.14) $\operatorname{curl} \vec{q} = \vec{Z}$; $\vec{Z} = \vec{q}^{-2} \left\{ (\vec{q} \cdot \vec{\omega}) \vec{q} - \vec{q} \times \left[\vec{q},_t + \nabla(H - Q) - \vec{P} \right] \right\}$,

with the functions W and $\vec{Z}$ being known and given.

The electromagnetic part of the set of equations governing the dynamic system in question consists of two groups. As the first group, we choose the pre - Maxwell system:

(4.1.15) $\operatorname{curl} \vec{B} = \mu \vec{J}$,

(4.1.16) $\quad \operatorname{div} \vec{B} = 0,$

(4.1.17) $\quad \operatorname{curl} \vec{E} = - \partial B / \partial t,$

(4.1.18) $\quad \operatorname{div} \vec{E} = k^{-1} \alpha \quad ,$

where the used symbols denote : $\vec{E}$ = electrostatic vector field intensity ; k = permittivity of the medium (dielectric constant) ; $\vec{H}$ = magnetic vector field intensity; $\vec{B} = \mu \vec{H}$; μ = permiability of the medium (assumed to be equal to unity) ; α = charge density ; $\vec{I}$ current (amp) ; $\vec{I} = \vec{J} A$; $\vec{J}$ = conduction current density ; A = cross-sectional area.

These are two systems of equations , Eqs. (4.1.15) , (4.1.16) and (4.1.17) (4.1.18) in two unknown vectors $\vec{B}$ and $\vec{E}$.

The second group consists of :

a) Ohm's law :

(4.1.19) $\quad \vec{J} = \sigma_1 (\vec{E} + \mu \vec{q} \times \vec{H})$;

σ_1 = electrical conductivity ;

b) Joule's heat :

(4.1.20) $\quad Q = J^2 \sigma_1^{-1}$; $Q = Q_1 + Q_{ext}$;

c) the forces arising from the charge density and from the induced magnetic effect due to the motion of the electrically conducting fluid through the magnetic lines of force :

(4.1.21) $\quad \vec{P}_1 = \alpha \vec{E} + \vec{J} \times \vec{B}$; $\quad \vec{P} = \vec{P}_1 + \vec{P}_{ext}$.

The hydrodynamic system, Eqs. (4.1.13), (4.1.14) and the electromagnetic system, Eqs. (4.1.15) to (4.1.18) are interrelated. Moreover, the right-hand sides of each system contain the unknown functions from itself.

Thus the functions W and $\vec{Z}$ in Eqs. (4.1.13) and (4.1.14) contain the unknown functions ρ, $\vec{q}$, $\vec{J}$, $\vec{E}$, $\vec{H}$. The vector $\vec{J}$ in (4.1.15) contains the unknown vectors $\vec{E}$, $\vec{q}$, and $\vec{H}$. The function H, Q_{ext}, a the vector $\vec{P}$, and the constant parameters k, μ, σ_1 are known and given.

All the other scalar functions and vectors can be calculated from the equations given above. This suggests that one may apply some sort of successive approximation process, in which the right-hand sides would consist of functions known and given from the previous steps of the successive approximation procedure.

In each step the study of the pre-Maxwell system or of the hydrodynamical system is reduced to the study of systems having the form:

(4.1.22) $\quad \operatorname{div} \vec{Z} = \sigma \quad ; \quad \operatorname{curl} \vec{Z} = \vec{\xi} \quad ; \quad \operatorname{div} \vec{\xi} = 0.$

By comparison with Eqs. (4.1.13), (4.1.14), both systems of equations, hydrodynamic one (4.1.13), (4.1.14) and electromagnetic one, Eqs. (4.1.15) to (4.1.18) are actually representable in each step of the successive approximation procedure by means of the system (4.1.22).

The system (4.1.22) was extensively studied by Blank, Friedrichs and Grad in connection with application of it to the pre-Maxwell system. We shall use the most important results of those investigations in the generalization.

The fundamental philosophy in the present generalization is the following: the system of equations of an irrotational flow of an inviscid, incompressible fluid is identical to the system of equations of electromagnetics in special conditions ($\operatorname{div} \vec{B} = 0$; $\operatorname{curl} \vec{B} = 0$; or $\operatorname{div} \vec{E} = 0$; $\operatorname{curl} \vec{E} = 0$).

The generalization to the electromagnetohydrodynamics of a rotational flow of a compressible fluid and embedding it into the entirety of the Blank-Friedrichs -Grad theory is obtained by a successive approximation procedure, in each step of which the right-hand sides of equations are assumed to be known and given.

The theorems derived in [10] are applied below to the electromagnetic equations. Blank et al. define the period as the constant of homology class in the vector field. These are:

(4.1.23) $[\Gamma] = [\Gamma ; Z] = \oint_{\Gamma} \vec{Z} \cdot d\vec{x}$; Γ = closed curve ;

(4.1.24) $[S] = [S ; z] = \oint_{S} \vec{Z} \cdot d\vec{S}$; S = closed surface ;

(4.1.25) $[\Sigma] = [\Sigma ; Y] = \int_{\Sigma} \vec{Y} \cdot d\vec{S}$; Σ = open surface ;

(4.1.26) $[C] = [C ; X] = \int_{C} \vec{X} \cdot d\vec{x}$; C = open curve ;

in a three-dimensional domain D. We have four homology groups in D: closed surface $\{S\}$, open curve $\{C\}$, closed curve $\{\Gamma\}$, open surface $\{\Sigma\}$. The (C, S) or $\mathcal{E}$ group is associated with the electric vector; its periods ($\mathcal{E}$ periods) may be associated with emf, $V = [C;E]$ or with charges, $Q = k[S;E]$. The (Γ, Σ) or $\mathfrak{m}$ group refers to the magnetic vectors; its periods ($\mathfrak{m}$ periods) are defined by flux $\Phi = [\Sigma ; B]$ and current $\mu I = [\Gamma ; B]$ in external circuits A well-posed problem gives boundary values of $\vec{Z}_n$ and the values of a set of $\mathfrak{m}$ pariods; or of $\vec{Z}_t$ and a set of $\mathcal{E}$ periods.

The system (4.1.15) to (4.1.18) is transferred into the form (with $\dot{\vec{B}} = \partial \vec{B} / \partial t$):

(4.1.27) $\quad \operatorname{curl} \vec{E} = -\dot{\vec{B}}; \quad \operatorname{div} \vec{E} = k^{-1} q;$

(4.1.28) $\quad \operatorname{curl} \dot{\vec{B}} = \mu \dot{\vec{J}}; \quad \operatorname{div} \dot{\vec{B}} = 0,$

with $\dot{\vec{J}}$ and q assumed to be given as functions of space coordinates at a given time t. With curl curl $\vec{E} = -\mu \dot{\vec{J}}$, there exists a unique solution of (4.1.23), (4.1.24) for $\vec{E}$ and $\vec{B}$ possessing arbitrary boundary values $\vec{E}_t$ and ε periods in closed surface representation $[S; E]$, compatible with q or open curve $[C; E]$,

Blank, Friedrichs, and Grad show that $\vec{E}$ is given by minimizing the expression:

(4.1.29) $$F\left[\vec{E}\right] = \int_D 2^{-1} \left|\operatorname{curl} \vec{E}\right|^2 dV + \int_D \vec{E} \cdot \mu \vec{J}\, dV,$$

subiect to the admissibility condition:

(4.1.30) $\operatorname{div} \vec{E} = k^{-1} q$; $\vec{E}_t$ given on S^*; $[S; E]$ or $[C; E]$ given.

Obviously $\dot{\vec{B}} = -\operatorname{curl} \vec{E}$. Another solution is obtained by minimizing:

(4.1.31) $$F\left[\vec{B}\right] = \int_D 2^{-1} \dot{\vec{B}}^2 dV + \int_{S^*} \vec{E}_t \times \dot{\vec{B}} \cdot dS,$$

subject to the admissiblity condition:

(4.1.32) $\quad \operatorname{curl} \vec{B} = \mu \dot{\vec{J}}.$

Only the given and known boundary values, $\vec{E}_t$, appear in Eq (4.1.31), (well-posed problem).

Also there exists a unique solution of (4.1.27), (4.1.28) with given boundary values $\vec{B}_n$ and $\mathfrak{m}$ pariods ($[\Sigma; B]$ or $[\Gamma; B]$) as well as given boundary values $\vec{E}_n$ and $\mathfrak{m}$ pariods ($[\Sigma; E]$ or $[\Gamma; E]$).

4.2. Application to the System of Hydrodynamic Equations.

Consider the system of equations(4.1.13), (4.1.14). The right-hand sides of these equations are supposed to be known and given in each step of the successive approximation procedure. A solution for q in the subsystem of Eqs. (4.1.13), (4.1.14) furnishes the vector $\vec{q}$. In each step of the successive approximation procedure this subsystem can be representable in a system of the form :

(4.2.1) $\quad \text{curl} \ \vec{M} = \vec{N} ; \qquad \text{div} \ \vec{M} = R ;$

(4.2.2) $\quad \vec{M} \equiv \vec{q} ; \qquad \vec{N} \equiv \vec{Z} , \quad R = W .$

Then there exists a unique solution of (4.2.1) (or of (4.1.13), (4.1.14)) with given boundary values $\vec{M}_n$ (i.e., $\vec{A}_n = \vec{q}_n$) and m pariods : open surface periods $\left[\sum ; A\right]$ or close curve periods $\left[\Gamma ; A\right]$, compatible with $\vec{N}$.

For the vector field of the velocity $\vec{q}$, the m period $\left[\sum ; A\right]$ may be generally assumed to be relevant to the physical applications and notions. It may be referred to as the total (velocity) flux concept through the surface $\sum$. The period $\left[\Gamma ; A\right]$ can be interpreted as the circulation.

A unique solution of (4.2.1), or of (4.1.13), (4.1.14) exists with given boundary values $\vec{M}_t$ (i.e., $\vec{A}_t = \vec{q}_t$) and ε periods in either representations : open curve periods $\left[C ; A\right]$ or closed surface periods $\left[S ; A\right]$ compatible with R. The physical interpretation of the periods is difficult, if in general possible; let us remodel the system (4.2.1) in the sense :

(4.2.3) $\quad \text{curl curl} \ \vec{M} = \vec{\Xi} \quad ; \ \text{div} \ \vec{M} = R ; \quad \text{div} \vec{\Xi} = 0 ,$

which can be treated as a system consisting of two subsystems:

(4.2.4) $\quad \text{curl}\ \vec{Z} = \vec{\vec{\Xi}}$; $\text{div}\ \vec{Z} = 0$; $(\text{div}\ \vec{\vec{\Xi}} = 0)$;

(4.2.5) $\quad \text{curl}\ \vec{M} = \vec{Z}$; $\text{div}\ \vec{M} = R$; $(\text{div}\ \vec{Z} = 0)$.

Then we have a unique solution of the system (4.2.3) with arbitrary boundary values $\vec{M}_t$ (i.e., $\vec{A}_t = \vec{q}_t$) and arbitrarily prescribed periods $[C\ ;\ M]$ (or $[S\ ;\ M]$) compatible with R.

In the approach accepted in the present work, each of the statements presented above is valid independently in each step of the chosen successive approximation procedure.

Denoting particular steps in this procedure by the letter "m", we have the following system of equations:

(i) hydrodynamical:

(4.2.6) $\quad \text{div}\ (\vec{q})_{m+1} = -\left[\rho(\text{grad}\ \rho \cdot \vec{q} + \rho_{,t})\right]_m$;

(4.2.7) $\quad \text{curl}\ (\vec{q})_{m+1} = q_m^{-2}\left\{(\vec{q}\cdot\vec{\omega})\vec{q} - \vec{q}\times\left[\vec{q}_{,t} + \nabla(H-Q) - \vec{P}\right]\right\}_m$;

(ii) electromagnetic:

(4.2.8) $\quad \text{curl}\ \vec{B}_{m+1} = \mu \vec{J}_m$; $\quad \text{div}\ \vec{B}_{m+1} = 0$;

(4.2.9) $\quad \text{Curl}\ \vec{E}_{m+1} = -\partial \vec{B}_m / \partial t$; $\quad \text{div}\ \vec{E}_{m+1} = k^{-1} a$.

The quantities $\vec{\omega}_m$, $\vec{J}_m$, Q_{1m}, $\vec{P}_{1m}$, appearing in the system of equations are calculated directly from the following equations:

(4.2.10) $\quad \text{curl}\ \vec{q}_m = \vec{\omega}_m$;

(4.2.11) $\quad \vec{J}_m = \sigma_1(\vec{E}_m + \mu \vec{q}_m \times \vec{H}_m)$;

(4.2.12) $Q_{1m} = J_m^2 \sigma_1^{-1}$; $\vec{P}_{1m} = \alpha \vec{E}_m + \vec{J}_m \times \vec{B}_m$;

the velocity of sound, a^2 can be calculated from Eq. (4.1.9). Thus, the expressions (4.2.10) to (4.2.12) do not need to be considered.

The systems (4.2.6), (4.2.7) and (4.2.8) are of the form:

(4.2.13) $\text{curl } \vec{A}_{m+1} = \vec{N}_m$; $\text{div } \vec{A}_{m+1} = \sigma_m$

or of the form:

(4.2.14) $\text{curl curl } \vec{A}_{m+1} = \text{curl } \vec{N}_m = \vec{S}_m$; $\text{div } \vec{A}_{m+1} = \sigma_m$.

Blank et al. propose a variational solution of the system:

(4.2.15) $\text{curl curl } \vec{A} = \vec{S}$; $\text{div } \vec{A} = \sigma$,

(4.2.16) <u>admissible</u>: $\text{div } \vec{A} = \sigma$;

(4.2.17) <u>variational</u>: $\text{curl curl } \vec{A} = \vec{S}$,

which system admits an arbitrary specification of the boundary values $\vec{A}_t$ with the given periods $[S ; A]$ or $[C ; A]$. We propose that the vector $\vec{A}_{m+1}$ is then given by minimizing the expression:

(4.2.18) $F\left[\vec{A}_{m+1}\right] = \int_D 2^{-1} \left|\text{curl } \vec{A}_{m+1}\right|^2 dV - \int_D \vec{A}_{m+1} \cdot \vec{S}_m \, dV$,

which in case of the present system and of the applied successive approximation procedure takes the form:

(4.2.19) $F\left[\vec{q}_{m+1}\right] = \int_D 2^{-1} \left|\text{curl } (\vec{q}_{m+1})\right|^2 dV - \int_D (\vec{q}_{m+1}) \cdot \vec{S}_m \, dV$;

$$(4.2.20)\quad \vec{S}_m = q_m^{-2}\left\{ (\vec{q}\cdot\vec{\omega})\,\vec{q} - \vec{q}\times\left[\vec{q}_{,t} + \nabla(H - Q) - \vec{P}\right]\right\}_m ;$$

$$(4.2.21)\quad F\left[\vec{B}_{m+1}\right] = \int_D 2^{-1}\left|\operatorname{curl}\vec{B}_{m+1}\right|^2 dV - \int_D \vec{B}_{m+1}\cdot\vec{S}_m\, dV ;$$

$$(4.2.22)\quad F\left[\vec{E}_{m+1}\right] = \int_D 2^{-1}\left|\operatorname{curl}\vec{E}_{m+1}\right|^2 dV - \int_D \vec{E}_{m+1}\cdot\vec{S}_m\, dV ,$$

$m = 1, 2, 3, \cdots$.

The tangential values of the functions in question on the boundary: $\vec{q}_t$, $\vec{B}_t$; $\vec{E}_t$ are given and arbitrary. The zero-approximation values , $\rho_0(\vec{x} ; t)$, $q_0(\vec{x}\ t)$, $\omega_0(\vec{x} ; t)$, $B_0(\vec{x} ; t)$, and $E_0(\vec{x} ; t)$ are also known and given .

The tool of the calculus of variation which has to be applied to minimize the expression (4. 2. 18) is a well-known one and does not need to be presented here . We may have to demonstrate that the sequence of functions $\vec{A}_{m+1}$, obtained in the manner described above, converges uniformly to a function $\vec{A}$.

Under some restrictive conditions , v. Krzywoblocki demonstrates in [57] that it should be possible in some cases to construct such a proof of the convergence.

The technique presented in this chapter may be applied to all kinds of fluids. The disadvantages of this technique are : (i) it is relatively easy to construct the existence proof but it is difficult to find a formal solution at a point ; (ii) the boundary conditions on a given curve can be satisfied ; but two - curve boundary value problem is unsolved up to now .

In all the techniques, cited above, it is very clearly seen that the application of the high speed computing machines is an imperative aspect of each of these techniques.

5. Sub-light Relativistic Hypersonics Based On The Relativistic Energodynamics

5.1. Preliminary Remarks

The upper limit of hypersonics was never uniquely defined. Actually, there was constructed the so-called relativistic hypersonics based upon the special theory of relativity in the Einstein formulation. But, the Einsteinian classical special theory of relativity should not be applied to describe the dynamic phenomena in a matterfull medium. It refers only to a matter-less medium (light, electromagnetic waves). Hence, the approach to the sub-light relativistic hypersonics from the side of the "light-barrier" has to be based upon a more realistic approach to the description of the phenomena in the region of velocities below the velocity of light. As such one we have chosen the relativistic energodynamics, whose principal fundamentals are explained below.

Recently, there appeared some objections against the special theory of relativity in the Einstein formulation which is based, between others, upon the hypothesis of the constancy of the speed of light. These objections mainly refer to the following items: (1) the constancy of the speed of light; (2) the so-called time-dilatation. The problem of the constancy of the light was discussed by the author in some of his previous papers (see references).

In the years 1959 - 61 the author of the present work proposed (see references) a some sort of remodelling the Eistein special thory of relativity. The proposition referes to the following items:

(1) the velocity of light is not a constant, but a function of the position and possibly time (space-time);

(2) The geometrical model of Einstein's metric of a four-dimensional space-time invariant under the transformations of the four space-time coordinates is substituted by the energy model of the (author's) metric of a four-dimensional space-time invariant under the transformations of the four space-time coordinates. The stipulation is that the total energy in the system in question is invariant under the transformations of the four space-time coordinates ;

(3) all the above given assumptions clearly demonstrate that the Einstein special theory of relativity is a particular case of the generalized special theory of relativity proposed by the author.

As the first points we discuss the fundamental equations and the transformation of coordinates. It will be clearly seen that actually the relativistic energodynamics is a some sort of an extension (into the domain of the sub-light velocities) of the classical special theory of relativity in the Einstein formulation.

5.2. Fundamental Equations

Assume a compressible medium of the density ρ being in motion with the velocity $\vec{q}$. The following equations are taken into consideration :

(1) The generalized first law of thermodynamics in the form convenient for our purposes :

$$dU = dQ - dW - dE_1 + dE_2 , \tag{5.2.1}$$

where :

dU = variation of the internal energy of a unit mass of the medium that takes place when it is undergoing a change from the initial to the final state (denote it by the symbol $[I - F]$);

dQ = elementary amount of energy which flows into (or from) the unit mass of the medium from (or to) the surrounding space-time when when it is in $[I - F]$; here one may include the addition of the energy of an electromagnetic origin (joule heat);

dW = elementary work done by a unit mass against the surrounding pressure in $[I - F]$;

dE_1 = elementary energy decrease of a unit mass that is caused due to the gain of mass in $[I - F]$ (conversion of energy into mass);

dE_2 = elementary energy increase of a unit mass that is caused due to the loss of mass in $[I - F]$ (conversion of mass into energy).

The momentum equation for an inviscid non-heat-conducting fluid is of the form:

(5.2.2) $$\rho d\vec{q}/dt = -\nabla p + \vec{\Omega}_1 - \vec{\Omega}_2 + \vec{F} = -\nabla p + \vec{F}_e ,$$

where;

p = pressure;

$\vec{\Omega}_1$ = momentum source (or sink) due to the mass gain per unit volume due to the conversion of energy into mass (units of $\vec{\Omega}_1$ are force per unit volume);

$\vec{\Omega}_2$ = momentum source (or sink) due to the mass loss per unit volume due to the conversion of mass into enrgy;

$\vec{F}$ = the sum of the extraneous body forces per unit volume including the force of an electromagnetic origin.

Equation of state:

(5.2.3) $$p = R\rho T \quad , \quad R \neq \text{const.},$$

where:

T = temperature.

Let :

(5.2.4) $dW = p\,dv\,;\; v = \rho^{-1}\,;\; dU = \alpha\, d(p\,v)\,,$

where :

α = coefficient function of (possibly) arguments (p, v) .

Introducing Eqs. (5.2.3) , (5.2.4) into Eq. (5.2.1) furnishes:

(5.2.5) $dQ = (\alpha + 1)\, d(RT) - v\,dp + dE_1 - dE_2.$

We refer the differential d Q in Eq. (5.2.5) to the element of the path of a particle (particle line) in an unsteady motion or of the streamline in a steady motion, ∂s , with $q\,\partial p/\partial s = \vec{q}\cdot\nabla p$; multiply Eq. (5.2.5) by q and rearrange it, so as to obtain the expression for $v\vec{q}\cdot\nabla p$; this expression is equated to the expression for $v\vec{q}\cdot\nabla p$ obtained from Eq. (5.2.2) by multiplying it scalarly by $\vec{q}$. Next we integrate the so-obtained result along a particle line or along a streamline at any time $t = t_1$, i.e., between $s = s_o$ and s , with q = 0 for $s = s_o$, and with

$$RT = pv,\;\; P = E_1 - E_2 - Q\,,\;\; \hat{q} = q^{-1}\vec{q}\;:$$

$$\int_{s_o}^{s} q,_t\, ds + 2^{-1} q^2 + P\Big|_{s_o}^{s} + \int_{s_o}^{s} (\alpha + 1)\, d(pv) -$$

(5.2.6) $$\int_{s_o}^{s} \rho^{-1}\, \vec{F}_e \cdot d\vec{s} = F(t) = \text{constant} = C(s)\,,$$

with $\hat{q}ds = d\vec{s}$, F(t) being an arbitrary function of integration, which - without the loss of generality - may be assumed to be equal to a constant. The constant C (s) is a constant only along a particle-line or a streamline, but it may vary, and actually varies in a rotational flow, from a particle-line to a particle-line.

At this point we shall propose two basic assumptions. First is that the potential energy of the dynamic system in question may be transformed - by a process which is unknown, as yet - into the energy of light. Second, that the velocity of light is not a constant magnitude, but is a function of the position (and even possibly of time). Briefly, in our case.:

$$\text{(5.2.7)} \qquad \text{P.E.} = \int_{s_0}^{s} (\alpha + 1)\, d\,(pv) = Ac^2/2\,,$$

where the symbol "c" denotes the velocity of light and A is a proportionality coefficient. The constant on the right-hand side of Eq. (5.2.6) may be chosen so as to represent the potential energy of the system at rest (i.e., $q = 0$), without energy addition from the outside ($Q = 0$) and without any work done on the system by the extraneous forces ($\int_{s_0}^{s} \rho^{-1} \vec{F}_e \cdot d\vec{s} = 0$). Or, taking the full spectrum from $q = 0$ upward into account, it may represent the maximum velocity obtainable in the system when the conditions are stationary ($q,_t = 0$) and all of the terms on the left-hand side of Eq. (5.2.6) are equal to zero except $q^2/2$. Hence, on ther right-hand side of Eq. (5.2.6) we can write:

$$\text{(5.2.8)} \qquad C(s) = A\, c_0^2/2 = q^2_{max}/2 = c_m^2/2\,.$$

We can apply Eq. (5.2.6) to a matter-less form of enrgy. In this case the potential enrgy $\int_{s_0}^{s} (\alpha + 1)\, d\,(pv)$, the work of the extraneous forces $\int_{s_0}^{s} \rho^{-1} \vec{F}_e \cdot d\vec{s}$, E_1 and E_2 are identically equal to zero. The motion of the matter-less energy takes place in form of a wave propagation; hence, the symbol $\vec{q}$ denotes now the velocity of the wave propagation From Eq. (5.2.6) one gets (the corresponding functions are denoted by the subscript "l"):

$$(5.2.9)\quad \int_{s_{l0}}^{s} q_{l,t}\, ds + q_l^2/2 - Q\Big|_{s_{l0}}^{s} = \int_{s_{l0}}^{s_{lm}} q_{l,t}\, ds + q_{lm}^2/2 - Q_l\Big|_{s_l}^{s_{lm}} =$$

$$= \text{constant} = C_l(s_l).$$

For a steady-condition motion with no energy exchange one has $q_{l,t} = 0$, $Q_l = 0$, $q_l = q_{lm}$ = const. Extenging the range of the possible values of q_l up to the value of the velocity of light, we see that this extreme case corresponds to the Einstein special theory of relativity, $2^{-1} q_l^2 = 2^{-1} c_{ml}^2$ with $q_l^2 = (dx/dt)^2 + (dy/dt)^2 + (dz/dt)^2$ or $(dx)^2 + (dy)^2 + (dz)^2 = c_{ml}^2 (dt)^2$.

In a stationary motion Eq. (5.2.6) can be written in the form :

$$(5.2.10)\quad 2^{-1} q^2 = 2^{-1} I^2,$$

where the term I^2 refers to all the remaining terms. By the physical definition of the velocity one has $q^2 = (dx/dt)^2 + (dy/dt)^2 + (dz/dt)^2$ and Eq. (5.2.10) can be remodelled into the form:

$$(5.2.11)\quad (dx)^2 + (dy)^2 + (dz)^2 = I^2 (dt)^2.$$

5.3. Transformation Equations

Assume a coordinate system (x, y, z, t) and the metric :

$$(5.3.1)\quad (dx)^2 + (dy)^2 + (dz)^2 - f(dt)^2 = 0, \quad f = f(x, y, z, t),$$

which suppose to be invariant under the transformation of coordinates of the form :

$$(5.3.2a)\quad x' = \alpha(x - Ut) \equiv A \ ; \quad \alpha = \alpha(x, t) \ ;$$

$$(5.3.2b)\quad y' = y \ , \quad z' = z \ ;$$

(5.3.2c) $t' = \gamma x + \beta t \equiv B$; $\beta = \beta(x,t)$; $\gamma = \gamma(x,t)$,

where $U = U(x,t)$ is a given function . From the condition :

(5.3.3) $(dx)^2 - f(dt)^2 = (dx')^2 - f'(dt')^2$,

inserting Eqs. (5.3.2a, b, c) into Eq. (5.3.3) with :

(5.3.4) $(dA)^2 = (A,_x dx + A,_t dt)^2$, etc.,

we get the relations :

(5.3.5a) $(A,_x)^2 - f'(B,_x)^2 = 1$;

(5.3.5b) $(A,_t)^2 - f'(B,_t)^2 = -f$;

(5.3.5c) $A,_t A,_x - f'B,_t B,_x = 0$,

which imply that :

(5.3.6a) $(A,_x)^2 f - (A,_t)^2 = f$;

(5.3.6b) $(B,_x)^2 f - (B,_t)^2 = -f(f')^{-1}$.

With the functions f, f' being known and given , Eqs. (5.3.6a, b) allow one to find solutions for A and B .

Consider the quadratic form :

(5.3.7) $(d\tau)^2 = a_{ij}\, dx_i\, dx_j = 0$, $(i\, j = 1, 2, 3, 4)$,

and a transformation of coordinates :

(5.3.8) $T : (x_i) = x_i(x_i')$; $T^{-1} : x_i' = x_i'(x_i)$,

which implies that :

(5.3.9) $dx_i' = (\partial x_i'/\partial x_j)\, dx_j$.

Suppose :

(5.2.10) $\quad a_{ij}\, dx_i\, dx_j = a'_{ij}\, dx'_i\, dx'_j = 0$.

Inserting Eq. (5.3.9) into Eq. (5.3.10) furnishes :

$$(5.3.11) \qquad (a_{\alpha\beta} - a'_{ij} \frac{\partial x'_i}{\partial x_\alpha} \frac{\partial x'_j}{\partial x_\beta})\, dx_\alpha\, dx_\beta = 0 ,$$

which implies that :

$$(5.3.12) \qquad A_{\alpha\beta} = a_{\alpha\beta} - a'_{ij} \frac{\partial x'_i}{\partial x_\alpha} \frac{\partial x'_j}{\partial x_\beta} = 0 ,$$

with $a_{\alpha\beta} = a_{\beta\alpha}$, $a'_{ij} = a'_{ji}$, $A_{\alpha\beta} = A_{\beta\alpha}$.

The system of partial differential equations (5.3.12) contains 10 equations and 24 functions ($a_{\alpha\beta} = 10$, $a'_{ij} = 10$, $x'_i = 4$). The additional equation is given by relation (5.3.7) or (5.3.10) . Assume that :

(5.3.13) $\quad a_{11} = a_{22} = a_{33} = 1$; $a_{44} =$ knwon function ; $a_{ij} = 0$; $i \neq j$;

also:

(5.3.14) $\quad a'_{12} = a'_{13} = a'_{23} = 0$.

Espressions (5.3.10) , (5.3.12) give us a system of 11 equations in 11 unknowns (a'_{11}; a'_{22}; a'_{33}; a'_{44}; a'_{14}; a'_{24} ; a'_{34} ; x'_1; x'_2; x'_3 ; x'_4). The corresponding expressions A_{ij} are given in the Appendix.

We may consider some special cases :

(1) Let $x_2 = x'_2$; $x_3 = x'_3$, which implies that :

(5.3.15) $\quad \partial x'_2/\partial x_\alpha = \delta_{2\alpha}$; $\partial x'_3/\partial x_\alpha = \delta_{3\alpha}$; $\alpha = 1, 2, 3, 4$;

(5.3.16) $\quad \partial x_\alpha / \partial x_2 = \delta_{\alpha 2}$; $\partial x_\alpha / \partial x_3 = \delta_{\alpha 3}$.

Eqs. (A 1) to (A 10) give :

$$A_{11} \equiv 1 - a'_{11}(\partial x'_1/\partial x_1)^2 - 2a'_{14}(\partial x'_1/\partial x_1)(\partial x'_4/\partial x_1) -$$

$$- a'_{44}(\partial x'_4/\partial x_1)^2 = 0 \; ; \qquad (5.3.17)$$

$$A_{22} \equiv 1 - a'_{22} = 0, \; a'_{22} = 1 \; ; \qquad (5.3.18)$$

$$A_{33} \equiv 1 - a'_{33} = 0, \; a'_{33} = 1 \; ; \qquad (5.3.19)$$

$$A_{44} \equiv a_{44} - a'_{11}(\partial x'_1/\partial x_4)^2 - 2a'_{14}(\partial x'_1/\partial x_4)(\partial x'_4/\partial x_4)$$

$$- a'_{44}(\partial x'_4/\partial x_4)^2 = 0 \; ; \qquad (5.3.20)$$

$$A_{12} \equiv A_{13} \equiv A_{23} = 0 \; ; \qquad (5.3.21)$$

$$A_{14} \equiv - a'_{11}(\partial x'_1/\partial x'_1)(\partial x'_1/\partial x_4) -$$

$$- 2a'_{14}(\partial x'_1/\partial x_1)(\partial x'_4/\partial x_4) - a'_{44}(\partial x'_4/\partial x_1)(\partial x'_4/\partial x_4) = 0, \qquad (5.3.22)$$

$$A_{24} \equiv - 2a'_{24}(\partial x'_4/\partial x_4) = 0, \; a'_{24} = 0 \; ; \qquad (5.3.23)$$

$$A_{34} \equiv - 2a'_{34}(\partial x'_4/\partial x_4) = 0, \; a'_{34} = 0 \, . \qquad (5.3.24)$$

Eqs. (5.3.10), (5.3.17), (5.3.20), (5.3.22) (call it system I) are four equations in five unknowns : a'_{11} ; a'_{44} ; a'_{14} ; x'_1 ; x'_4 .
Obviously in this case we have :

$$x'_1 = x'_1(x_1, x_4) \; ; \quad x'_4 = x'_4(x_1, x_4) \, . \qquad (5.3.25)$$

Eq. (5.3.10) in system I has the form :

$$a'_{11}(dx'_1)^2 + (dx'_2)^2 + (dx'_3)^2 + a'_{44}(dx'_4)^2 +$$

$$+ 2a'_{14}(dx'_1)(dx'_4) = 0 . \tag{5.3.26}$$

The Jacobian of the transformation :

$$J = \frac{\partial (x'_i)}{\partial (x_i)} = (\partial x'_1/\partial x_1)(\partial x'_4/\partial x_4) - (\partial x'_1/\partial x_4)(\partial x'_4/\partial x_1) \neq 0. \tag{5.3.27}$$

Let us consider Eqs. (5. 3. 17), (5. 3. 20), (5. 3. 22) as a system of algebraic equations in three unknowns: a'_{11}, $2a'_{14}$; a'_{44} ; then the determinant of their coefficients cannot vanish. In reality, we have:

$$D = \begin{vmatrix} (\partial x'_1/\partial x_1)^2 & (\partial x'_1/\partial x_1)(\partial x'_4/\partial x_1) & (\partial x'_4/\partial x_1)^2 \\ (\partial x'_1/\partial x_4)^2 & (\partial x'_1/\partial x_4)(\partial x'_4/\partial x_4) & (\partial x'_4/\partial x_4)^2 \\ (\partial x'_1/\partial x_1)(\partial x'_1/\partial x_4) & (\partial x'_1/\partial x_1)(\partial x'_4/\partial x_4) & (\partial x'_4/\partial x_1)(\partial x'_4/\partial x_4) \end{vmatrix}$$

$$= -J^2 (\partial x'_1/\partial x_1)(\partial x'_4/\partial x_4) \neq 0 . \tag{5.3.28}$$

5.4. Transformation Based Upon The Principle of The Invariance of The Total Energy Space-Time Metric

Below, we derive the transformation equations, which may be considered to be a some sort of an analogy to the well-known Lorentz transformation.

They are based not upon the principle of the invariance of the light space-time metric, like in the Einstein special theory of relativity, but upon a completely new principle, i.e., the principle of the invariance of the energy space-time metric, expressed in four dimensional space

-time coordinate system. This principle states :

Principle of The Invariance of The

Energy Space-Time Metric:

" let us express the energy equation, Eq. (5.2.11), in the form:

(5.4.1) $(dx)^2 + (dy)^2 + (dz)^2 - I^2 (dt)^2 = 0$.

Then the energy space-time metric (5.4.1) is invariant under any group of transformations of (x, y, z, t) ."

Assume the transformation equations :

(5.4.2) $x' = \alpha (x-Ut) = A$; $y' = y$; $z' = z$; $t' = \gamma x + \beta t = B$,

where, in general $U=U(x,t)$. Inserting Eqs. (5.4.2) into Eq. (5.4.1) furnishes the result :

(5.4.3) $(dx')^2 - I'^2 (dt')^2 = (dx)^2 - I^2 (dt)^2$,

which gives::

(5.4.4a) $(A,_x)^2 - I'^2 (B,_x)^2 = 1$;

(5.4.4b) $(A,_x)(A,_t) - I'^2 (B,_x)(B,_t) = 0$;

(5.4.4c) $(A,_t)^2 - I'^2 (B,_t)^2 = - I^2$.

Since the function U is known and given, the system(5.4.4a, b, c) represents a system of three equations in three unknown functions α, β γ.

Recombining the above system furnishes :

(5.4.5a) $(B,_t)^2 - I (I')^{-1} - I(B,_x)^2 = 0$;

(5.4.5b) $(A,_t)^2 + I - I(A,_x)^2 = 0$.

Eq. (5.4.5b) gives the equation for α which may be solved by some sort of an iteration process :

$$\alpha^2\left\{\left[(Ut),_t\right]^2 - I^2\left[(x-Ut),_x\right]^2\right\} = (\alpha,_x)^2 (x-Ut)^2 I^2$$

$$- (\alpha,_t)^2 (x-Ut)^2 + 2\alpha\,\alpha,_t (Ut),_x (x-Ut) +$$

(5.4.6) $$+ 2\,\alpha\,\alpha,_x I^2 (x-Ut)(x-Ut),_x - I^2 \; ; \quad \alpha = \alpha\,(x,t) .$$

Eqs. (5.4.4a) and (5.4.4c) provide a simultaneous system of equations for β and γ :

$$\beta^2 = \left[(A,_t)^2 - I^2\right](I')^{-2} - (\gamma,_t)^2 x^2 - 2\gamma,_t\, x\,(\beta t),_t -$$

(5.4.7) $$- 2\,\beta\beta,_t - (\beta,_t t)^2 \; ; \qquad \beta = \beta\,(x,t) \; ;$$

$$\gamma^2 = \left[(A,_x)^2 - 1\right](I')^{-2} - 2\,\gamma\gamma,_x x - (\gamma,_x)^2 x^2$$

(5.4.8) $$- 2\,(\gamma x),_x\, \beta,_x t - (\beta,_x t)^2 \; ; \quad \gamma = \gamma\,(x,t) .$$

The inverse transformations can be calculated from Eqs. (5.3.2a, b, c). One gets :

(5.4.9a) $$x = (\beta x' + \alpha U t')(\alpha\beta + \alpha\gamma U)^{-1} \; ;$$

(5.4.9b) $$t = (\alpha t' - \gamma x')(\alpha\beta + \alpha\gamma U)^{-1}$$

Assume the forms :

(5.4.10a) $$x = \alpha'\left[x' + U'(x', t')\, t'\right] \; ;$$

(5.4.10b) $$y = y' \quad ; z = z' \quad ;$$

(5.4.10c) $$t = - \gamma' x' + \beta' t' \quad ,$$

with :

(5.4.11) $\alpha' = \alpha'(x', t')$; $\beta' = \beta'(x', t')$; $\gamma' = \gamma'(x', t')$.

A comparison of Eqs. (5.4.9a, b) and (5.4.10a, b, c) furnishes:

(5.4.12) $\alpha' = \beta\left[\alpha(\beta + \gamma U)\right]^{-1}$; $\beta' = (\beta + \gamma U)^{-1}$;

(5.4.13) $\gamma' = \gamma\left[\alpha(\beta + \gamma U)\right]^{-1}$; $U' = \alpha\beta^{-1} U$.

When applying the above transformation equation to the special theory of the relativistic energodynamics, one has to assume that the velocity U = const. In many problems of the relativistic character the both axes, x and x', may coincide and the velocity U may have only x-component. This simplifies enormously the formal calculations, given above.

5.5. Generalized Transformation Equations For Velocity

From Eqs. (5.4.2) one gets the transformation equations for the velocity components:

$$\dot{x}' = \frac{d[\alpha(x - Ut)]}{d[\gamma x + \beta t]} = \left[\alpha\dot{x} + \dot{\alpha} x - \frac{d}{dt}(\alpha U t)\right] \cdot$$

(5.5.1) $$\cdot \left[\gamma\dot{x} + \dot{\gamma} x + \frac{d}{dt}(\beta t)\right]^{-1} ;$$

(5.5.2) $\dot{y}' = dy/dt' = \dot{y}\,(dt/dt')$;

(5.5.3) $\dot{z}' = dz/dt' = \dot{z}\,(dt/dt')$;

(5.5.4) $dt/dt' = dt/d(\gamma x + \beta t) = \left[\gamma \dot{x} + \dot{\gamma} x + d(\beta t)/dt\right]^{-1}$,

where dot over an unprimed symbol denotes the total derivative with respect to time t and dot over a primed symbol denotes the total derivative with respect to time t', i.e., d/dt and d/dt', respectively. From Eqs. (5.4.10a to c) we obtain the reciprocal equations:

$$\dot{x} = d\left[\alpha' (x' + U't')\right]/d\left[-\gamma' x' + \beta' t'\right]$$

(5.5.5) $$= \left[\alpha'\dot{x}' + \dot{\alpha}'x' + d(\alpha'U't')/dt')/dt'\right]\left[-\gamma'\dot{x}' - \dot{\gamma}'x' + d(\beta't')dt'\right]^{-1};$$

(5.5.6) $$\dot{y} = dy'/d(-\gamma'x' + \beta't') = \dot{y}'\left[-\gamma'\dot{x}' - \dot{\gamma}'x' + d(\beta't')/dt'\right]^{-1};$$

(5.5.7) $$\dot{z} = \dot{z}'\left[-\gamma'\dot{x}' - \dot{\gamma}'x' + d(\beta't')/dt'\right]^{-1};$$

(5.5.8) $$dt'/dt = \left[-\gamma'\dot{x}' - \dot{\gamma}'x' + d(\beta't')/dt'\right]^{-1}$$

5.6. Generalized Transformation Equations For Acceleration

We easily get:

(5.6.1) $$\dot{x} = dx/dt = d\left[\alpha'(x' + U't')\right]/dt' \quad dt'/dt,$$

and

$$\ddot{x} = d^2x/dt^2 = d\left\{d\left[\alpha'(x' + U't')\right]/dt' \cdot dt'/dt\right\}/dt =$$

$$= dt'/dt \cdot d\left\{(dt/dt')^{-1} d\left[\alpha'(x' + U't')\right]/dt'\right\}/dt' =$$

$$= dt'/dt \cdot (dt/dt')^{-2}\left\{dt/dt' \cdot d^2\left[\alpha'(x' + U't')\right]/dt'^2 - \right.$$

$$\left. - \left(d\left[\alpha'(x' + U't')\right]/dt'\right) d^2t/dt'^2\right\} =$$

$$= (dt/dt')^{-3}\left\{dt/dt' \cdot d^2\left[\alpha'(x' + U't')\right]/dt'^2 - \right.$$

(5.6.2) $$\left. - d\left[\alpha'(x' + U't')\right]/dt' \cdot (d^2t/dt'^2)\right\}.$$

Now :

$$(5.6.3)\qquad d\left[\alpha'(x' + U't')\right]/dt' = \dot{\alpha}'(x' + U't') + \alpha'(\dot{x}' + \dot{U}'t' + U') \ ;$$

$$(5.6.4)\qquad d^2\left[\alpha'(x' + U't')\right]/dt'^2 = \ddot{\alpha}'(x' + U't') + 2\dot{\alpha}'(x' + \dot{U}'t' + U') + \alpha'(\ddot{x}' + \ddot{U}'t + 2\dot{U}').$$

From Eq. (5.5.8) :

$$(5.6.5)\qquad dt/dt' = -\gamma'\dot{x}' - \dot{\gamma}'x' + \dot{\beta}'t' + \beta' \ ;$$

$$d^2t/dt'^2 = -\dot{\gamma}'\dot{x}' - \gamma'\ddot{x}' - \ddot{\gamma}'\dot{x}' - \dot{\gamma}'\dot{x}' + \ddot{\beta}'t' + \dot{\beta}' + \dot{\beta}' =$$

$$(5.6.6)\qquad = -\gamma'\ddot{x}' - 2\dot{\gamma}'\dot{x}' - \ddot{\gamma}'x' + \ddot{\beta}'t' + 2\dot{\beta}' \ .$$

Inserting Eqs. (5.6.3) to (5.6.6) into (5.6.2) furnishes :

$$\ddot{x} = \Big\{(-\gamma'\dot{x}' - \dot{\gamma}'x' + \dot{\beta}'t' + \beta')\left[\ddot{\alpha}'(x' + U't') + 2\dot{\alpha}'(x' + \dot{U}'t' + U')\right.$$

$$\left. + \alpha'(\ddot{x}' + \ddot{U}'t' + 2\dot{U}')\right] - \left[\dot{\alpha}'(x' + U't') + \alpha'(\dot{x}' + \dot{U}'t' + U')\right]\cdot$$

$$(5.6.7)\qquad \cdot(-\gamma'\ddot{x}' - 2\dot{\gamma}'\dot{x}' - \ddot{\gamma}'x' + \ddot{\beta}'t' + 2\dot{\beta}')\Big\}(-\gamma'\dot{x}' - \dot{\gamma}'x' + \dot{\beta}'t' + \beta')^{-3}.$$

Similarly :

$$(5.6.8)\qquad \dot{y} = dy/dt = dy'/dt' \, . \, dt'/dt \ ;$$

$$\ddot{y} = d^2y/dt^2 = d(dy'/dt' \cdot dt'/dt)/dt =$$

$$= d\left[(dy'/dt')(dt/dt')^{-1}\right]/dt' \cdot (dt'/dt) =$$

$$= dt'/dt \cdot (dt/dt')^{-2}\left\{(dt/dt')(d^2y'/dt'^2) - dy'/dt' \cdot d^2t/dt'^2\right\} =$$

$$(5.6.9)\qquad = (dt/dt')^{-3}\left\{dt/dt' \cdot \ddot{y}' - \dot{y}'d^2t/dt'^2\right\}.$$

Inserting Eqs. (5.6.5), (5.6.6) into Eq. (5.6.9.) furnished:

$$\ddot{y} = \Big[(-\gamma'\dot{x}' - \dot{\gamma}'x' + \dot{\beta}'t' + \beta')\ddot{y}' -$$

$$- \dot{y}'(-\gamma'\ddot{x}' - 2\dot{\gamma}'\dot{x}' - \ddot{\gamma}'x' + \ddot{\beta}'t' + 2\dot{\beta}')\Big] (-\gamma'\dot{x}' - \dot{\gamma}'x' + \dot{\beta}'t' + \beta')^{-3}$$

And :

$$\ddot{z} = \Big[(-\gamma'\dot{x}' - \dot{\gamma}'x' + \dot{\beta}'t' + \beta')\ddot{z}' -$$

$$- \dot{z}'(-\gamma'\ddot{x}' - 2\dot{\gamma}'\dot{x}' + \ddot{\beta}'t' + 2\dot{\beta}' - \ddot{\gamma}'x')\Big]$$

$$(5.6.11) \qquad \cdot (-\gamma'\dot{x}' - \dot{\gamma}'x' + \dot{\beta}'t' + \beta')^{-3}.$$

5.7. Generalized Special Relativity and Mechanics. The Dynamics of a Particle

In this section we discuss the dynamics of a particle. Assume two particles moving in the system S' before a head-on collision with the velocities + u' and -u' parallel to the x-axis in such a way that a head-on encounter can occur. By hypothesis the two particles are perfectly similar and elastic ; it is evident that they will first be brought to rest after the collision and then rebound under the action of the elastic forces developed, moving back over their original paths with the respective velocities -u' and +u' of the same magnitude as before but reversed in direction. In this system of coordinates the collision is obviously such as to satisfy the conservation laws of mass and momentum.

Let us now change to a second system of coordinates S moving relative to the first in the x- direction with velocity (-V). From the section 5.4 we have the following results :

(5.7.1) $T: \; x' = \alpha(x-Ut) \; ; \quad y' = y \; ; \quad z' = z \; ; \; t' = \gamma x + \beta t \; ;$

$T^{-1}: x = \alpha' x' + \alpha' U' t' \; ; \quad y = y' \quad ;$

(5.7.2) $z = z' \quad ; \; t = -\gamma' x + \beta' t' \; ,$

where α', β', γ', U' are given by:

(5.7.3) $\alpha' = \left[\alpha(1+\gamma\beta^{-1}U)\right]^{-1} \quad ;$

(5.7.4) $\beta' = (\beta + \gamma U)^{-1} \quad ;$

(5.7.5) $\gamma' = \gamma\alpha^{-1}(\beta + \gamma U)^{-1} \; ;$

(5.7.6) $U' = \alpha\beta^{-1}U \quad .$

Assume now that:

(5.7.7) $U = \delta V \quad ; \quad U' = \delta' V,$

where V is the velocity of S' with respect to S and δ, δ' are functions of (x, t). Then we get:

(5.7.8) $x' = \alpha(x - \delta V t) \; ; \; y' = y \; ; \; z' = z ; \; t' = \gamma x + \beta t \; ,$

which furnishes:

(5.7.9) $x = \alpha'(x' + \delta' V t') \; ; \; y = y' \; ; \; z = z' \; ; \; t = -\gamma' x' + \beta' t' \; ,$

and

(5.7.10) $\alpha' = \beta\alpha^{-1}(\beta + \gamma\delta V)^{-1} \; ,$

(5.7.11) $\delta' V = \alpha\beta^{-1}\delta V \; ,$

or :

$$(5.7.12)\qquad \beta' = (\beta+\gamma\delta V)^{-1};\quad \gamma' = \gamma\alpha^{-1}(\beta+\gamma\delta V)^{-1};\quad \delta' = \alpha\beta^{-1}\delta .$$

For velocities we get from Eq. (5.7.9) :

$$\dot{x} = d\left[\alpha'(x' + \delta' V t')\right] / d(-\gamma' x' + \beta' t') =$$

$$= \left[d(\alpha' x')/dt' + d(\alpha' \delta' V t')/dt' \right] \left[d(-\gamma' x')/dt' + d(\beta' t')/dt' \right]^{-1}$$

$$= (\dot{\alpha}' x' + \alpha' \dot{x}' + \dot{\alpha}' \delta' V t' + \alpha' \dot{\delta}' V t' +$$

$$(5.7.13)\qquad + \alpha' \delta' \dot{V} t' + \alpha' \delta' V)(-\dot{\gamma}' x' - \gamma' \dot{x}' + \dot{\beta}' t' + \beta')^{-1} ;$$

$$(5.7.14)\qquad \dot{y} = dy'/d(-\gamma' x' + \beta' t') = \dot{y}'(-\dot{\gamma}' x' - \gamma' \dot{x}' + \dot{\beta}' t' + \beta')^{-1} ;$$

$$(5.7.15)\qquad \dot{z} = dz'/d(-\gamma' x' + \beta' t') = \dot{z}'(-\dot{\gamma}' x' - \gamma' \dot{x}' + \dot{\beta}' t' + \beta')^{-1} ,\ \text{etc.}$$

We proced now with the head-on collision. Let u_1 and u_2 be the velocities of the two particles in the S system before the collision, and let m_1 and m_2 be the masses of the two particles before the collision. Furthermore, let us denote by M the sum of the masses of the two particles at the instant of the collision when they have come to relative rest, and are hence both moving with the velocity + V with respect to our present system of coordinates, S .

In accordance with the conservation laws, which must also hold in this new system of coordinates, the total mass and total momentum of the two particles must be the same before collision and at the instant of relative rest, so that we can evidently write.

(5.7.16) $m_1 + m_2 = M$;

and

(5.7.17) $m_1 u_1 + m_2 u_2 = MV$.

From Eq. (5.7.13) we have :

(5.7.18) $\dot{x} = \left[(\dot{\alpha}' x' + \alpha' \dot{x}' + d(\alpha' \delta' V t')/dt'\right] (-\dot{\gamma}' x' - \gamma' \dot{x}' + \dot{\beta}' t' + \beta')^{-1}$;

hance, for our problem, we have for the particles 1 and 2 :

(5.7.19) $u_1 = \left\{\dot{\alpha}_1' x_1' + \alpha_1' u' + \left[d(\alpha' \delta' V t')/dt'\right]_1\right\} (-\dot{\gamma}_1' x_1' - \gamma_1' u' + \dot{\beta}_1' t_1' + \beta_1')^{-1}$

(5.7.20) $u_2 = \left\{\dot{\alpha}_2' x_2' - \alpha_2' u' + \left[d(\alpha' \delta' V t')/dt'\right]_2\right\} (-\dot{\gamma}_2' x_2' + \gamma_2' u' + \dot{\beta}_2' t_2' + \beta_2')^{-1}$,

where :

(5.7.21a) $\alpha_1' = \alpha'(x_1', t_1')$, $\alpha_2' = \alpha'(x_2', t_2')$;

(5.7.21b) $\beta_1' = \beta'(x_1', t_1')$, $\beta_2' = \beta'(x_2', t_2')$;

(5.7.21c) $\gamma_1' = \gamma'(x_1', t_1')$, $\gamma_2' = \gamma'(x_2', t_2')$;

(5.7.22) $\left[d(\alpha' \delta' V t')/dt'\right]_1 = \left[d(\alpha' \delta' V t')/dt'\right]_{\substack{x' = x_1' \\ t' = t_1'}}$;

(5.7.23) $\left[d(\alpha' \delta' V t')/dt'\right]_2 = \left[d(\alpha' \delta' V t')/dt'\right]_{\substack{x' = x_2' \\ t' = t_2'}}$.

Rearranging we get :

(5.7.24) $u'(-\gamma_1' u_1 - \alpha_1') - \left[d(\alpha' \delta' V t')/dt'\right]_1 = \dot{\alpha}_1' x_1' + u_1(\dot{\gamma}_1' x_1' - \dot{\beta}_1' t_1' - \beta_1')$;

(5.7.25) $u'(\gamma_2' u_2 + \alpha_2') - \left[d(\alpha' \delta' V t')/dt'\right]_2 = \dot{\alpha}_2' x_2' + u_2(\dot{\gamma}_2' x_2' - \dot{\beta}_2' t_2' - \beta_2')$.

Let V = Const. then Eqs. (5.7.24), (5.7.25) can be written as:

$$(5.7.26)\quad u'(-\gamma'_1 u_1 - \alpha'_1) - V\left[d(\alpha'\delta't')/dt'\right]_1 \dot{\alpha}'_1 x'_1 + u_1(\dot{\gamma}'_1 x'_1 - \dot{\beta}'_1 t'_1 - \beta'_1);$$

$$(5.7.27)\quad u'(\gamma'_2 u_2 + \alpha'_2) - V\left[d(\alpha'\delta't')/dt'\right]_2 = \dot{\alpha}'_2 x'_2 + u_2(\dot{\gamma}'_2 x'_2 - \dot{\beta}'_2 t'_2 - \beta'_2).$$

Consider Eqs. (5.7.26), (5.7.27) as a system of linear algebraic equations in the unknowns u', V, and solve for V :

$$V = \frac{\begin{vmatrix} -\gamma'_1 u_1 - \alpha'_1 & \dot{\alpha}'_1 x'_1 + u_1(\dot{\gamma}'_1 x'_1 - \dot{\beta}'_1 t'_1 - \beta'_1) \\ \gamma'_2 u_2 + \alpha'_2 & \dot{\alpha}'_2 x'_2 + u'_2(\dot{\gamma}'_2 x'_2 - \beta'_2 t'_2 - \beta'_2) \end{vmatrix}}{\begin{vmatrix} -\gamma'_1 u_1 - \alpha'_1 & -\left[d(\alpha'\delta't')/dt'\right]_1 \\ \gamma'_2 u_2 + \alpha'_2 & -\left[d(\alpha'\delta't')/dt'\right]_2 \end{vmatrix}}$$

$$= \Big\{ (-\gamma'_1 u_1 - \alpha'_1)\left[\dot{\alpha}'_2 x'_2 + u_2(\dot{\gamma}'_2 x'_2 - \dot{\beta}'_2 t'_1 - \beta'_2)\right] - $$

$$-(\gamma'_2 u_2 + \alpha'_2)\left[\dot{\alpha}'_1 x'_1 + u_1(\dot{\gamma}'_1 x'_1 - \dot{\beta}'_1 t'_1 - \beta'_1)\right]\Big\} \cdot$$

$$(5.7.28)\quad \cdot\Big\{(\gamma'_1 u_1 + \alpha'_1)\left[d(\alpha'\delta't')/dt'\right]_2 + (\gamma'_2 u_2 + \alpha'_2)\left[d(\alpha'\delta't')/dt'\right]_1\Big\}^{-1}$$

Next, from Eqs. (5.7.16), (5.7.17) we get :

$$(5.7.29)\quad m_1 u_1 + m_2 u_2 = (m_1 + m_2) V,$$

or dividing by m_2 and rearranging :

$$(5.7.30)\quad m_1 m_2^{-1} = (V - u_2)(u_1 - V)^{-1}.$$

Inserting Eq. (5.7.28) into Eq. (5.7.30) furnishes :

$$m_1/m_2 = \Bigg[\Big\{(-\gamma'_1 u_1 - \alpha'_1)\Big[\dot{\alpha}'_2 x'_2 + u_2(\dot{\gamma}'_2 x_2 - \dot{\beta}'_2 t'_2 - \beta'_2)\Big] - (\gamma'_2 u_2 + \alpha'_2)\cdot$$

$$\cdot\Big[\dot{\alpha}'_1 x'_1 + u_1(\dot{\gamma}'_1 x'_1 - \dot{\beta}'_1 t'_1 - \beta'_1)\Big]\Big\}\Big\{(\gamma'_1 u_1 + \alpha'_1)\Big[d(\alpha'\delta' t')/dt'\Big]_2 +$$

$$+(\gamma'_2 u_2 + \alpha'_2)\Big[d(\alpha'\delta' t')/dt'\Big]_1\Big\}^{-1} - u_2\Bigg]\Bigg[u_1 - \Big\{(-\gamma'_1 u_1 - \alpha'_2)\Big[\dot{\alpha}'_2 x_2 +$$

$$+u_2(\dot{\gamma}'_2 x'_2 - \dot{\beta}'_2 t' - \beta'_2)\Big] - (\gamma'_2 u_2 + \alpha'_2)\Big[\dot{\alpha}'_1 x'_1 + u_1(\dot{\gamma}'_1 x'_1 - \dot{\beta}'_1 t'_1 - \beta'_1)\Big]\Big\}\cdot$$

$$\Big\{(\gamma'_1 u_1 + \alpha'_1)\cdot\Big[d(\alpha'\delta' t')/dt'\Big]_2 + (\gamma'_2 u_2 + \alpha'_2)\Big[d(\alpha'\delta' t')/dt'\Big]_1\Big\}^{-1}\Bigg]^{-1} \tag{5.7.31}$$

We may try to obtain the results of the classical special relativity for m_1/m_2.

let:

$$\alpha'_1 = \alpha'_2 = (1 - V^2/c^2)^{-1/2} = \text{const.} = \alpha' ; \quad \delta'_1 = \delta'_2 = 1 ; \tag{5.7.32}$$

$$\gamma'_1 = \gamma'_2 = -Vc^{-2}(1 - V^2/c^2)^{-1/2} = -\alpha' V c^{-2} = \text{const.} ; \tag{5.7.33}$$

$$\beta'_1 = \beta'_2 = (1 - V^2/c^2)^{-1/2} = \alpha' = \text{const.} \tag{5.7.34}$$

Then Eq. (5.7.31) becomes after some remodelling :

$$m_1/m_2 = \Big\{-Vu_1u_2c^{-2} + u_2 - Vu_1u_2c^{-2} + u_1)(-Vu_1c^{-2} - Vu_2c^{-2} + 2)^{-1} - u_2\Big\}\cdot$$

$$\cdot\Big\{u_1 - (-Vu_1u_2c^{-2} + u_2 - Vu_1u_2c^{-2} + u_1)(-Vu_1c^{-2} - Vu_2c^{-2} + 2)^{-1}\Big\}^{-1}$$

$$= (1 - Vu_2c^{-2})(1 - Vu_1c^{-2})^{-1} . \tag{5.7.35}$$

Eqs. (5.7.19) and (5.7.20) become :

$$u_1 = (u' + V)(Vu'c^{-2} + 1) ; \tag{5.7.36}$$

$$u_2 = (-u' + V)(-Vu'c^{-2} + 1) . \tag{5.7.37}$$

From Eqs. (5.7.36) and (5.7.37) we get :

$$(5.7.38)\quad (1-u_1^2c^{-2})^{1/2} = (1-V^2c^{-2})^{1/2}(1-u'^2c^{-2})^{1/2}(1+Vu'c^{-2})^{-1},$$

$$(5.7.39)\quad (1-u_2^2c^{-2})^{1/2} = (1-V^2c^{-2})^{1/2}(1-u'^2c^{-2})^{1/2}(1-Vu'c^{-2})^{-1}.$$

From Eqs. (5.7.38), (5.7.39) we get :

$$(5.7.40)\quad (1-u_2^2c^{-2})^{1/2}(1-u_1^2c^{-2})^{-1/2} = (1+Vu'c^{-2})(1-Vu'c^{-2})^{-1}.$$

Inserting Eqs. (5.7.36), (5.7.37) into eq. (5.7.35) gives :

$$(5.7.41)\quad m_1/m_2 = (1+Vu'c^{-2})(1-Vu'c^{-2})^{-1}.$$

Again, inserting Eq. (5.7.40) into Eq. (5.7.41) furnishes

$$(5.7.42)\quad m_1/m_2 = (1-u_2^2c^{-2})^{1/2}(1-u_1^2c^{-2})^{-1/2},$$

which is the result of the classical theory of relativity.

To express the moving mass in terms of the rest mass we set :

$$(5.7.43)\quad u_2 = 0,\quad m_2 = m_0,\quad m_1 = m,\quad u_1 = u.$$

Eq. (5.7.31) becomes :

$$m/m_0 = \Big[\Big\{(-\gamma_1'u-\alpha_1')(\dot{\alpha}_2'x_2') - \alpha_2'\big[\dot{\alpha}_1'x_1' + u(\dot{\gamma}_1'x_1' - \dot{\beta}_1't_1' - \beta_1')\big]\Big\}\cdot\Big\{(\gamma_1'u+\alpha_1')\big[d(\alpha'\delta't')dt'\big]_2 + \alpha_2'\big[d(\alpha'\delta't')dt'\big]_1\Big\}^{-1}\Big]\cdot$$

$$(5.7.44)\quad \cdot\Big[u - \Big\{(-\gamma_1'u-\alpha_1')(\dot{\alpha}_2'x_2') - \alpha_2'\big[\dot{\alpha}_1'x_1' + u(\dot{\gamma}_1'x_1' - \dot{\beta}_1't_1' - \beta_1')\big]\Big\}\cdot\Big\{(\gamma_1'u+\alpha_1')\big[d(\alpha'\delta't')/dt'\big]_2 + \alpha_2'\big[d(\alpha'\delta't')/dt'\big]_1\Big\}^{-1}\Big]^{-1},$$

or

$$m=m_0\left[u\left\{(\gamma_1'u+\alpha_1')\left[d(\alpha'\delta't')/dt'\right]_2+\alpha_2'\left[d(\alpha'\delta't')/dt'\right]_1\right\}\cdot\right.$$

$$\left.\cdot\left\{(-\gamma_1'u-\alpha_1')(\dot{\alpha}_2'x_2')-\alpha_2'\left[\dot{\alpha}_1'x_1'+u(\dot{\gamma}_1'x_1'-\dot{\beta}_1't_1'-\beta_1')\right]\right\}^{-1}-1\right]^{-1}. \tag{5.7.45}$$

Next, omit the subscripy 1 remembering that the quantities without subscript belong to particle 1, and replace the subscript 2 by the subscript 0, remembering that hese quantities belong to particle 2 :

$$m=m_0\left[u\left\{(\gamma_1'u+\alpha')\left[d(\alpha'\delta't')/dt'\right]_0+\alpha_0'\left[d(\alpha'\delta't')/dt'\right]\right\}\cdot\right.$$

$$\left.\cdot\left\{(-\gamma'u-\alpha')(\dot{\alpha}_0'x_0')-\alpha_0'\left[\dot{\alpha}'x'+u(\dot{\gamma}'x'-\dot{\beta}'t'-\beta')\right]\right\}^{-1}-1\right]^{-1}. \tag{5.7.46}$$

Special Cases:

We try to investigate Eq. (5.7.46) for the case when $u\to 0$:

(a) Let

$$\begin{cases}\alpha'=\alpha_0'=\text{const.}\ ;\\ \beta'=\beta_0'=\text{const.}\ ;\\ \gamma'=\gamma_0'=\text{const.}\ ;\\ \delta'=\delta_0'=\text{const.}\end{cases}$$

Eq. (5.7.46) becomes :

$$m=m_0\left[u\left\{(\gamma'u+\alpha')\alpha'\delta'+\alpha'^2\delta'\right\}(\alpha'u\beta')^{-1}-1\right]^{-1}=$$

$$=m_0(u\beta'^{-1}\gamma'\delta'+2\alpha'\beta'^{-1}\delta'-1)^{-1}. \tag{5.7.48}$$

The result of the classical special theory of relativity is obtained when we use Eqs. (5.7.32) to (5.7.34) :

(5.7.49) $\alpha' = (1-V^2c^{-2})^{-1/2}, \quad \delta' = 1, \; \gamma' = -\alpha' Vc^{-2}, \quad \beta' = \alpha'$.

Inserting Eq. (5.7.49) into Eq. (5.7.48) gives :

(5.7.50) $m = m_0 \left(u\alpha'^{-1}(-\alpha' Vc^{-2}) + 2\alpha'\alpha'^{-1} - 1\right)^{-1} = m_0 (1-Vuc^{-2})^{-1}$,

and

(5.7.51) $\lim_{u \to 0} m = m_0$.

(b) **This result can however, be found to be true under more general assumption, i.e., we assume (5.7.47) and :**

(5.7.52) $\alpha' \delta' = \beta'$.

With Eq. (5.7.52) inserted into Eq. (5.7.48) one gets :

(5.7.53) $m = m_0 \left(1+u\gamma'\delta'(\beta')^{-1}\right)^{-1}$

or

(5.7.54) $m = m_0 \left(1+u\alpha'^{-1}\gamma'\right)^{-1}$,

and

(5.7.55) $\lim_{u \to 0} m = m_0$.

5.8. Three Kinds Of Fundamental Laws

Conservation considerations, even if not expressed in the forms of final laws, used to play an important role in the early physics. It is sufficient to mention the names and works of Galileo, Newyon. The beginning of the 20th century witnessed the appearance of the Einstein postulates about the symmetry of space (equivalence of directions and different points in space) .

The problem of stability and optimization of dynamic systems played undoubtedly an important role in the thinking of the physicists in previous centuries. However, those considerations were evidently either not yet precisely elaborated or not thought to be particularly important. Actually, a great impact towards considerations of this character was furnished by the development of the calculus of variations in last centuries. It seems that today it should be firmly established that actually every energetic system we deal with should be in equilibrium (stable)/ The recent broad application of the calculus of variations (or of the Pontryagin maximum principle which is equivalent) in engineering, mechanics, physics, etc., seems to indicate that the optimization requirements in problems in which we are looking for an analytical representation of the energetic system in question (by means of solving a differential system which describes mathematically the energetic system) are lot less important than the requirements superimposed upon the system by the symmetry and conservation laws. Thus, it seems that the optimum energy principles , as we shall call them , which require that a certain kind of energy (for illustratuve purpose we may consider the potential energy) of the dynamic system in question, which is in an equilibrium state, or at least in a quasi-equilibrium state, be a minimum (optimum for the stability conditions) , represent a third kind (with symmetry and conservation laws) of laws which have to be used to determine analytically the status of the energetic system in question.

There arises the question of the examples of the energetic systems to which one can and should apply all three kinds of laws, discussed above. We may briefly mention three such cases:

(1) Assume a relativistic multi-fluid magneto-hydrodynamics (hypersonics) ; it consists of at least two fluids; electron-fluid and ion-fluid. It may consist of three electron - , ion -, and neutral - fluids. In the case the velocity range would be of the order comparable to the order of the velocity of light, the relativistic phenomena should be considered. In this case the equilibrium state of the three -or multi-fluid of the magneto-hydro-dynamic character could be considered as a superposition of three one-fluid systems, each being in an equilibrium state in itself. Obviously, the above three kinds of laws, discussed above, could and should be applied to such a complex system.

(2) A possible model of the structure of the universe.

(3) In the case one neglects the transformation of the time-coordinate, i.e., $t=t^*$, one deals only with the space coordinates. But obviously , in such non-relativistic system one can preserve all three kinds of laws mentioned above. It seems that they should be preserved in all the complex systems, which interfere one with each other. Thus, the "classical" energodynamics can be applied to hypersonic multi-fluid magneto-hydro-dynamics in a nonrelativistic region.

Assume in the space-time R an energetic system $\sum$ contained in a closdd domain D . Actually, one may consider $\sum$ referring to an open infinite domain, D_∞ , under the condition that the total energy of $\sum$ is a finite one. Similarly, in the space-time R^* there is located $\sum^*$ in D^*. We seek a correspondence between $\sum$ and $\sum^*$. To this end we require the following set of laws to be preserved :

(1) The conservation laws (Newton) referring to the conservation

of momentum, mass and energy, in R and R^*, i.e., expressed in four dimensional space-time (or only in space) ;

(2) The symmetry laws (Einstein) expressing the independence of the equations, governing the dynamic system in question upon the transformations of the space-time coordinate system from R to R^* and vice versa ;

(3) The stability laws expressing the equilibrium state of the dynamic systems in R and R^*.

We require that the set of laws (1), (2), and (3) be satisfied for any system of space-time coordinates under any arbitrary group of transformation of the four coordinates $R \leftrightarrow R^*$ with U being a constant quantity, where U denotes a relative velocity of R^* with respect to R.

The principle of the invariance of the total energy space-time metric furniches the transformation equations between R and R^*. The remaining conservation laws, i.e., these of momentum and mass, may be transformed from R to R^* by using the transformation of coordinates obtained above. The main reason why the equation of the conservation of energy is used as the tool for furnishing the transformation of coordinates is that this is the only equation which contains expressions for all the kinds of energy in the system in question . Equations of the conservation of momentum and mass are not of this character. Moreover, in the case of a transformation of mass into another kind of energy (light, say), the equation of the conservation of mass loses its meaning, unless we introduce the concept of some sort of souces or sinks of energy (mass). The same remark refers to the equation of the conservation of momentum (sources of momentum) .

5.9. Optimum Energy Principle

We may discuss more thoroughly the third kind of laws governing the phenomena of the mechanical nature in a dynamic sub-system, i.e., the stability laws expressing the equilibrium state of the dynamic sub-system in question. Actually, very often in the classical fields of the mathematical physics (fluid dynamic including gas-dynamics, aerodynamics, kinetic theory of gases, etc.) the third kind of laws is not taken into account at all. It is usually tacitly assumed that the dynamic system in question is stable. Moreover, it is often assumed that the systems in question extend up to infinity (for example, in the case of a flow of a gas around a body the usual assumption is that the incoming stream extends in all directions up to infinity). This implies that there does not exist the problem of the influence and of the interference of the neighboring sub-systems with the sub-system under consideration. But, if one wants to consider an ensemble of sub-systems, interacting one with each other, then actually the stability conditions should be considered. To different particular problems, different criteria may and should be applied, always expressing the condition that the energy distribution is such as to assure the equilibrium of the sub-system. For illustrative purpose, one may require that the potential energy of the sub-system should be a minimum. In the case we consider a system composed of a few sub-systems an analogous variational principle should be proposed . The optimum energy principle leads to a variational principle of the form (this should be treated as an example only):

$$(5.9.1) \qquad \int_{\sum(x,y,z,t)} \text{P.E. } dv = I = \min., \quad \text{or} \quad \delta I = 0 .$$

The author presented above the principles of the relativistic (and classical) energodynamics as applied to the multi-fluid relativistic hypersonics of an ionized gas. The fundamental equations and concepts were derived and the three kinds of laws governing the behavior of a dynamic system of a continuous medium were discussed . A particular attention was paid to the optimum energy principle, so important in composite systems for the stability considerations. Mathematically, it is expressed in form of a variational principle.

6. Concluding Remarks

The author presented some techniques of solving differential equations occuring in the field of hypersonics of both neutral and ionized gases. But there are many indications that the practical aerodynamics may follow a different path from those described above. Let us discuss briefly a hypersonic flow around a thick, blunt body. Concerning the sub- and tran-sonic regions, it seems justified to assume that the best methods available at the present time (for the flow around a blunt thick body) are those which deal directly with the original forms of the equations of conservation of momentum, mass and energy. Thus, these equations should be subject to direct programming without any previous significant remodelling them. This implies that the process of programming becomes the most important one . In the supersonic domain the application of the theory of characteristics seems to be generally acceptable (with a combination with numerical methods). The problem of programming and computing of a general three-dimensional flow-pattern around finite bodies seems to be a good example demonstrating the necessity of organizing large centers of numerical analysis and

and computing. The author would like to emphasize that at the present status of affairs a derivation of new equations describing the hypersonic phenomena is not important. We have derived in the past a considerable amount of such equations which we are unable to solve up to now. As a matter of fact, we did not solve, as yet, Euler's equations of motion in a three-dimensional flow around Apollo shape with both angles of attack and yaw. The most important analytical aspect of the hypersonic aerodynamics today is the creation of a methodology of solving the differential equations occurring in this field. The problem of importance or unimportance of particular aspects of hypersonics is somewhat similar to the question of the importance or unimportance of a value-free science. A value-free science is considered by many scientists to be an absurd in a strict sense. The science has its own standards by which its statements are tested or evaluated. On the other hand, it is not enough to state that scientific values are merely methodologica, concerning with means and not ends. An exception to this is if they aid in an objective pursuit of truth . But the truth has many faces. A concept can be true or false in the degree to which it corresponds to the standards of the science itself. The same concept may be good or bad, correspondingly, if it contributes more or less to the basic needs of human life (or to any other aspect on the earth) . Some scientists believe that science is an idle curiosity; but some believe that it has a responsiblity to serve these basic needs, cited above. From this point of view it seems obvious that the primary analytic problem today in hypersonic aerodynamics is the problem of solving equations occurring in this field. When this cannot be achieved in a purely analytic form, the tool of the high-speed computing machines must be applied.

Acknowledgement

The author expresses his deep thanks to: the Department of the Navy , Office of Naval Research, Washington, D. C., in particular to Dr. Ralph D. Cooper, Head, Fluid Dynamics Branch, ONR, for providing the transatlantic transportation; to Bing Fund, Los Angeles, California, in particular to Mrs. Anna H. Bing Arnold, for a grant covering the remaining travel expenses, which grants facilitated the author the trip to Italy to deliver the summer course in Varenna. His deep gratitude is due to the Engineering Research Division of the Michigan State University, East Lansing, Michigan, in particular to Mr. John W. Hoffman, Director, and to the Chairman of the Mechanical Engineering Department of Michigan State University, Professor Dr. Charles R. St. Clair, for providing an assistant for preparing the present paper. Finally, his thanks are due to Mr. H. R. Kim, a Ph.D. candidate in the Space Program of MSU, Instructor in the M. E. Department of MSU, for his invaluable help in preparing the present paper. To Mrs. Edna Harney, Secretary, M. E. Department of MSU, the author is deeply indebted for patience in taking care of all the correspondence and innumerous changes in schedule, etc. associated with the accomplished trip to Italy.

Appendix

$$A_{11} \equiv 1 - a'_{11}(\partial x'_1/\partial x_1)^2 - 2a'_{14}(\partial x'_1/\partial x_1)(\partial x'_4/\partial x_1) -$$

$$-a'_{22}(\partial x'_2/\partial x_1)^2 - 2a'_{24}(\partial x'_2/\partial x_1)(\partial x'_4/\partial x_1) -$$

$$-a'_{33}(\partial x'_3/\partial x_1)^2 - 2a'_{34}(\partial x'_3/\partial x_1)(\partial x'_4/\partial x_1) -$$

(A 1) $$-a'_{44}(\partial x'_4/\partial x_1)^2 = 0 ;$$

$$A_{22} \equiv 1 - a'_{11}(\partial x'_1/\partial x_2)^2 - 2a'_{14}(\partial x'_1/\partial x_2)(\partial x'_4/\partial x_2) -$$

$$-a'_{22}(\partial x'_2/\partial x_2)^2 - 2a'_{24}(\partial x'_2/\partial x_2)(\partial x'_4/\partial x_2) -$$

$$-a'_{33}(\partial x'_3/\partial x_2)^2 - 2a'_{34}(\partial x'_3/\partial x_2)(\partial x'_4/\partial x_2) -$$

(A 2) $$-a'_{44}(\partial x'_4/\partial x_2)^2 = 0 ;$$

$$A_{33} \equiv 1 - a'_{11}(\partial x'_1/\partial x_3)^2 - 2a_{14}(\partial x'_1/\partial x_3)(\partial x'_4/\partial x_3) -$$

$$-a'_{22}(\partial x'_2/\partial x_3)^2 - 2a'_{24}(\partial x'_2/\partial x_3)(\partial x'_4/\partial x_3) -$$

$$-a'_{33}(\partial x'_3/\partial x_3)^2 - 2a'_{34}(\partial x'_3/\partial x_3)(\partial x'_4/\partial x_3) -$$

(A 3) $$-a'_{44}(\partial x'_4/\partial x_3)^2 = 0 ;$$

$$A_{44} \equiv a_{44} - a'_{11}(\partial x'_1/\partial x_4)^2 - 2a'_{14}(\partial x'_1/\partial x_4)(\partial x'_4/\partial x_4) -$$

$$-a'_{22}(\partial x'_2/\partial x_4)^2 - 2a'_{24}(\partial x'_2/\partial x_4)(\partial x'_4/\partial x_4) -$$

$$-a'_{33}(\partial x'_3/\partial x_4)^2 - 2a'_{34}(\partial x'_3/\partial x_4)(\partial x'_4/\partial x_4) -$$

(A 4) $$-a'_{44}(\partial x'_4/\partial x_4)^2 = 0\,;$$

$$A_{12} \equiv - a'_{11}(\partial x'_1/\partial x_1)(\partial x'_1/\partial x_1) - 2a'_{14}(\partial x'_1/\partial x_1)(\partial x'_4/\partial x_2) -$$

$$- a'_{22}(\partial x'_2/\partial x_1)(\partial x'_2/\partial x_2) - 2a'_{24}(\partial x'_2/\partial x_1)(\partial x'_4/\partial x_2) -$$

$$- a'_{33}(\partial x'_3/\partial x_1)(\partial x'_3/\partial x_2) - 2a'_{34}(\partial x'_3/\partial x_1)(\partial x'_4/\partial x_2) -$$

(A 5) $$- a_{44}(\partial x'_4/\partial x_1)(\partial x'_4/\partial x_2) = 0\,;$$

$$A_{13} \equiv -a'_{11}(\partial x'_1/\partial x_1)(\partial x'_1/\partial x_3) - 2a'_{14}(\partial x'_1/\partial x_1)(\partial x'_4/\partial x_3) -$$

$$-a'_{22}(\partial x'_2/\partial x_1)(\partial x'_2/\partial x_3) - 2a'_{24}(\partial x'_2/\partial x_1)(\partial x'_4/\partial x_3) -$$

$$- a'_{33}(\partial x'_3/\partial x_1)(\partial x'_3/\partial x_3) - 2a'_{34}(\partial x'_3/\partial x_1)(\partial x'_4/\partial x_3) -$$

(A 6) $$- a'_{44}(\partial x'_4/\partial x_1)(\partial x'_4/\partial x_4) = 0\,;$$

$$A_{14} \equiv - a'_{11}(\partial x'_1/\partial x_1)(\partial x'_1/\partial x_4) - 2a'_{14}(\partial x'_1/\partial x_1)(\partial x'_4/\partial x_4) -$$

$$- a'_{22}(\partial x'_2/\partial x_1)(\partial x'_2/\partial x_4) - 2a'_{24}(\partial x'_2/\partial x_1)(\partial x'_4/\partial x_4) -$$

$$- a'_{33}(\partial x'_3/\partial x_1)(\partial x'_3/\partial x_4) - 2a'_{34}(\partial x'_3/\partial x_1)(\partial x'_4/\partial x_4) -$$

(A 7) $$- a'_{44}(\partial x'_4/\partial x_1)(\partial x'_4/\partial x_4) = 0\,;$$

$$A_{23} \equiv -a'_{11}(\partial x'_1/\partial x_2)(\partial x'_1/\partial x_3) - 2a'_{14}(\partial x'_1/\partial x_2)(\partial x'_4/\partial x_3) -$$

$$-a'_{22}(\partial x'_2/\partial x_2)(\partial x'_2/\partial x_3) - 2d_{24}(\partial x'_2/\partial x_2)(\partial x'_4/\partial x_3) -$$

$$-a'_{33}(\partial x'_3/\partial x_2)(\partial x'_3/\partial x_3) - 2a'_{34}(\partial x'_3/\partial x_2)(\partial x'_4/\partial x_3) -$$

(A 8) $$-a'_{44}(\partial x'_4/\partial x_2)(\partial x'_4/\partial x_3) = 0 ;$$

$$A_{24} \equiv -a'_{11}(\partial x'_1/\partial x_2)(\partial x'_1/\partial x_4) - 2a'_{14}(\partial x'_1/\partial x_2)(\partial x'_4/\partial x_4) -$$

$$-a'_{22}(\partial x'_2/\partial x_2)(\partial x'_2/\partial x_4) - 2a'_{24}(\partial x'_2/\partial x_2)(\partial x'_4/\partial x_4) -$$

$$-a'_{33}(\partial x'_3/\partial x_2)(\partial x'_3/\partial x_4) - 2a'_{34}(\partial x'_3/\partial x_2)(\partial x'_4/\partial x_4) -$$

(A 9) $$-a'_{44}(\partial x'_4/\partial x_2)(\partial x'_4/\partial x_4) = 0 ;$$

$$A_{34} \equiv -a'_{11}(\partial x'_1/\partial x_3)(\partial x'_1/\partial x_4) - 2a'_{14}(\partial x'_1/\partial x_3)(\partial x'_4/\partial x_4) -$$

$$-a'_{22}(\partial x'_2/\partial x_3)(\partial x'_2/\partial x_4) - 2a'_{24}(\partial x'_2/\partial x_3)(\partial x'_4/\partial x_4) -$$

$$-a'_{33}(\partial x'_3/\partial x_3)(\partial x'_3/\partial x_4) - 2a'_{34}(\partial x'_3/\partial x_3)(\partial x'_4/\partial x_4) -$$

(A 10) $$-a'_{44}(\partial x'_4/\partial x_3)(\partial x'_4/\partial x_4) = 0 .$$

List of References

1. Aziz, A.K., Gilbert, R.P., Howard, H.C. : On a Non-linear Elliptic Boundary Value Problem with Generalized Goursat Data. Tech. Note BN-377, Univ. of Maryland, Sept. 1964.

2. Bergman, S. : Two-Dimensional Transonic Flow Patterns. Amer. J. Math. 70, 1948, pp. 856-891.

3. Bergman, S. : On Solutions of Linear Partial Differential Equations of Mixed Type. Amer. J. Math. 74, 1952, pp. 444-474.

4. Bergman, S. : Integral Operators in the Theory of Linear Partial Differential Equations. Springer-Verlag, Berlin-Goettingen-Heidelberg, 1961.

5. Bergman, S. : On Value Distribution of Meromorphic Functions of Two Complex Variables. Studies in Mathematical Analysis and Related Topics. (Ed. by Gilbarg, D., Solomon, H., et al.), Stanford Univ. Press, 1962.

6. Bergman, S. : On Distortion Theorems in the Theory of Quasi-Pseudo Conformal Mappings. Applied Mathematics and Statistics Laboratories, Stanford University, Feb., 1963.

7. Bergman, S. : On Integral Operators Generating Stream Functions of Compressible Fluids, Non-Linear Problems in Engineering. Academic Press, Inc., 1964 (to appear).

8. Bergman, S., Bojanić, R. : Application of Integral Operators to the Theory of Partial Differential Equations with Singular Coefficients. Archive for Rational Mechanics and Analysis, Vol. 10, No. 4, 1962, pp. 323-340.

9. Bergman, S., Schiffer, M. : Kernel Functions and Elliptic Differential Equations in Mathematical Physics. Academic Press, Inc., New York, 1953.

10. Blank, A. A., Friedrichs, K. O., Grad, H. : Notes on Magneto-hydrodynamics, V. Theory of Maxwell's Equations without Displacement Current. Physics and Mathematics, NYO-6486, AEC Computing and Applied Mathematics Center ; Institute of Mathematical Sciences, New York University, Nov. 1, 1957.

11. Burnett, D. : The Distribution of Molecular Velocities and the Mean Motion in a Non-uniform Gas. Proc. London Math. Soc., Vol. 40, 1935, pp. 382.

12. Chapman, S., Cowling, T. G. : The Mathematical Theory of Non-uniform Gases, Ist ed. Cambridge University Press, London, 1939.

13. Courant, R., Friedrichs, K. O. : Supersonic Flow and Shock Waves. Interscience Publishers, Inc., New York, 1948 .

14. Eichler, M. M. E. : On The Differential Equation $u_{xx} + u_{yy} + N(x)u = 0$. Trans. Amer. Math. Soc., Vol. 65, 1949, pp. 259-278.

15. Epstein, P. S. : On the Resistance Experienced by Spheres in their Motion Through Gases. Phys. Review, Vol. 23, 1924, pp. 710 .

16. Ergelyi, A. et al. : Higher Transcental Functions, Vol. I, II. McGraw-Hill Pub. Co., New York, 1953.

17. Gilbert, R. P. : On the Singularities of Generalized Axially Symmetric Potentials. Archive for Rational Mechanics and Analysis, Vol. 6, No. 2, 1960, pp. 171-176.

18. Gilbert, R. P. : Singularities of Three-Dimensional Harmonic Functions. Pacific J. Math., Vol. 10, No. 4, 1960, pp. 1243-1255.

19. Gilbert, R. P. : On the Geometric Character of Singularity Manifolds for Harmonic Functions in Three Variables, I. Tech.

Note BN-256, AFOSR-1045, Univ. of Maryland, Sept., 1961. Also Archive for Rational Mechanics and Analysis, Vol. 9, No. 4, 1962, pp. 352-360.

20. Gilbert, R. P. : A note on Harmonic Functions in (p+2) Variables. Archive for Rational Mechanics and Analysis Vol. 8, No. 3, 1961, pp. 223-227.

21. Gilbert, R. P. : On Harmonic Functions of Four Variables with Rational p_4 - Associates. Tech. Note BN-274, AFOSR-2252, Univ. of Maryland, Jan., 1962.

22. Gilbert, R. P. : Poisson's Equation and Generalized Axially Symmetric Potential Theory. Tech. Note BN-283, AFOSR-2450, Univ. of Maryland, March, 1962.

23. Gilbert, R. P. : A Note on the Singularities of Harmonic Functions in Three Variables. Proc. Amer. Math. Soc., Vol. 13, No. 2, April 1962, pp. 229-232.

24. Gilbert, R. P. : Some Properties of Generalized Axially Symmetric Potentials. Amer. J. Math., Vol. LXXXIV, No. 3, July, 1962, pp. 475-484.

25. Gilbert, R. P. : Harmonic Functions in Four Variables with Algebraic and Rational p_4 Associates. Tech. Note BN-294, Univ. of Maryland. July, 1962.

26. Gilbert, R. P. : Composition Formulas in Generalized Axially Symmetric Potential Theory. Tech. Note BN-298, Univ. of Maryland, Oct., 1962.

27. Gilbert, R. P. : Operators Which Generate Harmonic Functions in Three Variables. Tech. Note BN-306, Univ. of Maryland, Dec., 1962.

28. Gilbert, R.P. : Bergman's Integral Operator Method in Generalized Axially Symmetric Potential Theory (u) NOLTR 63-124, United States Naval Ordnance Laboratory, White Oak, Maryland, June 14, 1963.

29. Gilbert, R.P. : On Solutions of the Generalized Axially Symmetric Wave Equation Represented by Bergman Operators. Tech. Note BN-350, Univ. of Maryland, March, 1964.

30. Gilbert, R.P. : On Generalized Axially Symmetric Potentials Whose Associates are Distributions. Tech. Note BN-356, Univ. of Maryland, April, 1964.

31. Gilbert, R.P. : Composition Formulas in Generalized Axially Symmetric Potential Theory. J. Math. and Mech., Vol. 13, No. 4, 1964, pp. 557-588.

32. Gilbert, R.P., Howard, H.C. : On Solutions of the Generalized Bi-Axially Symmetric Helmholtz Equation Generated by Integral Operators. Tech. Note BN-352, Univ. of Maryland, April, 1964.

33. Gilbert, R.P., Howard, H.C. : Integral Operator Methods for Generalized Axially Symmetric Potentials in (n+1) Variables. Tech. note BN-366, Univ. of Maryland, July, 1964.

34. Grad H. : On the Kinetic Theory of Rarefied Gases. Comm. Pure Appl. Math., Vol. 2, 1949, pp. 331-407.

35. Grad, H. : Asymptotic Theory of the Boltzmann Equation, I. Phys. Fluids, Vol. 6, pp. 147.

36. Grad, H. : Asymptotic Theory of the Boltzmann Equation, II. Rarefied Gas Dynamics. Proc. of the Third International Symposium on Rarefied Gas Dynamics, Held at the Palais de l'Unesco, Paris, in 1962, Vol. I; Supplement 2, Academic Press, 1963. pp. 26-59.

37. Heinema, M. : Theory of Drag in Highly Rarefied Gases. Comm. Pure Appl. Math., Vol. 1, no. 3, 1948, pp. 259-273.

38. Henrici, P. : Zur Funktionentheorie del Wellengleichung Commentarii Mathematici Helvetici, Vol. XXVII, 1953, pp. 235-293.

39. Henrici, P. : Complete Systems of Solutions for a Class of Singular Elliptic Partial Differential Equations. Boundary Problems in Differential Equations. Univ. of Wis. Press, Madison, Wis., 1960, pp. 19-34.

40. Ikenberry, E., Truesdell, C. : On the Pressures and the Flux of Energy in a Gas according to Maxwell's Kinetic Theory, I, II. J. Rational Mechanics and Analysis, Vol. 5, No. 1, Jan., 1956, pp. 1-54, 55-128.

41. Jaffè, G. : Zur Methodik der Kinetischen Gastheorie. Annalen der Physik, Ser. 5, Vol. 6, 1930, pp. 195-252.

42. Keller, J. B. : On the Solution of The Boltzmann Equation for Rarefied Gases. Comm. Pure Appl. Math., Vol. 1, No. 3, 1948, pp 275-285.

43. Kreyszig. E. : Coefficient Problems in Systems of Partial Differential Equations. Arch. Rat. Mech. Anal., Vol. 1, 1958, pp. 283-294.

44. Kreyszig, E. : On Singularities of Solutions of Partial Differential Equations in Three Variables. Arch. Rat. Mech. Anal., Vol. 2, 1958, pp. 151-159.

45. Kreyszig, E. : On Regular and Singular Harmonic Functions of Three Variables. Arch. Rat. Mech. Anal., Vol. 4, 1960, pp. 352- 370.

46. Kreyszig, E. : Kanonische Integral Operatoren zur Erzeugung Harmonischer Funktionen von vier Veraenderlichen. Arch. der Math., Vol. 14, 1963, pp. 193-203.

47. Krzywoblocki, v., M. Z. : Bergman's Linear Integral Operator Method in the Theory of Compressible Fluid Flow. Oesterreich. Ing.-Arch., Vol. 6, 1952, pp. 330-360; Vol. 7, 1953, pp. 336-370; Vol. 8, 1954, pp. 237-263; Vol. 10, 1956, pp. 1-38.

48. Krzywoblocki, v., M. Z. : On the Generalized Integral Operator Method in the Subsonic Diabatic Flow of a Compressible Fluid. Proc. of the IX International Congress of Applied Mechanics, Brussells, 1956, Paper I-II, 1957, pp. 414-419.

49. Krzywoblocki, v., M. Z. : On the Generalized Theory of the Laminar Two-Dimensional Boundary Layer Along a Flat Plate in Continuum and Slip Flow Regimes, I, II. Bulletin de la la Société Mathémat. de Grèce 1, Vol. 29, 1, 2, 3, 1954, pp. 34-74; III. Vol. 31, 1, 2, 3, 1959, pp. 41-68.

50. Krzywoblocki, v., M. Z. : On a Method of Solving the General System of Equations in Magneto-Gas-Dynamics. Bull. de la Soc. Mathématique de Grèce, Nouvelle Serie, Tome 1, Fasc. 1, 1960, pp. 63-97.

51. Krzywoblocki, v., M. Z. : Bergman's Linear Integral Operator Method in the Theory of Compressible Fluid Flow. (With an appendix by Davis, P., Rabinovitz, P.). Springer-Verlag, Vienna, 1960.

52. Krzywoblocki, v., M. Z. : On the Fundamentals of the Theories of Relativity. Research Report, R-61-33, The Martin Co., Denver, U. S. A., October 1961, pp. ii + 26.

53. Krzywoblocki. v., M. Z. : On the General Form of the Special Theory of Relativity. Parts I to IV. Acta Physica Austriaca, Vol. 8, No. 4, 1960, pp. 387-394; Vol. 14, No. 1, 1961, pp. 22-28; Vol. 14, No. 1, 1961, pp. 39-49; Vol. 14, No. 2, 1962, pp. 239-241.

54. Krzywoblocki, v., M. Z. : Special Relativity- A Particular Energy Formulation in Newtonian Mechanics. Part I, II. Acta Physica Austriaca, Vol. 15, No. 3, pp. 201-212; Vol. 15, N. 3, 1962, pp. 251-261.

55. Krzywoblocki, v., M. Z. : On the Fundamentals of the Relativistic Theories. Acta Physica Austriaca, Vol. 15, No. 4, 1962, pp. 320-336.

56. Krzywoblocki, v., M. Z. : Ergodic Problem in the Theory of Vibrations and Wave Propagation. Zagadnienia Dragán Nieliniow., Vol. 4, 1962, pp. 53-76.

57. Krzywoblocki, v., M. Z. : Generalization of Topological Aspects in Existence Proofs to Magnetohydrodynamics. Fundamental Topics in Relativistic Fluid Mechanics and Magnetohydrodynamics . Ed. by Wasserman, R., Wells, C. P. Proc. of a Symposium Held at Michigan State Univ., Oct., 1962. Published by Academic Press, New York, 1963, pp. 91-124.

58. Krzywoblocki, v., M. Z. : Some Ergodic Problems in Physical Mathematics. Proc. Mountain State Navy Res. and Devel. Clinic, Raton, New Mexico, Sept. 28-29, 1961, Published by Commun. and Electronics Foundation, Raton, New Mexico, 1963, pp. F35-F66.

59. Krzywoblocki, v., M. Z. : Operators in Ordinary Differential Equations. J. fuer Reine Angew. Mathematik, Vol. 214/215, 1964, pp. 137-140.

60. Krzywoblocki, v., M. Z. Hassan, H. A. : Bergman's Linear Integral Operator Method in Diabatic Flow. J. Soc. Indust. Appl. Math., Vol. 5, 1957, pp. 47-65.

61. Krzywoblocki, v., M. Z. Hassan, H. A : On the Limiting Lines in Diabatic Flow. Seorsum Impressum Ex Tom. VI Commentariorum Mathematicorum Universitatis Sancti Pauli, Tokyo, 3, 1, 1958, pp. 115-139.

62. Krzywoblocki, v., M. Z. Roth, H. : On the Reduction of the Number of Independent Variables in Systems of Partial Differential Equations. (To be published).

63. Loeb, L.B. : Kinetic Theory of Gases. McGraw-Hill Pub. Co., Inc., New York, 1934.

64. Maxwell, J.C. : On the Dynamical Theory of Gases. Phil. Trans. R. Soc. London, 157 (1866), 49-88. (With corrections) Phil. Mag. (4) 35, 129-145, 185-217 (1868). Papers, 2, 26-78.

65. Michal, A.D. : Differential Invariants and Invariant Partial Differential Equations in Normed Linear Spaces. Proc. Natl. Acad. Sci., U.S. 37, No. 9, 1952, pp. 623-627.

66. Mises, v., R., Schiffer, M. : Advances in Applied Mechanics, Vol. 1, 1948.

67. Morgan, A.J.A. : The Reduction by One of the Number of Indepentent Variables in Some Systems of Partial Differential Equations. Quart. J. Math. [N.S.] 3, No. 12, 1952, pp. 250-259.

68. Ringleb, F. : Exakte Loesungen der Differentialgleichungen einer adiabatischen Gasstroemung. Z. Angew. Math. Mech., Vol. 20, 1940 pp. 185-195. Also, Aero. Sci J., 1942.

69. Sänger, E. : Gaskinetik sehr hoher Fluggeschwindigkeiten. Deutsche Luftfahrtforschung, Bericht 972, Berlin, 1938.

70. Schaaf, S.A., Chambre, P.L. : Flow of Rarefied Gases. High Speed Aerodynamics and Jet Propulsion. Vol. III, Fundamentals of Gas Dynamics (Ed. Emmons, H.W.). Priceton Univ. Press, 1958.

71. Stark, J.M. : Transonic Flow Patterns Generated by Bergman's Integral Operator. Dept. of Math. Stanford University, Aug., 1964.

72. Tsien, H.S. : Superaerodynamics, Mechanics of Rarefied Gases. J. of the Aeronautical Sciences, Dec. , 1946, pp. 653-664.

73. Zahm, A.F. : Superaerodynamics. J. of the Franklin Institute, Vol. 217, 1934, pp. 153-166.

CENTRO INTERNAZIONALE MATEMATICO ESTIVO

(C. I. M. E.)

J. KAMPÉ DE FÉRIET

LA THÉORIE DE L'INFORMATION ET LA MÉCANIQUE STATISTIQUE CLASSIQUE DES SYSTÈMES EN ÉQUILIBRE

Corso tenuto a Varenna (Como) dal 21 al 29 agosto 1964

LA THEORIE DE L'INFORMATION ET LA MECANIQUE STATISTIQUE CLASSIQUE DES SYSTEMES EN EQUILIBRE

par

Joseph KAMPÉ DE FÉRIET

(Université - Lille)

I - INTRODUCTION.

Le but de ces lecons est modeste; elles ne prétendent aucunement attirer votre attention par leur nouveauté et leur originalité; elles se proposent seulement de vous montrer, aussi simplement que possible, comment les progrès du Calcul des Probabilités et spécialement d'un de ses nouveaux chapitres, la Théorie de l'Information, permettent d'unifier et de clarifier l'exposé de la Mécanique Statistique classique, tout en lui donnant, - au moins aux yeux du Mathématicien, - un peu de la rigueur qui lui fait parfois défaut.

En effet la Mécanique Statistique, - sous la forme primitive et rudimentaire de la Théorie Cinétique dans les travaux de J.C. MAXWELL (1859-1879) et de L. BOLTZMANN (1872-1898) et sous la forme plus mûre et plus générale de J.W. GIBBS (1902), - est née à une époque où le Calcul des Probabilités, sur lequel elle devrait sans cesse s'appuyer, était encore encombré par les battages de cartes et les jeux de dés.

Les théorèmes limites, outils indispensables de la Statistique, pointaient à peine sous ce fatras, hérité de la question du chevalier de Méré à Pascal à propos du jeu de "passe-dix".

Comme l'a noté N. WIENER [30] p. 897 : "It (la Mécanique Statistique) developped without an adequate armory of concepts and mathematical technique, which is only now (ceci est écrit en 1938) in the process of development at the hands of the modern school of students of integral theory" ; elle s'était donc développée, grâce à de géniales intuitions physiques, sans le support mathématique indispensable "putting the cart before the horse".

A.I. KHINCHIN, (dans le premier ouvrage qu'un mathématicien puisse lire d'un bout à l'autre sans ressentir, en tournant les pages, des décharges électriques qui vont du picotement agaçant au choc violent) est encore plus précis et plus sévère: [18] p. 2. "In the first investigations (MAXWELL, BOLTZMANN) these applications of statistical methods were not of a systematical character. Fairly vague and somewhat timid probabilistic arguments do not pretend here to be the fundamental basis... The notions of the theory of probability do not appear in a precise form and are not free from a certain amount of confusion which often discredits the mathematical arguments by making them either void of any content or even definitely incorrect. The limit theorems of the theory of probability do not find any application as yet. The mathematical level of all these investigations is quite low..."

Il n'est pas rare, aujourd'hui encore, de retrouver dans des livres d'enseignement la répétition pure et simple des arguments de cette première période : "Many of BOLTZMANN's arguments have been repeated by, almost all textbooks and, I am sorry to add, not always in a critical fashion" R. KURTH [20] p. 76.

Après "les vues profondes (de BOLTZMANN) probablement claires dans son esprit, mais dont l'exposé reste si confus" (p. VIII) le livre de GIBBS paraît d'une "admirable clarté": "comme tout est en ordre et s'enchaîne", nous dit Marcel Brillouin dans sa préface à la traduction francaise [6b]. Mais R. KURTH [20] p. 87 qui admire aussi la clarté logique ("GIBBS book is still distinguished by the clarity of its arguments and presentation") doit néanmoins constater "GIBBS...hardly touched the problems of probability connected with the foundations of Statistical Mechanics".

KHINCHIN [18] p. 4 note avec sévérité : " The mathematical level of the book is not high ; although the argument are clear from the logical standpoint, they do not pretend to any analytical rigor" . Il pointe avec précision la lacune fondamentale " The limit theorem of the theory of probability does not find any application (at that time they were not quite developped in the theory of probability itself)". Cette dernière remarque est d'une grande importance et transforme la critique en louange: la notion d'ensemble représentatif (déjà utilisée par J. C. MAXWELL) joue un rôle fondamental dans l'exposé de GIBBS ; elle ne trouve sa justification mathématique que dans la loi forte des grands nombres ; or GIBBS écrivait en 1902 et la première démonstration de cette loi n'a été donnée, pour un cas très particulier, par Emile BOREL, qu'en 1909 ; il a fallu attendre jusqu'à 1930 pour la démonstration générale de A. N. KOLMOGOROV. Aux regrets de l'absence d'un cadre mathématique rigoureux se mêle donc notre admiration pour la clarté des intuitions de GIBBS.

Le noeud de la Mécanique Statistique des systèmes en équilibre statistique réside dans la distribution canonique de GIBBS ; le but de ces leçons est de vous montrer comment la Théorie de l'Information, à la fois sous l'aspect que lui a donné Sir Ronald FISHER (1925) et sous celui de Claude SHANNON et Norbert WIENER (1948), éclaire d'un jour nouveau tout le problème; nous développerons surtout le second point de vue, parce que dans nos essais d'une extension de la Mécanique Statistique aux milieux continus, c'est lui qui nous fourni un fil conducteur précieux. [15], [16].

II - MECANIQUE STATISTIQUE.

Nous allons rapidement rappeler les traits essentiels de la Mécanique Statistique sous la forme que leur a donnée J. W. GIBBS [6]. On considère un système matériel holonome ayant k degrés de liberté, c'est-à-dire que la position de ce système dans l'espace est définie par les valeurs de k coordonnées : $q_1, \ldots q_k$. L'ensemble des points

$$\omega_c = (q_1, \ldots q_k)$$

compatibles avec les liaisons constitue l'espace de configuration Ω_c ;

E_c désignant l'énergie cinétique du système, les k moments conjugués sont définis par :

$$p_j = \frac{\partial E_c}{\partial \dot{q}_j} \qquad \text{où } \dot{q}_j = \frac{dq_j}{dt} \quad ;$$

l'ensemble des points

$$\omega_v = (p_1, \ldots, p_k)$$

constitue l'espace des vitesses Ω_v ; un état ou phase du système est défini par le couple :

$$\omega = (\omega_c, \omega_v)$$

l'ensemble des points ω constitue l'espace des phases (1)

$$\Omega = \Omega_c \times \Omega_v .$$

L'énergie potentielle du système étant désignée par E_p, soit son énergie totale :

$$E = E_c + E_p .$$

Le mouvement du système doit satisfaire aux $2k$ équations differentiel-

---

(1) L'espace des phases Ω a $2k$ dimensions, mais du point de vue métrique on ne peut le considérer comme un sous ensemble de l'espace euclidien R^{2k} ; on trouvera dans [2] de très importantes remarques sur les propriétes métriques de Ω .

les de HAMILTON-JACOBI (2) :

(2.1) $$\frac{dq_j}{dt} = \frac{\partial E}{\partial p_j} \qquad \frac{dp_j}{dt} = - \frac{\partial E}{\partial q_j} \qquad j = 1, 2, \ldots k.$$

Nous ne considérons que des systèmes conservatifs, c'est-à-dire que l'énergie totale E ne dépend pas explicitement du temps :

(2.2) $$E = E(\omega)$$

Sous des conditions de régularité de E, vérifiées pour tous les systèmes intéressant la Mécanique, on démontre alors le théorème d'existence et d'unicité des intégrales de (2.1) : à tout $\omega \in \Omega$ correspond pour $-\infty < t < +\infty$ un et un seul point

$$T_t\omega = \left[q_j(t),\ p_j(t),\quad j = 1, 2 \ldots k\right].$$

L'ensemble des points $T_t\omega$, quand t varie de $-\infty$ à $+\infty$, définit dans Ω l'orbite (unique) passant par ω ; nous réserverons le nom de trajectoire à l'ensemble des points

$$T_t\omega_c = \left[q_j(t),\quad j = 1, 2 \ldots k\right]$$

dans l'espace de configuration Ω_c

L'ensemble des T_t définit un groupe abélien de transformations :

$$T_{t+s}\omega = T_t(T_s\omega) = T_s(T_t\omega)$$

cette propriété constituant le principe de HUYGHENS pour les systèmes conservatifs.

Une propriété fondamentale est exprimée par le Théorème de LIOUVILLE : Soit $\mathfrak{F}$ la σ - algèbre (corps borélien) des parties de Ω

---

(2) Nous avons utilisé pour représenter l'Hamiltonien (= énergie totale) du système la lettre E au lieu du H classique en Mécanique Analytique, parce que l'usage s'est établi de désigner par H la mesure de l'information qui jouera un rôle important plus loin.

mesurables par rapport à la mesure de LEBESGUE m définie à partir de l'élément de volume à $2k$ dimensions:

$$d\omega = dq_1 \ldots\ldots dq_k \, dp_1 \ldots dp_k$$

La mesure de tout ensemble $A \in \mathfrak{F}$ est invariante par le groupe des transformations T_t:

(2.3) $\qquad m(T_t A) = m(A) \qquad -\infty < t < +\infty$

Pour construire la Mécanique Statistique classique on introduit sur l'espace des phases une mesure de probabilité P, absolument continue (3) par rapport à la mesure de LEBESGUE:

$$P \ll m$$

C'est là une différence essentielle avec la Mécanique Statistique quantique où on suppose au contraire la mesure de probabilité P singulière (4) par rapport à m,

$$P \perp m.$$

la probabilité P étant concentrée, par exemple, sur une famille dénombrable de surfaces d'énergie constante :

$$E(\omega) = \alpha_i \qquad i = 1, 2, \ldots$$

Du point de vue moderne la Mécanique Statistique consiste dans l'étude du mouvement aléatoire du système matériel considéré, si l'on suppose que l'état initial est choisi au hasard selon la loi de probabilité :

---

(3) c'est-à-dire que la condition $m(A) = 0$ implique $P(A) = 0$

(4) c'est-à-dire qu'il existe une partie A de Ω telle que :

$$m(A) = 0 \ , \quad P(A) = 1$$
$$m(A') = m(\Omega) \ , \quad P(A') = 0$$

(2.4) $\text{Prob}\left[\omega \in A\right] = P(A) \qquad A \in \mathfrak{F}$

La loi de variation de la probabilité en fonction du temps doit évidemment satisfaire à la condition :

(2.5) $\text{Prob}\left[T_t\omega \in A\right] = \text{Prob}\left[\omega \in T_{-t}A\right] = P(T_{-t}A)$

qui exprime simplement que la probabilité se conserve (comme la masse dans l'écoulement d'un fluide) lorsque l'on suit le point $T_t\omega$ le long de son orbite.

On dit que le mouvement aléatoire est stationnaire si la mesure de probabilité est invariante :

(2.6) $P(T_tA) = P(A) \qquad A \in \mathfrak{F}$

$-\infty < t < +\infty$

ce cas est le seul que nous considérerons dans cette étude.

Au langage purement probabiliste que nous venons d'employer on préfère presque toujours, dans les traités de Mécanique Statistique, une image, dont l'idée première remonte à MAXWELL et a été systématiquement employée par GIBBS : on postule l'existence d'un nombre "très grand" N de copies identiques du système matériel donné ; on distribue ces copies à l'instant initial dans l'espace des phases de façon que le nombre n_A des points $\omega_1, \ldots, \omega_N$ situés dans la partie A de Ω soit précisément : $n_A = NP(A)$; puis on laisse ces systèmes évoluer, en supposant qu'ils n'exercent aucune action mécanique les uns sur les autres; le nuage des points

$$T_t\omega_1, \ldots, T_t\omega_N$$

définit à chaque instant t l'ensemble représentatif ; la considération de cet ensemble paraît, à beaucoup d'esprits, moins abstraite que celle du mouvement aléatoire du système ; c'est ainsi qu'à la notion de mouvement aléatoire stationnaire correspond ici celle d'équilibre statistique: dans la partie A il entre et il sort constamment des points ω_j, mais le nombre n_A de ces points est indépendant du temps. Le nuage est constamment en mouvement, mais pour un observateur qui compte seulement les points il semble en équilibre. (5)

En fait, grâce à la loi forte des grands nombres l'ensemble représentatif de GIBBS est seulement une image approchée de la description probabiliste.

Soit en effet $I_A(\omega)$ l'indicateur de la partie A; considérons la suite infinie de variables aléatoires indépendantes

$$X_1 = I_A(\omega_1), \ldots, X_N = I_A(\omega_N), \ldots$$

---

(5) Il faut souligner, - car la tentation de confusion n'est pas imaginaire, - que même si le système matériel se réduit à une molécule (possédant k degrés de liberté, $k \geqslant 3$) l'ensemble représentatif de GIBBS ne doit à aucun prix être confondu avec un gaz de MAXWELL-BOLTZMANN ; dans l'ensemble gibbsien les N molécules s'ignorent complètement les unes les autres et n'exercent les unes sur les autres aucune action; en outre leurs orbites individuelles sont des courbes continues; dans le gaz maxwellien, au contraire, les molécules agissent les unes sur les autres (tout au moins quand leur distance n'est pas trop grande); leur action mutuelle est portée à son paroxysme au moment d'un choc, qui détruit la continuité de l'orbite.

Oserons-nous avouer que, convaincu de l'abîme séparant l'ensemble gibbsien et le gaz maxwellien, nous avons toujours admiré avec surprise que sur deux modèles aussi différents, on ait pu fonder la même Thermodynamique !

les points $\omega_1, \ldots \omega_N, \ldots$ étant le résultat d'une suite infinie d'épreuves indépendantes, faites chacune selon la loi de probabilité P(A). La loi forte des grands nombres

$$\operatorname{Prob}\left[\lim_{N\to+\infty} \frac{1}{N}(X_1+\ldots+X_N) = \overline{X}\right] = 1$$

nous donne :

$$\operatorname{Prob}\left[\lim_{N\to+\infty} \frac{n_A}{N} = P(A)\right] = 1 :$$

pour presque toutes les suites infinies d'épreuves indépendantes le rapport $\frac{n_A}{N}$ tend vers P(A) ; quand N est "très grand" mais fini on peut donc distribuer "approximativement" l'ensemble représentatif de façon que le nombre des points situés dans A à l'instant initial soit donné par $n_A = NP(A)$.

Dans la Mécanique Statistique classique la mesure P étant absolument continue par rapport à la mesure de LEBESGUE, d'après le théorème de RADON-NIKODYM il existe une fonction $r(\omega)$, densité de probabilité, déterminée presque partout dans Ω, satisfaisant les trois conditions :

$$\begin{aligned} & r(\omega) \geqslant 0 \\ (2.7) \qquad & r(\omega) \in L(\Omega) \\ & \int_\Omega r(\omega)d\omega = 1 \end{aligned}$$

telle que pour tout $A \in \mathcal{F}$ on ait

$$(2.8) \qquad P(A) = \int_A r(\omega)d\omega .$$

Pour que le système soit en équilibre statistique il faut et il suffit que pour chaque t donné

$$(2.9) \qquad r(T_t\omega) = r(\omega)$$

sauf peut-être sur un ensemble Λ_t de mesure nulle.
Comme la condition $m(\Lambda_t) = 0$ n'entraîne pas

$$m\left[\bigcup_{-\infty<t<+\infty} A_t\right] = 0$$

(l'union n'étant pas dénombrable), on ne peut pas en conclure que (2.9) est satisfaite pour presque tout ω simultanément pour toutes les valeurs du temps. Mais, pratiquement, en Mécanique Statistique cette difficulté est écartée parce que l'on n'envisage que des densités continues en ω ou au plus discontinues sur un nombre fini de surfaces dans Ω. Dans ce cas on voit que: pour que le système soit en équilibre statistique il faut et il suffit que la densité de probabilité $r(\omega)$ soit un invariant (ou comme l'on dit souvent : une intégrale première des équations de HAMILTON-JACOBI).

Ceci nous amène à aborder un sujet où, semble-t-il, règne une certaine confusion ; d'après la théorie générale des équations différentielles, les $2k$ équations de HAMILTON-JACOBI peuvent admettre $2k-1$ invariants indépendants : $\psi_1(\omega), \ldots \psi_{2k-1}(\omega)$ au plus:

$$\psi_j(T_t\omega) = \psi_j(\omega) \qquad -\infty < t < +\infty \ ;$$

la réponse paraît donc simple : on obtient l'équilibre statistique en prenant pour la densité de probabilité une fonction quelconque $r(\psi_1, \ldots \psi_{2k-1})$ satisfaisant les conditions (2.7). Or pratiquement, - sauf dans des travaux récents, par exemple H. GRAD [9] en 1952, - le seul invariant que l'on voit apparaître est l'énergie $E(\omega)$ du système; l'on suppose toujours :

(2.10) $$r = r(E)$$

La raison invoquée pour ce choix repose, croyons-nous sur une interprétation confuse d'une théorème énoncé par H. POINCARÉ dans "Les Méthodes nouvelles de la Mécanique Céleste". En effet, on affirme en s'appuyant sur le titre du Chapitre V [24] p. 233 "Non-existence des intégrales uniformes" que H. POINCARÉ à démontré qu'il n'existe qu'un seul invariant fonction uniforme de ω ; l'"énergie E.

Mais si on se donne la peine de lire le Chapitre V, on constate que POINCARÉ envisage un problème trés particulier, puisqu'il suppose essentiellement que E est une fonction analytique d'un paramètre μ

$$E = E_0(\omega_c) + \mu E_1(\omega) + \mu^2 E_2(\omega) + \dots$$

où E_0 est indépendante de ω_v ; il écrit (p. 233) : "Je me propose de démontrer que, sauf certains cas exceptionnels que nous étudierons plus loin, les équations (de HAMILTON-JACOBI) n'admettent pas d'autre intégrale analytique et uniforme que l'intégrale E = const."

La démonstration ne s'applique donc qu'aux invariants qui sont à la fois "analytiques et uniformes". Il est clair, d'après le contexte, que par "analytique" POINCARÉ entend "analytique par rapport à μ au voisinage de $\mu = 0$" ; il résulte aussi de l'examen de sa démonstration que, quand il parle d'une intégrale analytique, cette fonction doit être une intégrale pour toutes les valeurs de μ (voisines de 0) et non seulement pour une valeur numérique donnée de μ ; en effet il utilise à plusieurs reprises dans ses calculs des développements en série et identifie terme à terme les coefficients des puissances μ. Ce qui a peut-être contribué davantage à égarer certains auteurs, c'est le titre de l'avant dernier paragraphe du Chapitre V : (p. 259) "Intégrales non holomorphes en μ" ; or dès les 3 premières lignes, on voit que POINCARÉ rejette bien l'hypothèse que ses intégrales sont analytiques en μ, mais qu'il les suppose de la forme $F = F'(\omega) + \sqrt{\mu}\, F''(\omega)$ où F' et F'' sont analytiques en μ ; elles sont bien non-holomorphes pour $\mu = 0$ mais développables selon les puissances de $\sqrt{\mu}$! ...

Ces hypothèses avaient un sens dans le contexte de ses recherches de Mécanique Céleste ; elles n'en ont aucun dans le cadre général de la

Mécanique, où l'on n'a aucune raison d'introduire un paramètre et de considérer des invariants $\psi(\omega, \mu)$ qui satisfassent la condition $\psi(T_t\omega, \mu) = \psi(\omega, \mu)$ pour toutes les valeurs de μ.

Nous nous rangeons donc entièrement à l'opinion exprimée par C. TRUESDELL dans les belles leçons qu'il a professées ici même, à la Villa Monastero, en 1960 : [28] p. 43 "This Theorem (le théorème du Chapitre V) is sometimes regarded as showing that, apart from exceptional cases, a Hamiltonian system has no time-independent integrals other than its energy. This would be a happy result for Statistical Mechanics, but it is certainly not what POINCARÉ claims, nor can I see any reason to expect it". -

En réalité la raison pour laquelle on suppose toujours que la densité de probabilité ne dépend que de l'invariant E ne résulte pas du théorème mal compris de POINCARÉ sur l'inexistence d'autres invariants fonctions uniformes de ω, mais plutôt de la coutume bien établie de mélanger, deux théories différentes : on sert au lecteur une sorte de cocktail où, à la liqueur pure et transparente des idées de GIBBS, on ajoute un peu des alcools puissants mais mal décantés de BOLTZMANN; à la Mécanique Statistique exposée au début de ce paragraphe, où les orbites sont essentiellement continues (6) on mélange de la Théorie cinétique : on admet que des chocs peuvent se produire à certains instants t_n, au cours desquels les $q_j(t)$ restent continues mais les $p_j(t)$ présentent des discontinuités de première espèce, $p_j(t-0)$ et $p_j(t+0)$ prenant des valeurs différentes. En d'autres termes la trajectoire $T_t\omega_c$ reste une

---

(6) Les fonctions $q_j(t)$ et $p_j(t)$ sont non-seulement continues mais admettent, par l'hypothèse même des équations de HAMILTON-JACOBI, des dérivées $\dot{q}_j(t)$ et $\dot{p}_j(t)$ continues.

courbe continue dans l'espace de configuration Ω_c, mais l'orbite $T_t\omega$ se décompose en une suite d'arcs de courbes ; chaque arc est continu dans un intervalle ouvert (t_n, t_{n+1}), mais les extrémités des deux arcs correspondants aux deux intervalles (t_{n-1}, t_n) et (t_n, t_{n+1}) ne se raccordent pas ; à cause de la discontinuité des $p_j(t)$ aux instants t_n un invariant ne prendra pas, en général, une seule valeur constante, quand t varie de $-\infty$ à $+\infty$, mais une suite de valeurs constantes différentes:

$$\psi(T_t\omega) = \alpha_n \qquad t_n < t < t_{n+1}$$

sur chaque arc de l'orbite ; il y a un seul invariant, qui conserve la même valeur sur tous les arcs de l'orbite, c'est précisément l'énergie :

$$E(T_t\omega) = \alpha \qquad -\infty < t < +\infty$$

si l'on suppose les chocs <u>élastiques</u>. (7)

---

(7) Dans [2] p. 19-22, A. BLANC - LAPIERRE, P. CASAL et A.TORTRAT mettent en relief les difficultés du concept de choc purement élastique de 2 molécules. "En effet dans l'étude du choc, on ne peut plus assimiler les corps qui y participent à des corps solides indéformables; on admettra qu'ils sont parfaitement élastiques, c'est-à-dire que l'énergie emmagasinée par chacun d'eux, lorsqu'il subit une déformation, est intégralement restituée lorsque cette déformation cesse. Mais il est alors possible de montrer que, lorsque deux corps de cette espèce entrent en collision, le choc provoque en chacun d'eux des vibrations qui, en général, subsistent après leur séparation, de sorte qu'après le choc on ne peut plus considérer ces corps comme des solides indéformables ... On voit dans quelle inextricable situation on se trouve si, des milliards de fois par seconde, il faut cesser de considèrer une molécule comme un corps solide et la regarder comme un corps élastique... La Mécanique Statistique, elle, ne cherche pas à résoudre ces difficultés qui ne proviennent peut-être en définitive que d'une idée un peu trop anthropomorphique des phénomènes moléculaires".

Nous sommes, pour notre part, persuadés que le rôle exclusif joué par l'invariant E (jusqu'aux travaux récents de H. GRAD, de R.M.LEWIS et de C. TRUESDELL) dans la Mécanique Statistique, - est une trace, peut-être enfouie dans le subconscient, des vieilles idées sur l'invariance de E et de E seul dans les chocs élastiques.(8).

Ces points étant précisés, que l'on admette pour la densité de probabilité dans l'équilibre statistique une fonction ne dépendant que de l'énergie:

$$r = r(E)$$

ou une expression plus générale dépendant de m invariants

$$r = r(\psi_1, \dots \psi_m) \qquad m \leqslant 2k-1$$

il n'en reste pas moins vrai qu'à chaque fonction r particulière correspondra une Mécanique Statistique différente.

Or, en fait, cet arbitraire a été complétement éliminé ; GIBBS [6] fonde toute la mécanique Statistique sur une fonction r bien déterminée, <u>la distribution canonique</u>:

(2.11) $$r(E) = \frac{e^{-\beta E}}{Z(\beta)} \quad \text{où} \quad Z(\beta) = \int_\Omega e^{-\beta E} d\omega$$

β étant un paramètre qui, lorsque l'ensemble représentatif est susceptible d'une interprétation thermodynamique, joue le rôle de l'inverse de la température absolue.

---

(8) Une expression claire des idées que nous venons d'esquisser se trouve déjà dans ces lignes de MAXWELL (cherchant à justifier le théorème ergodique dans son célèbre mémoire de 1879) "each encounter will introduce a dis-turbance into the motion of the system, so that it will pass from one undisturbed path into another. The two paths must both satisfy the equation of energy and they must intersect each other in the phase for which the conditions of encounter with the fixed obstacle are satisfied, but they are not subject to the équations of momentum" (citées par C. TRUESDELL [28] p. 22)

De même dans le cas général [28] p. 41 la distribution pantacanonique

(2.12) $$r(\psi_1, \dots \psi_m) = \frac{\exp(-\beta_1 \psi_1 - \dots - \beta_m \psi_m)}{Z(\beta_1, \dots \beta_m)}$$

$$Z(\beta_1, \dots \beta_m) = \int_\Omega \exp(-\beta_1 \psi_1 - \dots - \beta_m \psi_m) d\omega$$

apparaît comme priviligiée.

Les considérations par lesquelles GIBBS introduit la distribution canonique n'ont guère qu'une valeur heuristique ; la première justification, dont la rigueur satisfasse un mathématicien, a été donnée par A. I. KHINCHIN [18] p. 84-93. - Il démontre que la distribution canonique est une conséquence du Théorème Central limite du Calcul des Probabilités lorsque le nombre k des degrés de liberté tend vers l'infini ; il pousse même la précision jusqu'à donner l'ordre de grandeur de l'approximation en fonction de $1/_k$.

Nous contentant de renvoyer à cet ouvrage, aujourd'hui classique, nous aborderons l'étude de la distribution canonique d'un tout autre point de vue ; d'abord au § III, nous plaçant dans le cercle d'idées de B. MANDELBROT, [22] nous montrerons de quelle lumière la théorie de l'estimation statistique de Sir Ronald FISHER peut éclairer la signification de la distribution canonique ; ensuite au § IV, développant une idée de E. T. JAYNES [13] nous établirons, comment dans le cadre de la Théorie de l'Information de Cl. SHANNON et N. WIENER, les distributions canoniques ou pantacanoniques sont une conséquence immédiate du principe du Maximum de l'Information.

III - ESTIMATION D'UN PARAMETRE ET STATISTIQUES EXHAUSTIVES.

L'un des problèmes fondamentaux de la Statistique mathématique est le suivant :

on sait qu'un point aléatoire $X = (Y_1, \dots Y_m)$ dans R^m obéit à une loi de probabilité, appartenant à une famille donnée de lois dépendant de s paramètres $\theta = (\theta_1, \dots \theta_s)$ parcourant un intervalle donné J de R^s :

(3.1) $$\text{Prob}\left[X \in A \right] = P(A, \theta) \qquad A \in R^m, \quad \theta \in J$$

on fait N observations indépendantes de X, c'est-à-dire que l'on considère la suite de N points aléatoires indépendants $X_1, \dots X_N$; soient $x_1, \dots x_N$ les points observés ; comment estimer les valeurs des s paramètres θ qui représentent le mieux ces observations ?

C'est à Sir Ronald FISHER [5] que sont dus les principes généraux de la solution de ce problème et la terminologie employée en Statistique Mathématique ; nous nous bornerons au cas où $m = 1$ (X est alors une variable aléatoire sur R), où $s = 1$ et où les lois de probabilité de la famille considérée sont absolument continues, admettant une densité de probabilité $p(x, \theta)$; cette fonction est supposée connue pour tout $x \in R$ et pour $\theta \in \left[\theta_1, \ \theta_2 \right]$

En désignant par B un ensemble mesurable de R^N il est clair que :

(3.2) $$\text{Prob}\left[(X_1, \dots X_N) \in B \right] = \int_B L(x_1, \dots, x_N, \theta) dx_1 \dots dx_N$$

où

$$L(x_1, \dots x_N, \theta) = p(x_1, \theta) \times \dots \text{-------} \quad \times p(x_N, \theta)$$

définit la fonction de vraisemblance (likelihood function).

En général les statisticiens opèrent, non sur les nombres observés $x_1, \dots x_N$ eux-mêmes, mais sur certaines fonctions de ces nombres qu'ils appellent des "statistiques" ou des "estimateurs".

Considérant la variable aleátoire. $\boldsymbol{\theta} = \boldsymbol{\theta}(x_1, \dots x_N)$

on prendra comme estimation de θ la valeur observées de $\boldsymbol{\theta}$:

$$\theta = \boldsymbol{\theta}(x_1, \dots x_n)$$

La valeur moyenne de la statistique $\boldsymbol{\theta}$ est donnée par :

$$\overline{\boldsymbol{\theta}} = \int_{R^N} \boldsymbol{\theta}(x_1, \dots x_N)\, L(x_1, \dots x_N, \theta) dx_1 \dots dx_N \; ; \tag{3.3}$$

c'est évidemment une fonction de θ ; si on l'écrit sous la forme

$$\overline{\boldsymbol{\theta}} = \theta + b(\theta), \tag{3.4}$$

la fonction $b(\theta)$ définit le biais de la statistique $\boldsymbol{\theta}$; si

$$b(\theta) = 0$$

on dit que la statistique $\boldsymbol{\theta}$ est sans biais (unbiased).

De même la variance de la statistique a pour valeur :

$$\overline{(\boldsymbol{\theta} - \overline{\boldsymbol{\theta}})^2} = \int_{R^N} \left[\boldsymbol{\theta}(x_1, \dots x_N) - \overline{\boldsymbol{\theta}} \right]^2 L(x_1, \dots x_N, \theta)\, dx_1 \dots dx_N \tag{3.5}$$

On démontre qu'elle satisfait sous certaines conditions de régularité de $p(x, \theta)$ à l'inégalité de CRAMER-RAO ;

$$\overline{(\boldsymbol{\theta} - \overline{\boldsymbol{\theta}})^2} \geqslant \frac{[1 + b'(\theta)]^2}{N \int_{-\infty}^{+\infty} p(x, \theta) \left[\frac{\partial}{\partial \theta} \log p(x, \theta) \right]^2 dx} \tag{3.6}$$

FISHER a proposé de prendre comme mesure de l'information (sur le paramètre θ) contenue dans une observation x_1 de X la quantité :

$$I = \int_{-\infty}^{+\infty} p(x, \theta)\left[\frac{\partial}{\partial\theta} \log p(x, \theta)\right]^2 dx$$

La quantité d'information contenu dans N observations indépendantes $(x_1, \dots x_N)$ est alors le nombre NI qui figure au dénominateur de (3.6) : plus l'information est grande, plus la borne inférieure des fluctuations de la statistique Θ est petite.

Lorsque, dans l'inégalité de CRAMER-RAO , l'égalité est réalisée, on dit que la statistique Θ est efficace (efficient).

Mais la notion la plus importante, toujours due à FISHER, est la suivante : soit $\psi(\theta)$ la densité de probabilité de la variable aléatoire $\Theta(X_1, \dots X_N)$, parfaitement déterminée en fonction de $p(x, \theta)$, par la formule:

$$\psi(\theta)d\theta = \int_{\Delta_\theta} L(x_1, \dots x_N, \theta)\, dx_1, \dots dx_N$$

où Δ_θ désigne le domaine contenu entre les deux surfaces :

$$S_\theta \qquad \Theta(x_1, \dots x_N) = \theta$$

et

$$S_{\theta+d\theta} \qquad \Theta(x_1, \dots x_N) = \theta + d\theta .$$

Considérons la probabilité conditionnelle du point aléatoire $(X_1, \dots X_N)$ dans R^N, quand on sait que $\Theta(X_1, \dots X_N)$ a pris la valeur θ (c'est-à-dire que le point est sur la surface S_θ) ; on dit que la statistique Θ est exhaustive (sufficient) si cette probabilité conditionelle est indépendante de θ ; en d'autres termes toute l'information que l'observation de $(x_1, \dots x_N)$ nous fournit sur θ est contenue dans la détermination de la surface particulière S_θ qui passe par ce point ; la connaissance de la position du point $(x_1, \dots, x_N)$ sur cette surface ne nous apporte aucune information supplémentaire sur θ.

A titre d'exemple considérons la famille de lois normales définie par

$$p(x, \theta) = \frac{1}{\sqrt{2\pi\theta}} e^{\frac{-x^2}{2\theta}} \qquad \theta > 0$$

Des calculs élémentaires montrent que la statistique:

$$\Theta = \frac{1}{N} \sum_1^N X_j^2$$

est sans biais, efficace et exhaustive; après l'observation $(x_1, \dots x_N)$ nous estimerons donc le paramètre par la formule

$$\Theta = \frac{1}{N} \sum_1^N x_j^2$$

On constate d'ailleurs que cette valeur est celle que l'on obtient par la méthode du maximum de vraisemblance (maximum likelihood) consistant à chercher la valeur θ qui rend maximum $L(x_1, \dots x_N, \theta)$ pour les valeurs observées $(x_1, \dots x_N)$.

Ces quelques notions étant rappelées, nous pouvons aborder un résultat fondamental de la Théorie : si la densité de probabilité est quelconque il n'existe pas en général de statistiques exhaustives ; celles-ci n'existent que pour des lois très particulières du type exponentiel.

B.O. KOOPMAN (1936) a donné une première démontration basée sur la remarque que, s'il existe au moins une statistique exhaustive $\Theta(X_1, \dots X_N)$ alors l'egalité

$$\Theta(x_1, \ldots x_N) = \Theta(y_1, \ldots y_N) = \alpha$$

entraîne pour tout θ :

$$\frac{L(x_1, \ldots x_N, \theta)}{L(y_1, \ldots y_N, \theta)} = \frac{L(x_1, \ldots x_N, \alpha)}{L(y_1, \ldots y_N, \alpha)}$$

Mais dans sa démonstration il fait intervenir des conditions d'analyticité des fonctions, superflues comme l'a montré E. B. DYNKIN [4] qui a non seulement résolu le problème dans un cas plus général, mais encore a introduit des idées nouvelles d'une grande importance, en particulier la définition d'une statistique exhaustive nécessaire (necessary and sufficient statistic).

Il dit que la fonction $F(x_1, \ldots x_N)$ est <u>dépendante</u> de la fonction $G(x_1, \ldots x_N)$ si l'égalité $G(y_1, \ldots y_N) = G(x_1, \ldots x_N)$ entraîne $F(y_1, \ldots y_N) = F(x_1, \ldots x_N)$; les fonctions F et G sont <u>équivalentes</u> si chacune est dépendante de l'autre. La fonction $\Theta(x_1, \ldots x_N)$ est dite une statistique <u>nécessaire</u> si elle est dépendante de toute statistique exhaustive. Toute fonction dépendante d'une statistique nécessaire est elle même une statistique nécessaire. Deux statistiques nécessaires et exhaustives sont équivalentes.

Le rang r de la famille de lois de probabilité correspondant à $p(x, \theta)$, $\theta \in [\theta_1, \theta_2]$ est défini par $r = s - 1$, s étant la dimension de l'espace fonctionnel linéaire $\mathcal{L}$ contenant toutes les fonctions

$$G(x, \theta) = \log \frac{p(x, \theta)}{p(x, \theta_0)}$$

où θ varie dans l'intervalle $[\theta_1, \theta_2]$ et θ_0 est une valeur arbitraire dans cet intervalle ; on aura bien entendu en général $r = +\infty$.

Sous une condition générale de régularité (existence et continuité de la dérivé $\frac{\partial}{\partial x} p(x, \theta)$ sur un ensemble dense sur R), E. B. DYNKIN (p. 25 et 26) prouve les résultats suivants :

a) Si le rang r est fini, alors la densité de probabilité a la forme :

$$p(x, \theta) = \exp \left[\sum_1^r c_j(\theta) \psi_j(x) + c_0(\theta) + \psi_0(x) \right]$$

les systèmes de fonctions $(1, \psi_1, \ldots \psi_r)$ (qui forment une base pour $\mathcal{L}$) et $(1, c_1, \ldots c_r)$ étant linéairement indépendants.

b) Pour tout $N \geqslant r$ le système de fonctions :

$$\theta_j(x_1, \ldots x_N) = \psi_J(x_1) + \ldots + \psi_j(x_N)$$

forme un système de statistiques nécessaires et exhaustives, les fonctions θ_j étant indépendantes fonctionnellement.

Considérons par exemple la famille de lois de probabilités définies par :

$$p(x, \theta) = \frac{1}{\theta} e^{\frac{-x}{\theta}} \qquad x \geqslant 0 \qquad \theta > 0$$

$$= 0 \qquad x < 0$$

L'espace linéaire $\mathcal{L}$ contient toutes les fonctions :

$$G(x, \theta) = \left(\frac{1}{\theta_0} - \frac{1}{\theta} \right) x + \operatorname{Log} \frac{\theta_0}{\theta}$$

Il est donc de rang 1 et admet comme base (1, x) ;

Par conséquent pour $N \geqslant 1$ la fonction

$$\theta_1 = x_1 + \ldots + x_N$$

est une statistique nécessaire et exhaustive ; toute autre statistique nécessaire et exhaustive lui est équivalente et nous prendrons selon l'usage

$$\Theta = \frac{1}{N} (x_1 + \ldots + x_N)$$

qui est également sans biais.

IV. - LA DISTRIBUTION CANONIQUE ET LA THEORIE DE L'ESTIMATION

Revenons aux systèmes mécaniques conservatifs considérés au §II ; nous supposerons que l'énergie E a un minimum isolé, que l'on peut toujours prendre égal à :

$$E = 0$$

puisque l'on dispose d'une constante arbitraire dans l'énergie potentielle. Nous introduirons les notations suivantes :

$$D_x = \left\{\omega : 0 \leqslant E \leqslant x\right\}.$$

$$\Sigma_x = \left\{\omega : \quad E = x\right\}.$$

Quand x croit 0 à $+\infty$, les surfaces Σ_x dans l'espace des phases Ω s'enveloppent l'une l'autre comme une famille de sphères (ce sont les hypothèses mêmes de KHINCHIN [18] p. 33) ;

Désignons le volume du domaine D_x par

$$(4.1) \qquad V(x) = \int_{D_x} d\omega$$

Nous définirons la fonction de structure du système par :

(4.2) $$S(x) = \int_{\sum_x} \frac{d\sigma_x}{|\text{grad } E|} \qquad S(x) > 0$$

où $d\sigma_x$ désigne l'élément d'aire de la surface $\sum_x$ et (9)

$$|\text{grad } E| = + \left[\left(\frac{\partial E}{\partial q_j} \right)^2 + \left(\frac{\partial E}{\partial p_j} \right)^2 \right]^{1/2}$$

On démontre très facilment [18] p. 36 que :

(4.3) $$\frac{dV}{dx} = S(x).$$

Ces définitions élémentaires étant rappelées, revenons à la Mécanique Statistique et supposons le système en équilibre statistique, la densité de probabilité étant fonction seulement de l'énergie :

$$r = r(E)$$

Il résulte alors immédiatement des résultats précédents que l'énergie du système $E(\omega)$ est une variable aléatoire X dont la loi de probabilité est définie par la densité :

(4.4) $$p(x) = r(x)S(x) \qquad x \geqslant 0$$
$$= 0 \qquad x < 0.$$

On a évidemment la condition :

(4.5) $$\int_0^{+\infty} r(x)S(x)dx = 1$$

(9) On a evidemment $|\text{grad } E| > 0$, puisque par hypothèse les équations de HAMILTON-JACOBI n'admettent pas de point singulier dans Ω .

La valeur moyenne de l'énergie a donc pour valeur :

(4.6) $$\overline{E} = \int_0^{+\infty} x\, r(x)S(x)dx ,$$

et sa variance est donnée par

(4.7) $$\overline{(E - \overline{E})^2} = \int_0^{+\infty} (x-\overline{E})^2 r(x)S(x)dx.$$

Ceci étant, considérons un ensemble représentatif de GIBBS $(\omega_1, \ldots, \omega_N)$ nous en déduisons les N variables aléatoires indépendantes :

(4.8) $$X_1 = E(\omega_1) , \ldots\ldots\ldots X_N = E(\omega_N)$$

ayant toutes la même loi de probabilité définie par (4.4) ; (notons que l'on a toujours par hypothèse $X_J \geqslant 0$) remarquons en passant que le systéme étant conservatif, on n'est pas obligé de considérer l'état du système au même instant pour tous les ω_j [l'instant initial dans (4.8)], puisque

$$E(T_t\omega_j) = E(\omega_j) = X_j$$

pour tout t .

Admettons que la loi de probabilité ne dépende que d'un seul paramètre θ , qui doit représenter la valeur moyenne (4.6) de l'énergie du système (de même que les Thermodynamiciens nous affirment que la seule grandeur macroscopique que l'on puisse mesurer sur un gaz est sa température) ; la densité de probabilité s'écrira alors :

(4.9) $$p(x, \theta) = r(x, \theta)S(x) \qquad x \geqslant 0$$
$$= 0 \qquad x < 0$$

la fonction de structure, qui ne dépend que de la définition mécanique du système, devant être indépendante du paramètre introduit dans la Statistique. Nous voulons que :

$$\Theta = \frac{1}{N}(X_1 + \dots + X_n)$$

soit une statistique nécessaire et exhaustive ; dans l'observation d'un ensemble représentatif particulier :

$$x_1 = E_1, \dots \quad x_N = E_N$$

nous prendrons donc comme valeur du paramètre

$$\theta = \frac{1}{N}(x_1 + \dots + x_N)$$

c'est-à-dire que nous estimerons $\overline{E}$ par la moyenne

$$\theta = \frac{1}{N}(E_1 + \dots + E_N)$$

Si nous admettons que la Statistique Θ est nécessaire et exhaustive quel que soit le nombre $N \geqslant 1$, le rang de la loi de probabilité doit être égal à 1 et d'aprés le théorème fondamental de DYNKIN rappelé au § III la densité de probabilité doit être de la forme

$$p(x, \theta) = \exp\left[c_1(\theta)x + c_0(\theta) + \psi_0(x)\right] \qquad x \geqslant 0 \tag{4.10}$$

Dans cette formule nous avons pris $\psi_1(x) = x$ parce que la statistique nécessaire et exhaustive étant par hypothèse Θ, toute autre statistique nécessaire et exhaustive

$$\psi_j(x_1) + \dots \quad + \psi_j(x_N)$$

doit lui être équivalente.Comme nous pouvons disposer de la fonction

$\psi(x)$ nous prendrons:

$$\psi(x) = \log S(x).$$

Faisons un changement de paramètre en posant :

$$\beta = - c_1(\theta)$$

et introduisons la <u>fonction de partition</u>

(4.11) $$Z(\beta) = \int_c^{+\infty} e^{-\beta x} S(x)dx$$

qui n'est pas autre chose que la <u>transformée de LAPLACE</u> de la fonction de structure ; nous supposons $S(x)$ telle que cette fonction existe pour tout $\beta > 0$; on sait qu'elle est alors analytique en β ; ses dérivées

(4.12) $$Z'(\beta) = - \int_0^{+\infty} x\ e^{-\beta x} S(x)dx \quad < \quad 0$$

(4.13) $$Z''(\beta) = \int_0^{+\infty} x^2 e^{-\beta x} S(x)dx \ > \ 0$$

existent et sont continues pour $\beta > 0$.

Ceci étant pour que la densité de probabilité (4.10) satisfasse la condition (4.5) il faut et il suffit que

$$e^{-c_0(\theta)} = \int_0^{+\infty} e^{c_1(\theta)x} S(x)dx$$

ou avec le nouveau paramètre β :

$$e^{-c_0(\theta)} = Z(\beta) .$$

En conclusion la densité de probabilité (4.10) de la variable aléatoire $X = E(\omega)$ doit avoir la forme :

$$(4.14) \qquad p(x,\beta) = \frac{e^{-\beta x}}{Z(\beta)} S(x) \qquad x \geqslant 0$$

$$= 0 \qquad x < 0$$

ce qui donne pour la densité de probabilité r :

$$(4.15) \qquad r(x,\beta) = \frac{e^{-\beta x}}{Z(\beta)} \qquad x \geqslant 0$$

c'est-à-dire précisément la distribution canonique.

La distribution canonique de GIBBS apparaît ainsi comme la seule loi de probabilité ne dépendant que d'un seul paramètre et admettant pour l'énergie la statistique exhaustive suffisante :

$$(4.16) \qquad \Theta = \frac{1}{N} (E_1 + \ldots + E_N)$$

D'après B. MANDELBROT [22] p. 1021, cette propriété aurait été démontrée pour la première fois par Léo SZILARD, en 1925, dans un mémoire où il aurait, sans employer le terme, découvert, à la même époque que Sir Ronald FISHER, la notion de statistique exhaustive.

Est-il besoin de souligner l'importance de cette interprétation qui replace la théorie de GIBBS dans le cadre de la Statistique mathématique moderne.

Notons, en terminant, deux résultats se déduisant immédiatement du simple rapprochement de (4.6) et (4.7) avec (4.12) et (4.13) :

$$(4.17) \qquad \overline{E} = -\frac{d}{d\beta} \log Z(\beta) > 0$$

$$(4.18) \qquad \overline{(E-\overline{E})^2} = \frac{d^2}{d\beta^2} \log Z(\beta) > 0$$

ces formules nous serviront au § VI.

V - LA THÉORIE DE L'INFORMATION.

Nous avons vu au § III que dès 1925, Sir Ronald FISHER avait proposé une mesure de la quantité d'information contenue dans une observation faite en vue d'estimer le paramétre d'une famille de lois de probabilité. En 1948 Claude SHANNON [25] et de Norbert WIENER [30], se plaçant dans un cadre beaucoup plus général, ont construit une nouvelle théorie, basée sur des idées tout à fait différentes de celles de FISHER ; cette théorie à pris rapidement un développement considérable, conduisant à des applications de grande importance dans l'etude de la transmission de l'information (codage), de la linguistique, de l'automation... Récemment E.T. JAYNES [13] a montré que le principe du maximum de l'information pourrait jouer un rôle unifiant et simplifiant en Mécanique Statistique; de même que les équations de LAGRANGE permettent d'écrire automatiquement les équations du mouvement d'un système mécanique soumis à des liaisons holonomes données, ainsi ce principe du maximum conduit automatiquement à la loi de probabilité correspondant à l'équilibre statistique sous des contraintes statistiques données.

On considère des systèmes (beaucoup plus généraux que les systèmes matériels de la Mécanique) susceptibles de prendre divers <u>états</u> ω ; l'ensemble de ces états définit l'<u>espace des phases</u> Ω ; dans une <u>expérience</u> on observera la réalisation d'un ω bien déterminé ; une suite d'états consécutifs (obtenue par l'évolution du système selon ses lois propres), définit une <u>orbite</u> dans Ω

Les exemples suivants illustrent les diverses possibilités :

1 - le système est une machine à écrire ; elle peut prendre 88 états (lettres majuscules et minuscules + signes divers) ; l'espace des phases Ω comprend donc 88 points ; une orbite constitue un message, la séquence des points étant déterminée par la structure du langage employé.

2 - le système est la roue d'une loterie ; l'aiguille tourne devant une circonférence (cadran) ; les états ω sont les points de la circonférence où s'arrête l'aiguille, l'espace Ω est alors un intervalle continu $[0, 2\pi]$; une orbite est constituée d'une suite arbitraire de points.

3 -le système est une corde vibrante, considérée avec l'approximation de d'ALEMBERT-EULER ; un état ω de la corde est défini par le déplacement transversal $u(x)$ et la vitesse transversale $v(x)$; Ω est alors l'ensemble des couples de fonctions $[u(x), v(x)]$ continues dans $[0, 1]$ et s'annulent aux extrémités de la corde $x = 0$ et $x = 1$; une orbite est définie dans Ω par la suite de fonctions de x, dépendant du temps t $[u(x,t), v(x,t)]$, intégrales des équations:

$$\frac{\partial}{\partial t} u(x,t) = v(x,t) \qquad \frac{\partial}{\partial t} v(x,t) = \frac{\partial^2}{\partial x^2} u(x,t) .$$

Supposons que l'on connaisse a priori la probabilité que les différents états ω ont de se manifester dans une observation du système ; cela signifie que l'espace des phases est un espace de probabilité $(\Omega, \mathfrak{F}, P)$, où $\mathfrak{F}$ est une σ-algèbre de parties de Ω et P une fonction d'ensemble σ-additive, définie sur $\mathfrak{F}$, telle que

$$0 \leq P(A) \leq 1 \qquad A \in \mathfrak{F}$$

$$P(\Omega) = 1$$

Pouvons-nous mesurer l'incertitude que nous éprouvons à priori avant d'avoir effectué aucune observation sur $(\Omega, \mathfrak{F}, P)$? Pouvons-nous mesurer l'information que nous tirerons a posteriori de l'observation d'un état $\omega \in (\Omega, \mathfrak{F}, P)$?

Nous admettrons que ces deux mesures doivent être égales l'information apportée par une observation étant identique à l'incertitude avant toute observation.

Les considérations heuristiques suivantes rendront plus naturelles les expressions mathématiques introduites plus loin : supposons que, dans une observation, nous sachions seulement que l'état ω réalisé se trouve dans une partie A de Ω ; il semble naturel d'admettre que la quantité d' information ainsi fournie dépend seulement de la mesure $P(A)$ et soit indépendante de toute autre propriété de A, par exemple de sa position si Ω est un espace métrique : soit $F[P(A)]$ la valeur de cette quantité d'information.

Supposons maintenant que l'on fasse deux observations indépendantes de l'état réalisé ω, (par exemple dans une expérience de physique on emploie deux méthodes de mesure différentes) ; la première observation nous apprendra que $\omega \in A$ et la seconde que $\omega \in B$; nous en déduisons évidemment $\omega \in A \cap B$; il paraît logique d'admettre que l'information obtenue par ces deux observations indépendantes est la somme des informations fournies par chacune d'elles :

$$F[P(A \cap B)] = F[P(A)] + F[P(B)]$$

où, à cause de l'indépendance des observations :

$$(5.1) \qquad F\left[P(A).P(B)\right] = F\left[P(A)\right] + F\left[P(B)\right] .$$

Si donc nous admettons que la <u>fonction F est continue</u> sur l'intervalle $\left[0, 1\right]$, cette condition détermine (à une constante multiplicative près) la fonction F :

$$(5.2) \qquad F\left[P(A)\right] = - \log P(A)$$

Notons, en passant, ces résultats conformes à notre intuition :

1 - si l'on sait seulement que $\omega \in \Omega$ (condition toujours réalisée par définition), notre information est nulle

$$F\left[P(\Omega)\right] = 0$$

2 - si nous considérons une suite décroissante (au sens strict)

$$A_1 \supset A_2 \supset \ldots \supset A_n$$

de parties de Ω , la suite des informations correspondantes va en croissant :

$$F\left[P(A_1)\right] < F\left[P(A_2)\right] < \ldots < F\left[P(A_n)\right] ;$$

l'information augmente avec la <u>précision</u> de l'observation.

Quand on passe de A_j à A_{j+1} le <u>gain d'information</u> est égal à

$$\log \frac{P(A_j)}{P(A_{j+1})} > 0$$

Ceci étant considérons une partition finie de Ω , c'est-à-dire un nombre fini de parties $A_1, \ldots A_n$ de Ω deux à deux disjointes :

$$\bigcup_1^n A_j = \Omega \qquad A_j \cap A_k = \emptyset \quad j \neq k .$$

Evaluons maintenant la quantité d'information que nous recevrons <u>en moyenne</u>, lorsque nos observations nous permettent seulement de savoir que l'état ω se trouve dans l'une des parties A_j, mais que nous sommes incapables de distinguer l'un de l'autre deux états ω' et ω'' qui appartiennent au même A_j ; l'information fournie par l'observation $\omega \in A_j$ étant $-\log P(A_j)$ et la probabilité que $\omega \in A_j$ étant d'autre part $P(A_j)$, <u>la quantité moyenne de l'information</u> , <u>espérance mathématique</u> fournie par une observation a pour valeur :

$$H = - \sum_j P(A_j) \log P(A_j) \tag{5.3}$$

c'est cette formule qui est la base de la théorie de l'information.

Remarquons que la partition $[A_1, \dots A_n]$ étant quelconque, les probabilités sont seulement soumises aux conditions :

$$P(A_j) \geqslant 0 \qquad \sum_j P(A_j) = 1 . \tag{5.4}$$

Si l'une des probabilités est nulle la formule conserve son sens, en posant :

$$x \log x = 0 \qquad \text{pour} \quad x = 0$$

Nous ferons, à plusieurs reprises, usage de l'inégalité élémentaire :

$$\begin{aligned} &\log x < x - 1 && x \neq 1 \\ &\log x = x - 1 && \text{si et seulement si } x = 1 . \end{aligned} \tag{5.5}$$

Cette inégalité permet de démontrer immédiatement l'inégalité :

$$H \leqslant \log n \tag{5.6}$$

le maximum étant atteint si et seulement si :

$$P(A_j) = \frac{1}{n} \qquad j = 1, 2 \ldots n$$

Considérons une partition plus fine que la partition donnée $[A_1, \ldots A_n]$ c'est-á-dire supposons que chaque partie A_j soit elle même partitionnée en un nombre fini (variable avec j) de parties :

$$\bigcup_k B_{j,k} = A_j \qquad B_{j,k} \cap B_{j,l} = \emptyset \quad k \neq l ;$$

la fonction x log x étant convexe dans l'intervalle $[0, 1]$ l'inégalité classique de convexité montre que la quantité moyenne d'information fournie par la partition fine :

$$H_1 = - \sum_{j,k} P(B_{j,k}) \log P(B_{j,k})$$

satisfait à :

(5.7) $$H_1 \geqslant H .$$

Plus la partition est fine plus l'information que l'on en tire est grande.

D'autre part, si au lieu de l'observation d'un seul état ω, nous réalisons une suite de N épreuves indépendantes, nous fournissant les états $\omega_1, \ldots \omega_N$, en opérant sur l'espace produit

$$\Omega^N = \Omega \times \ldots \times \Omega$$

avec la mesure produit

$$P^N = P \times \ldots \times P$$

nous obtenons par les mêmes raisonnements qui nous ont conduits à (5.3)

$$(5.8) \qquad H_N = - N \sum_j P(A_j) \log P(A_j) = NH$$

ce qui vérifie, encore une fois, une des propriétés intuitives que nous attachons à la notion d'information.

Ces propriétés élémentaires étant rappelées considérons le cas où l'espace des phases est un ensemble fini

$$\Omega = \{\omega_1, \dots \omega_n\} \quad ;$$

La loi de probabilité est alors définie par n nombres $p_j = \text{Prob}\left[\omega = \omega_j\right]$:

$$(5.9) \qquad p_j \geqslant 0 \qquad \sum_j p_j = 1$$

La partition la plus fine de Ω est celle où chaque partie se réduit à un point $A_j = \{\omega_j\}$; la formule (5.7) nous donne alors comme quantité moyenne d'information susceptible d'etre fournie par une observation du système :

$$(5.10) \qquad H = - \sum_j p_j \log p_j$$

C'est la formule qui sert de point de départ à la Théorie de SHANNON [25] p. 19.

On peut démontrer que cette expression est la seule (démonstration de SHANNON, mise au point et complétée par KHINCHIN) qui satisfasse aux propriétés suivantes. Nous voulons définir pour chaque système fini l'information par une fonction ne dépendant que des probabilités ; soit $f_1(1)$, $f_2(p_1, p_2), \dots f_n(p_1, \dots p_n), \dots$ la suite de fonctions ainsi obtenues devant satisfaire aux axiomes suivants :

$A_1)$ $f_n(p_1, \dots p_n)$ est une fonction non négative définie et continue dans le domaine : $\quad p_j \geqslant 0 \quad \sum_j p_j = 1$

$A_2)$ $f_n(p_1, \dots p_n)$ est une fonction symétrique de ses n arguments

$A_3)$ $f_{n+k}(p_1, \dots p_n, \underbrace{0, \dots 0}_{k}) = f_n(p_1, \dots p_n)$

$A_4)$ $f_n(p_1, \dots p_n) \leqslant f_n(\frac{1}{n}, \dots \frac{1}{n})$

$A_5)$ Soit $p_j = \sum_k r_{j,k}$ $\qquad r_{j,k} \geqslant 0$

$$f_{mn}(r_{1,1}, \dots r_{1,m}, r_{2,1}, \dots r_{2,m}, \dots r_{n,1}, \dots r_{n,m})$$

$$= f_n(p_1, \dots p_n) + \sum_j p_j \, f_m\left(\frac{r_{j,1}}{p_j}, \dots \frac{r_{j,m}}{p_j}\right)$$

Alors, à une constante multiplicative près (qui revient à fixer la base du logarithme) on a :

$$f_n(p_1, \dots p_n) = -\sum_j p_j \log p_j$$

Ce théorème d'unicité doit sa grande importance au fait que les axiomes A_i et spécialement A_5 sont précisément ceux que l'on doit imposer à l'entropie en Thermodynamique, lorsque l'on considère un système donné comme fractionné en systèmes partiels.

Dans ce qui précède, nous sommes partis d'une loi de probabilité donnée P pour en déduire la quantité moyenne d'information H que l'on peut déduire d'une observation de l'état ω du système considéré ; nous avons admis que H représente aussi la mesure de notre incertitude avant toute observation . Nous nous proposons de retourner en quelque sorte la situation : supposons qu'on nous fournisse a priori, avant toute observation, certaines informations sur le système : peut-on déterminer la loi de probabilité $P(A)$, compatible avec les informations données, qui corresponde au maximum de notre incertitude H ?... Bien entendu, si cette loi existe, c'est avec elle que nous obtiendrons également le maximum d'information, quand nous ferons a posteriori une observation de ω .

Ce principe du maximum d'incertitude (appelé plus volontiers dans la littérature maximum d'information) est, à notre avis , le coeur même de la théorie ; nous pensons que quand il aura été pleinement assimilé il fera apparaître la notion d'information comme plus primitive que celle de probabilité : au lieu de déduire, comme on le fait, la mesure de l'information de la Théore des probabilités, nous sommes convaincus que l'axiomatique de la Théorie de l'information soigneusement mise au point servira de base à l'introduction des probabilités.

Nous ne considérons actuellement que des systèmes prenant un nombre fini d'états. Supposons que la seule information fournie a priori soit le nombre n de ces états ; depuis LAPLACE on admet que n'ayant aucune raison d'attribuer à un état une probabilité différente de celle d'un autre état, on doit prendre :

$$p_j = \frac{1}{n} \qquad j = 1, 2 \dots n$$

Or nous savons, d'aprés (5.6), que parmi tous les choix possibles pour les p_j c'est précisément ce choix qui correspond au maximum de l'incertitude a priori ou de l'information a posteriori :

$$H = \log n \ .$$

Nous allons étendre cette méthode, à des cas plus généraux, en cherchant à déterminer les p_j de manière à maximiser H en tenant compte des contraintes imposées par des informations supplémentaires données a priori sur le système. En général ces données supplémentaires se présentent de la manière suivante ; on considère une variable aléatoire $U(\omega)$ prenant sur Ω les valeurs $U(\omega_1), \dots U(\omega_n)$ et l'on nous donne sa valeur moyenne :

(5.11)
$$\sum_j p_j \, U(\omega_j) = \overline{U}$$

On la suppose, bien entendu non dégénérée, c'est-à-dire qu'il existe au moins un j tel que $U(\omega_j) \neq \overline{U}$.

Si $n = 2$ les conditions (5.9) et (5.11) déterminent la loi de probabilité ; mais si $n > 2$ il y a une infinité de lois de probabilité possibles ; nous choisirons celle qui rend H maximum.

Introduisons la fonction de partition

(5.12)
$$Z(\beta) = \sum_j e^{-\beta U(\omega_j)}$$

qui est définie pour tout β réel ; elle est strictement positive.

On a :

$$Z'(\beta) = -\sum_j U(\omega_j) e^{-\beta U(\omega_j)}$$

$$Z''(\beta) = \sum_j U(\omega_j)^2 \, e^{-\beta U(\omega_j)}$$

L'inégalité de SCHWARZ montre que :

$$Z'^2 \leqslant Z \, Z''$$

d'où

$$\frac{d^2}{d\beta^2} \log Z(\beta) = \frac{Z''}{Z} - \left(\frac{Z'}{Z}\right)^2 \geqslant 0$$

La fonction $\log Z(\beta)$ est donc convexe ; il en est de même de la fonction $\log Y(\beta)$ oú :

$$Y(\beta) = e^{\beta\overline{U}} Z(\beta) = \sum_j e^{\beta[\overline{U} - U(\omega_j)]} .$$

comme il y a au moins un j' pour lequel $\overline{U} - U(\omega_{j'}) > 0$ et un j'' pour lequel $\overline{U} - U(\omega_{j''}) < 0$; il en résulte que

$$Y(+\infty) = Y(-\infty) = +\infty$$

et de même

$$\log Y(+\infty) = \log Y(-\infty) = +\infty$$

Il résulte de la convexité et de cette remarque qu'il existe une et une seule valeur $\hat{\beta}$ de β telle que :

$$\frac{d}{d\beta} \log Y(\beta) = 0$$

c'est-à-dire telle que :

$$\frac{d}{d\beta} \log Z(\beta) = -\overline{U} \tag{5.13}$$

(quelle que soit la valeur numérique donnée $\overline{U}$).

Ceci étant cherchons le maximum de H, en tenant compte des contraintes (5.9) et (5.11) par la méthode des multiplicateurs:

$$H - \alpha - \beta\overline{U} = \sum_j p_j \left[\log \frac{1}{p_j} - \alpha - \beta U(\omega_j) \right]$$

$$= \sum_j p_j \log \frac{e^{-\alpha - \beta U(\omega_j)}}{p_j}$$

En nous appuyant sur l'inégalité (5.5), nous obtenons :

$$H - \alpha - \beta \overline{U} \leqslant \sum_j (e^{-\alpha - \beta U(\omega_j)} - p_j) = e^{-\alpha} Z(\beta) - 1$$

Si nous prenons ; $\alpha = \log Z(\beta)$ nous avons :

$$H \leqslant \log Z(\beta) + \beta \overline{U}$$

et d'après l'inégalité (5.5) l'égalité ne peut être atteinte que si et seulement si

$$p_j = \frac{e^{-\beta U(\omega_j)}}{Z(\beta)} \qquad \text{pour } j = 1, 2, \ldots n$$

Le paramètre β est déterminé par la condition que (5.11) soit vérifiée avec cette loi de probabilité :

$$\frac{1}{Z(\beta)} \sum_j U(\omega_j) \, e^{-\beta U(\omega_j)} = - \frac{Z'(\beta)}{Z(\beta)} = \overline{U} ,$$

c'est-à-dire que β doit être égal à la racine unique $\hat{\beta}$ de l'équation (5.13) ; d'où la conclusion :

<u>lorsque la valeur moyenne</u> $\overline{U}$ <u>est donnée le maximum de l'incertitude a priori est donné par</u>

(5.14) $$H_{MAX} = \log Z(\hat{\beta}) + \hat{\beta} \, \overline{U}$$

<u>où</u> $\hat{\beta}$ <u>est la racine unique de</u> (5.13) ; <u>ce maximum est atteint si et seulement si la loi de probabilité est définie par</u> :

$$p_j = \frac{e^{-\hat{\beta} U(\omega_j)}}{Z(\hat{\beta})} \qquad \text{pour tout } j .$$

Ce principe s'étend au cas où l'on connaîtrait les valeurs moyennes $\overline{U}_1, \ldots \overline{U}_r$ de r variables aléatoires non dégénérées et linéairement indépendantes $r \leqslant n - 2$. En désignant par :

$$Z(\beta_1, \ldots \beta_r) = \sum_j e^{-\beta_1 U_1(\omega_j) - \ldots - \beta_r U_r(\omega_j)}$$

<u>la fonction de partition</u>, on a :

$$H_{MAX} = \log Z(\hat{\beta}_1, \ldots \hat{\beta}_r) + \hat{\beta}_1 \overline{U}_1 + \ldots + \hat{\beta}_r \overline{U}_r \tag{5.16}$$

où $\hat{\beta}_1, \ldots \hat{\beta}_r$ sont les racines uniques des r équations :

$$\frac{\partial}{\partial \beta_i} \log Z(\beta_1, \ldots, \beta_r) = - \overline{U}_i \tag{5.17}$$

le maximum étant atteint si et seulement si :

$$p_j = \frac{e^{-\hat{\beta}_1 U_1(\omega_j) - \ldots - \hat{\beta}_r U_r(\omega_j)}}{Z(\hat{\beta}_1, \ldots \hat{\beta}_r)} \quad \text{pour tout } j \tag{5.18}$$

Bien entendu si $r = n - 1$, les p_j sont complètement déterminés par la solution de n équations linéaires compatibles ; si l'on désigne par $H^{(1)}_{MAX}$, $H^{(2)}_{MAX}$, ... le maximum correspondant aux cas $r = 1, 2, 3 \ldots n - 2$, on obtient la chaîne d'inégalités :

$$H^{(n-1)} \leqslant H^{(n-2)}_{MAX} \leqslant \ldots \leqslant H^{(2)}_{MAX} \leqslant H^{(1)}_{MAX} \leqslant \log n$$

<u>Comme nous pouvions nous y attendre intuitivement l'information a priori contenue dans la donnée de la valeur moyenne</u> $\overline{U}_r$, <u>diminue l'incertitude maxima que nous pouvions avoir quand nous connaissions seulement les valeurs moyennes</u> $\overline{U}_1, \ldots \overline{U}_{r-1}$.

Les résultats relatifs au cas où l'espace des phases Ω est fini, que nous venons de rappeler sommairement, ne sont pas suffisants pour les applications à la Mécanique Statistique où Ω est un <u>continu</u> à $2k$ dimensions.

Le premier cas qui se présente à l'esprit est celui où l'espace des phases Ω est la droite réelle R ; ne traitant que le cas, où il existe une densité de probabilité, N. WIENER [30] p. 76 se contente d'écrire :

"Thus a reasonable measure of the amount of information associated with the curve $f_1(x)$ is

$$\int_{-\infty}^{+\infty} f_1(x) \log f_1(x) dx.$$

The quantity we here define as amount of information is the negative of the quantity usually defined as entropy in similar situation. The definition here given is not the one given by R. A. FISHER for statistical problems, although it is a statistical definition and can be used to replace FISHER's definition in the technique of statistics". L'allusion à la possibilité de remplacer la définition de FISHER rappelée au § III n'est pas le seul mystère qui se cache pour nous dans ces lignes. En effet appliquons la définition de WIENER à une loi de probabilité uniforme sur un intervalle $[a, b]$:

$$f_1(x) = 0 \qquad x < a \qquad x > b$$

$$f_1(x) = \frac{1}{b-a} \qquad a \leqslant x \leqslant b$$

Nous obtenons pour la quantité d'information fournie par l'observation d'un état du systéme:

$$\log (b-a)$$

c'est-à-dire que cette quantité d'information est positive, nulle ou négative selon que b - a est supérieur, égal ou inférieur à 1 ! .... De même Claude SHANNON "généralise" le cas fini

$$H = - \sum_J p_J \log p_J$$

par

$$(5.19) \qquad H = - \int_{-\infty}^{+\infty} p(x) \log p(x) dx$$

$p(x) \geqslant 0$ désignant la densité de probabilité .

Dans les deux cas Claude SHANNON appelle H l'"entropie" du système ; nous nous sommes soigneusement gardés de l'emploi de ce mot, jusqu'aux applications où l'on pourra constater que, pour certains systèmes matériels , H coincide effectivement avec l'entropie calculée par les Thermodynamiciens ; nous espérons ainsi éviter autant que possible les réactions en chaînes que produit l'apparition du mot "entropie" dans un texte ; sur beaucoup d'esprits il produit l'effet de la cape rouge du matador sur un taureau ; il a des résonances métaphysiques [H. GRAD [11] va jusqu'à lui trouver un parfum "théologique"].

Il est piquant de noter que la définition de C. SHANNON est manifestement inspirée de la fameuse fonction H de L. BOLTZMANN, définissant la "négentropie" du gaz de la théorie cinétique par :

$$H = \int_{R^3} f(u, v, w,) \log f(u, v, w) \, du \, dv \, dw$$

où f(u, v, w) est la densité de probabilité de la vitesse (u, v, w) d'une molécule. - En vous parlant, je vois briller devant moi, la nappe bleue du Lac de Côme ; si on y versait toute l'encre dépensée depuis 70 ans pour écrire sur la fonction H de BOLTZMANN, le lac se transformerait en une immense tâche noire ! -

Quels sont les rapports de la "quantité d'information" H de Claude SHANNON et de la "négentropie" H de BOLTZMANN ? Peut-être pour le moment, serait-il plus sage de répondre en citant ce qu'écrivait Henri POINCARÉ en 1912, à l'époque où les quanta faisaient l'objet des discussions du monde scientifique ; "M. SOMMERFELD a proposé une théorie qu'il veut rattacher à celle de M. PLANCK ; bien que le seul lien qu'il y ait entre elles, c'est que la lettre h figure dans les deux formules" (oeuvres d'Henri POINCARÉ t IX, p. 667).

Le paradoxe signalé plus haut, à l'occasion de la loi de probabilité uniforme sur un intervalle $[a, b]$ est dû essentiellement au fait que la quantité d'information dans le cas continu n'est pas la limite de la quantité d'information pour des partitions de plus en plus fines définie par (5.3), chaque A_j tendant vers un point ; en effet, dans l'exemple considéré, si on divise $[a, b]$ en n intervalles égaux, on aura $P(A_j) = \frac{1}{n}$, d'où $H = \log n$ et l'on trouve comme limite, non pas $\log (b-a)$ mais $+\infty$.

Pour lever ces difficultés fondamentales, il faut remonter jusqu'aux considérations heuristiques qui nous ont servi d'introduction ; au lieu de parler de l'information déduite d'une mesure de probabilité isolée, il faut comparer les informations à l'intérieur d'une classe de mesures.

Considérant l'espace de mesure $(\Omega, \mathfrak{F})$ nous choisirons une mesure de référence τ, qui n'est pas nécessairement une mesure de probabilité : elle est seulement assujettie à être σ-finie (10) ; cette généralisation est absolument nécessaire parce que lorsque $\Omega = R$ la mesure de comparaison naturelle est la mesure de LEBESGUE ; on a alors $m(R) = +\infty$.

Ceci étant, quand on remplace la mesure de référence τ par une mesure de probabilité P la variation de la quantité d'information contenue dans l'observation que $\omega \in A$ a, d'après (5.2), la valeur :

$$- \log P(A) + \log \tau(A) = - \log \frac{P(A)}{\tau(A)}$$

Si l'on considère une partition finie $[A_1, \ldots A_n]$ de Ω, la <u>valeur moyenne</u> (espérance mathématique) calculée dans l'hypothèse où P est la <u>vraie</u> mesure, de cette variation d'information a pour valeur :

$$(5.20) \qquad I_n(P \mid \tau) = - \sum_j P(A_j) \log \frac{P(A_j)}{\tau(A_j)}$$

L'inégalité (5.5) permet d'écrire :

$$I_n(P \mid \tau) \leqslant \sum_j [\tau(A_j) - P(A_j)]$$

d'où

$$I_n(P \mid \tau) \leqslant \tau(\Omega) - 1$$

en particulier, dans le cas où $\tau(\Omega) = +\infty$, on en déduit seulement:

$$I_n(P \mid \tau) < +\infty$$

---

(10) c'est-à-dire que Ω est décomposable par une partition dénombrable;

telle que $\qquad U_1^{+\infty} \Lambda_j = \Omega \qquad \Lambda_j \cap \Lambda_k = \emptyset \quad j \neq k$

$\tau(\Lambda_j)$ soit finie par tout j ..

Lorsque la mesure P est singulière par rapport à la mesure τ

$$P \perp \tau$$

leur comparaison n'a plus de sens ; en effet il existe, par définition une partition de Ω en deux ensembles complémentaires A et A' tels que :

$$P(A) = 1 \qquad \tau(A) = 0$$

$$P(A') = 0 \qquad \tau(A') = \tau(\Omega) \;;$$

par conséquent, pour cette partition :

$$I_2(P|\tau) = -\infty + 0 \times \log \tau(\Omega) \;;$$

si $\tau(\Omega)$ est finie $I_2 = -\infty$; si $\tau(\Omega) = +\infty$, I_2 est indéterminée.

Au contraire si P est absolument continue par rapport à τ

$$P \ll \tau$$

il ne se présente plus aucune difficulté ; en effet pour un ensemble A la condition $\tau(A) = 0$ implique $P(A) = 0$; par conséquent le terme correspondant

$$-P(A) \log \frac{P(A)}{\tau(A)} = -P(A) \log P(A) + P(A) \log \tau(A)$$

a une valeur bien déterminée égale à 0 .

Si l'espace des phases Ω est infini on peut former une suite infinie de partitions de plus en plus fines, alors sous certaines conditions sur la manière dont $\tau(A_j) \to 0$ quand A_j tend vers un point ω on a :

$$\lim_{n \to +\infty} I_n(P|\tau) = I(P|\tau) = -\int_\Omega \psi(\omega) \log \psi(\omega) \, d\tau \tag{5.21}$$

où $\psi(\omega)$ désigne la dérivée de RADON-NIKODYM de P par rapport à τ (définie à un ensemble de τ-mesure nulle près, (11)).

On comprend alors pourquoi (5.19) n'est pas la limite de (5.10); on ne peut comparer que des mesures absolument continues l'une par rapport à l'autre. Par rapport à R une mesure de probabilité sur un ensemble fini peut toujours être considérée comme constituée par un nombre fini de masses $p_1, \dots p_n$, placées en des point $[x_1, \dots x_n]$; toute mesure de probabilité P admettant une densité de probabilité p(x) est singulière par rapport à cette distribution de masses. Les deux cas sont irréductibles l'un à l'autre.

Si l'on écrit (5.10) sous la forme

$$H = -\sum_j p_j \log \frac{p_j}{1}$$

on voit qu'elle représente la variation d'information quand on passe de la mesure τ, uniforme sur l'ensemble fini $\{\omega_1, \dots \omega_n\}$ (tous les points ont la même masse) à la mesure définie par les masses p_j; notons que $\tau(\Omega) = n$, on pourrait prendre comme mesure de comparaison $\frac{1}{n}\tau$, qui est une mesure de probabilité. Mais ce choix est impossible dés que l'on généralise le cas de l'ensemble fini, même par exemple pour un ensemble ayant une infinité dénombrable de points :

$$\Omega = \{\omega_1, \dots \omega_n, \dots\}$$

La mesure uniforme τ donnant à chaque point la même mesure 1 est telle que

---

(11) L'ouvrage de KULLBACK [19] est le premier, à notre connaissance, qui ait systèmatiquement adopté ce point de vue ; nous y renvoyons pour un exposé détaillé des demonstrations.

$$\tau(\Omega) = +\infty \ ;$$

la formule :

$$H = -\sum_{j=1}^{j=+\infty} p_j \log \frac{p_j}{1}$$

représente encore ici la variation d'information quand on passe de τ à P ; la série ne converge pas nécessairement d'ailleurs, bien que

$$p_j \geqslant 0 \qquad \sum_{j=1}^{j=+\infty} p_j = 1$$

de telle sorte que l'on peut avoir $H = +\infty$.

Dans le cas où $\Omega = R$, la mesure uniforme qui s'impose d'elle-même est la mesure de LEBESGUE m ; on ne peut donc lui comparer que des mesures absolument continues par rapport à elle :

$$p \ll m$$

La dérivée de RADON-NIKODYM de P par rapport à m est simplemente la densité de probabilité :

$$p(x) \geqslant 0 \qquad \int_{-\infty}^{+\infty} p(x)\, dx = 1 \, .$$

On voit donc que la formule de WIENER-SHANNON

$$H = -\int_{-\infty}^{+\infty} p(x) \log p(x)\, dx$$

représente, non pas, une quantité d'information, mais la variation d'information quand on passe de la mesure de LEBESGUE à la mesure de probabilité P ; le fait que cette intégrale peut prendre toutes les valeurs de $-\infty$ à $+\infty$, qui était absurde quand on la considérait comme une quantité d'information, n'a donc plus rien de choquant.

VI - LE PRINCIPE DU MAXIMUM DE L'ENTROPIE EN MECANIQUE STATISTIQUE.

Reprenons les définitions et les notations du § IV ; nous considérons un système matériel en équilibre statistique ; la loi de probabilité, définie sur une σ-algèbre de parties de Ω est absolument continue par rapport à la mesure de LEBESGUE m dans R^{2k} ; nous supposons que la densité de probabilité (dérivée de RADON-NIKODYM de P par rapport à m) ne dépend que du seul invariant $E(\omega)$ (énergie totale du système conservatif.) .

Nous appellerons entropie du système matériel la variation de la quantité d'information quand on passe de la mesure de LEBESGUE m à la mesure de probabilité P :

$$H = I(P|m) = -\int_{\Omega} r[E(\omega)] \log r[E(\omega)] \, d\omega \tag{6.1}$$

d'où, en appliquant à cette intégrale, la formule du changement de variable $E(\omega) = x$ on tire de (4.3) cette expression de l'entropie :

$$H = -\int_{0}^{+\infty} [r(x) \log r(x)] \, S(x)dx \tag{6.2}$$

où $S(x)$ est la fonction de structure du système définie par (4.2) .

En appliquant l'inégalité (5.5) à la fonction sous le signe intégral nous obtenons

$$H \leq \int_{0}^{+\infty} r(x)\left[\frac{1}{r(x)} - 1\right] S(x)dx.$$

d'où en tenant compte de (4.3) et (4.5) :

$$H \leqslant V(+\infty) - 1$$

KHINCHIN [18] fait implicitement l'hypothèse :

(6.3) $V(+\infty) = +\infty$;

dans ce cas on obtient seulement pour l'entropie

(6.4) $H \leqslant +\infty$;

il serait interessant de rechercher s'il n'existe pas des systèmes pour lesquels $V(+\infty)$ (volume de l'espace des phases Ω) est fini; pour ces système l'entropie serait bornée supérieurement.

Nous allons prouver la proposition suivante :

<u>La distribution canonique de GIBBS rend maximum l'entropie</u> H <u>lorsque l'on suppose donnée la valeur moyenne de l'énergie</u>

(4.6) $$\overline{E} = \int_0^{+\infty} x\, r(x)\, S(x)dx \; ;$$

<u>elle est la seule à posséder cette propriété.</u>

Pour tenir compte des conditions (4.5) et (4.6) imposées à $r(x)$ introduisons les multiplicateurs de LAGRANGE α et β :

$$H - \alpha - \beta\overline{E} = \int_0^{+\infty} r(x)\left[\log\frac{1}{r(x)} - \alpha - \beta x\right] S(x)dx$$

$$= \int_0^{+\infty} r(x)\log\frac{e^{-\alpha-\beta x}}{r(x)}\,.\,S(x)dx$$

En appliquant l'inégalité (5.5)

$$H - \alpha - \beta\overline{E} \leqslant \int_0^{+\infty}\left[e^{-\alpha-\beta x} - r(x)\right] S(x)dx \; .$$

le second membre a pour valeur :

$$e^{-\alpha} Z(\beta) - 1$$

en introduisant la fonction de partition $Z(\beta)$ définie par (4.11) ; si nous déterminons α par :

(6.5) $$\alpha = \log Z(\beta)$$

nous obtenons :

$$H \leqslant \log Z(\beta) + \beta \overline{E}$$

l'égalité étant satisfaite si et seulement si pour tout x :

(6.6) $$r(x) = \frac{e^{-\beta x}}{Z(\beta)}$$

Pour que la condition (4.6) soit satisfaite il faut et il suffit que :

(6.7) $$\int_0^{+\infty} x \frac{e^{-\beta x}}{Z(\beta)} S(x)dx = \overline{E}$$

Si nous faisons (comme KHINCHIN) l'hypothèse que la fonction de partition, transformée de LAPLACE de la fonction de structure existe pour tout $\beta > 0$, c'est alors une fonction analytique de β (pour $\beta > 0$) et ses dérivées.

$$Z'(\beta) = -\int_0^{+\infty} x\, e^{-\beta x} S(x)dx < 0$$

$$Z''(\beta) = \int_0^{+\infty} x^2 e^{-\beta x} S(x)dx > 0$$

existent et sont continues pour tout $\beta > 0$.

L'inégalité de SCHWARTZ nous donne :

$$Z'(\beta)^2 \leqslant Z(\beta) Z''(\beta) ,$$

par conséquent :

$$\frac{d^2}{d\beta^2} \log Z(\beta) = \frac{Z''}{Z} - \left(\frac{Z'}{Z}\right)^2 \geqslant 0$$

Donc $\log Z(\beta)$ est une fonction convexe de β dans $(0, +\infty)$.

Introduisons la fonctions:

$$Y(\beta) = e^{\beta \overline{E}} \; Z(\beta) \; ;$$

puisque

$$\frac{d^2}{d\beta^2} \log Y(\beta) = \frac{d^2}{d\beta^2} \log Z(\beta) > 0,$$

la fonction $\log Y(\beta)$ est également convexe ; d'autre part

(6.8) $$\log Y(0) = \log Y(+\infty) = +\infty$$

En effet $$Y(0) = Z(0) = \int_0^{+\infty} S(x)dx = V(+\infty) = +\infty$$

si l'on admet l'hypothèse de KHINCHIN (6.3).

En outre :

$$Y(\beta) > e^{\beta \overline{E}} \int_0^{\frac{\overline{E}}{2}} e^{-\beta x} \; S(x)dx$$

$$> e^{\frac{\beta}{2} \overline{E}} \int_0^{\overline{E}/2} S(x)dx = K \, e^{\frac{\beta}{2} \overline{E}}$$

d'où il résulte : $Y(+\infty) = +\infty$

Il résulte immédiatement des propriétés de $\log Y(\beta)$ qu'il existe une et une seule valeur $\hat{\beta}$ pour laquelle :

$$\frac{d}{d\beta} \log Y(\beta) = \overline{E} + \frac{d}{d\beta} \log Z(\beta) = 0$$

Par conséquent

$$H_{MAX} = \log Z(\hat{\beta}) + \hat{\beta}\overline{E}$$

ce maximum étant atteint si et seulement si

$$r(x) = \frac{e^{-\hat{\beta}x}}{Z(\hat{\beta})} .$$

$\hat{\beta}$ étant la racine de l'équation

$$\frac{d}{d\beta} \log Z(\beta) = - \overline{E}$$

qui existe toujours et est unique si $\overline{E} > 0$.

Nous retrouvons ainsi à nouveau la distribution canonique, par une méthode toute différente de celle du § IV basée sur la notion de statistique nécessaire et exhaustive . Il faut souligner que contrairement à la méthode de KHINCHIN, où la distribution canonique n'apparaît que comme une limite lorsque le nombre de degrés de liberté k augmente indéfiniment, les deux méthodes que nous avons décrites sont complétement indépendantes de k et la démontration s'applique aussi bien à $k = 1$ que à $k = 10^{20}$.

Exemple A : oscillateur linéaire .

Considérons un point matériel se mouvant sur un axe Ox, attiré vers l'origine par une force $- m\nu^2 x$. Posons :

$$q = x \qquad p = \frac{dx}{dt} \quad ;$$

l'espace de configuration Ω_c est l'axe Oq , l'espace des vitesses Ω_v l'axe Op , l'espace des phases Ω le plan Oqp , L'énergie a pour valeur :

$$E = \frac{m}{2}(p^2 + \nu^2 q^2) \quad ;$$

la "surface" $\sum_x$ est donc représentée par l'ellipse :

$$p^2 + \nu^2 q^2 = \frac{2x}{m} \quad ;$$

le "volume" $V(x)$ intérieur à l'ellipse est égal à

$$V(x) = \frac{2\pi x}{m\nu} \quad .$$

d'où la fonction de structure :

(6.9) $$S(x) = \frac{2\pi}{m\nu}$$

On en déduit immédiatement la fonction de partition .

(6.10) $$Z(\beta) = \frac{2\pi}{m\nu}\,\frac{1}{\beta}$$

L'énergie moyenne $\overline{E}$ étant donnée la densité de probabilité qui rend l'entropie maxima est définie par la distribution canonique

(6.11) $$r(E) = \frac{m\nu}{2\pi}\,\hat{\beta}\,e^{-\hat{\beta}E}$$

où $\hat{\beta}$ est la racine (unique) de l'equation

$$\frac{Z'(\beta)}{Z(\beta)} = -\frac{1}{\beta} = -\,\overline{E} \quad \text{c'est-à-dire}$$

(6.12) $$\hat{\beta} = \frac{1}{\overline{E}}$$

L'entropie maxima a pour valeur .

(6.13) $$H_{MAX} = 1 + \log \frac{2\pi}{m\nu}\,\overline{E}$$

Si l'on considère l'ensemble représentatif de GIBBS, c'est-a-dire un nombre N très grand d'oscillateurs linéaires, évoluant sans agir les uns sur les autres , l'ensemble étant en équilibre statistique avec la distribution (6.11), l'entropie telle que la définissent les Physiciens sera précisément :

$$S = NH_{MAX}$$

Exemple B.

L'exemple précédent est une illustration des idées de GIBBS ; il nous paraît intéressant d'en esquisser un autre, appartenant à ce type bâtard, où l'introduction d'un choc élastique, mélange les deux points de vue de GIBBS et de BOLTZMANN ; Considérons un point matériel pesant, mobile sur une verticale OZ , subissant un choc élastique chaque fois qu'il atteint le point $Z = 0$. Si nous désignons par W la vitesse du point sur OZ , l'énergie a pour valeur :

$$E = m(gZ+\frac{W^2}{2}) \tag{6.14}$$

Par hypothèse chaque fois que le point matériel atteint le point 0 , la vitesse $-W_1$ $(W_1 > 0)$ est instantanément remplacée par $+W_1$: l'énergie E reste donc invariante .

L'espace de configuration Ω_c est la verticale $OZ\,(0 \leqslant Z < +\infty)$; dans Ω_c la trajectoire est un intervalle $0 \leqslant Z \leqslant H$ parcouru d'un mouvement périodique ; l'espace des vitesses est l'axe $OW\,(-\infty < W < +\infty)$; l'espace des phases est le demi-plan OWZ , $Z \geqslant 0$. L'orbite se confond avec la "surface" Σ_x définie par :

$$m(gZ+\frac{W^2}{2}) = x \; ;$$

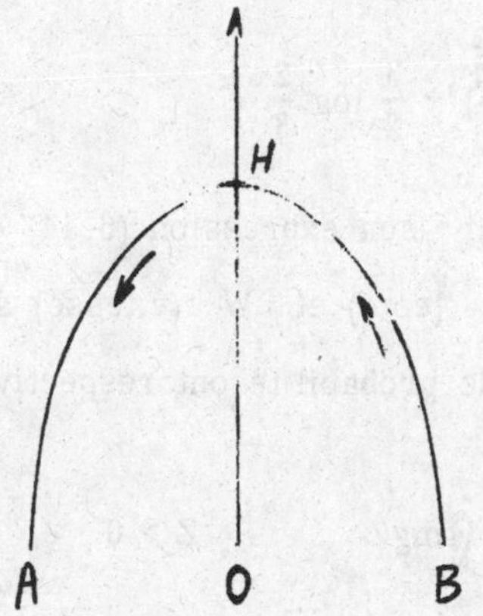

c'est un arc de parabole AHB où

$$\overline{OB} = + W_1 = + \sqrt{\frac{2x}{m}}$$

$$\overline{OA} = - W_1$$

L'orbite est discontinue, le point représentatif $T_t\omega$ passant brusquement de A en B à chaque choc.

On obtient facilement :

$$V(x) = \frac{2}{3g} \left(\frac{2x}{m}\right)^{3/2}$$

d'où la fonction de structure :

$$S(x) = \frac{2}{mg} \left(\frac{2x}{m}\right)^{1/2}$$

et la fonction de partition :

$$Z(\beta) = \frac{1}{mg} \sqrt{\frac{2\pi}{m}}\, \beta^{-3/2}$$

La valeur moyenne de l'énergie $\overline{E} > 0$ étant donnée, la densité de probabilité qui rend l'entropie maxima est la distribution canonique.

(6.15) $$r(E) = mg \sqrt{\frac{m}{2\pi}}\, \hat{\beta}^{3/2}\, e^{-\hat{\beta} E}$$

où $\hat{\beta}$ est la racine de l'équation :

$$\frac{Z'(\beta)}{Z(\beta)} = -\frac{3}{2}\,\frac{1}{\beta} = -\overline{E}, \qquad \hat{\beta} = \frac{3}{2\overline{E}}$$

on a :

$$H_{MAX} = \frac{3}{2} + \log\left(\frac{1}{mg}\sqrt{\frac{2\pi}{m}}\right) + \frac{3}{2}\log\frac{2}{3}\bar{E}$$

Si dans (6.15) on remplace E par son expression (6.14) on voit que les deux variables aléatoires Z (cote) et W (vitesse) sont des variables indépendantes ; leurs lois de probabilité ont respectivement pour densités :

(6.16) $$\rho(Z) = mg\,\hat{\beta}\, e^{-\hat{\beta} mgZ} \qquad Z > 0$$

et

(6.17) $$\varrho(W) = \sqrt{\frac{m}{2\pi}}\;\hat{\beta}\, e^{-\hat{\beta} m \frac{W^2}{2}} \quad ;$$

Z et W suivent donc respectivement la loi de LAPLACE et la loi normale .

Si nous considérons maintenant un ensemble représentatif d'un "très grand" nombre N de ces points matériels, le nombre des points compris dans la couche (Z, Z+dZ) sera :

$$N\rho(Z)dZ$$

ce qui est précisément la distribution de la masse spécifique dans une atmosphère en équilibre à température constante selon la loi barométrique de LAPLACE, la température absolue étant définie par :

$$T_0 = \frac{1}{mR\hat{\beta}}$$

Du fait que notre modèle, mélange hybride de GIBBS et de BOLTZMANN, nous conduit à la loi barométrique de LAPLACE aurons-nous la naïveté de croire qu'une atmosphère en équilibre est effectivement constituée par un nombre très grand de billes tombant en chute libre au dessus d'un plan élastique parfaitement poli ?...

Dans d'autres problèmes de la Physique théorique, dont l'écheveau est moins aisé à débrouiller que celui-ci, combien de fois la réussite d'un modèle n'est-elle pas prise pour une preuve que la Nature a l'extrême bonté de se conduire effectivement selon les règles de notre modèle ?...

C. GAZ de KNUDSEN.

On dit qu'un gaz est un gaz de Knudsen lorsqu'il est suffisamment raréfié pour que les molécules puissent être considérées comme indépendantes les unes des autres (voir H. GRAD [10] p. 242).

Il est aisé de montrer que, même si elles n'exercent l'une sur l'autre aucune force, des molécules ne peuvent pas être indépendantes les unes des autres (au sens du Calcul des Probabilités), si elles ne se réduisent pas à des points.

Soit en effet D le domaine de l'espace où se meuvent les molécules ; désignons par $S(P;\varepsilon)$ une sphère de centre P et de rayon ε. Supposons qu'il n'y ait que deux molécules de forme sphèrique et de rayon ε dans le réservoir D. La probabilité conditionnelle de la position de la molécule de centre P_2 quand on connait la position de la molécule de centre P_1 doit évidemment satisfaire aux conditions :

$$\text{Prob}\left[P_2 \in S(P_1, 2\varepsilon)\right] = 0$$

$$\text{Prob}\left[P_2 \in D - S(P_1, 2\varepsilon)\right] = 1 .$$

ce qui montre clairement que les deux points aléatoires P_1 et P_2 ne sont pas indépendants.

Pour nous le véritable gaz de KNUDSEN est donc constitué par un ensemble de n points matériels $P_1, \dots P_n$ contenus dans un domaine $\Delta \subset R^3$; l'espace de configuration est donc le domaine

$$\Omega_c = \Delta^n = \Delta \times \dots \times \Delta \subset R^{3n} \quad ;$$

si nous désignons par $V_1, \dots V_n$ les vitesses des points matériels l'espace des vitesses est :

$$\Omega_V = R^3 \times \dots \times R^3 = R^{3n}$$

d'où l'espace des phases

$$\Omega = \Delta^n \times R^{3n}$$

Aucune force extérieure n'agissant sur ces points leur énergie est purement cinétique ; elle a pour valeur :

$$E = \frac{m}{2} \sum (u_j^2 + v_j^2 + w_j^2) \tag{6.18}$$

si nous supposons que tous les points ont la même masse et si $(u_j\ v_j\ w_j)$ désignent les projections de la vitesse V_j. Nous admettrons que E est le seul invariant du système, ce qui exprime que les chocs des points avec la paroi du réservoir sont élastiques ; les points peuvent même avoir deux à deux des chocs élastiques (notons cependant que la probabilité de présence simultanée au même point de Δ , à <u>un instant</u> t <u>donné</u> de deux molécules P_j et P_k , est nulle).

Le volume de l'hypersphère :

$$\sum_{j=1}^{j=n} (u_j^2 + v_j^2 + w_j^2) \leqslant \frac{2x}{m}$$

étant
$$\frac{1}{\Gamma(\frac{3n}{2}+1)} \quad (\frac{2\pi x}{m})^{\frac{3n}{2}}$$

on obtient donc (V_Δ désignant le volume du domaine $\Delta \subset R^3$)

$$V(x) = V_\Delta^N \frac{1}{\Gamma(\frac{3n}{2}+1)} (\frac{2\pi}{m})^{\frac{3n}{2}} x^{\frac{3n}{2}}$$

d'où la fonction de structure du système matériel :

$$S(x) = V_\Delta^n \frac{1}{\Gamma(\frac{3n}{2})} (\frac{2\pi}{m})^{\frac{3n}{2}} x^{\frac{3n}{2}-1} ,$$

et par conséquent la fonction de partition a pour valeur :

(6.19) $$Z(\beta) = V_\Delta^n (\frac{2\pi}{m})^{\frac{3n}{2}} \beta^{-\frac{3n}{2}}$$

Supposons donnée la valeur moyenne $\overline{E}$ de l'énergie du système ; soit $\hat{\beta}$ la racine de l'équation :

$$\frac{Z'(\beta)}{Z(\beta)} = -\frac{3n}{2}\frac{1}{\beta} = -\overline{E} \qquad \hat{\beta} = \frac{3n}{2\overline{E}}$$

La loi de probabilité qui rend l'entropie maxima est donné par :

$$r(E) = \frac{e^{-\hat{\beta}E}}{Z(\hat{\beta})} \qquad \text{si } P_1 \in \Delta \ldots\ldots P_n \in \Delta$$

et $$r(E) = 0 \qquad \text{si au moins pour un j. } P_j \notin \Delta$$

En désignant par $I_\Delta(x, y, z)$ l'indicateur de Δ :

$$I_\Delta(x, y, z) = 1 \qquad (x, y, z) \in \Delta$$

$$= 0 \qquad (x, y, z) \notin \Delta$$

la densité de probabilité qui rend maxima l'entropie du système matériel en équilibre prend la forme :

(6.20) $$r = e^{-\frac{m\hat{\beta}}{2}\sum_j (u_j^2+v_j^2+w_j^2)} \prod_j I_\Delta(x_j, y_j, z_j)$$

Le principe du maximum de l'entropie nous a donc permis de prouver (puisque r se décompose en $4n$ produits) que

1 - la position de chaque molécule est indépendante de la position de toutes les autres molécules .

2 - la position de chaque molécule est indépendante de sa vitesse et de la vitesse de toutes les autres molécules

3 - la vitesse de chaque molécule est indépendante des vitesses de toutes les autres molécules

4 - pour une molécule les trois composantes u_j, v_j, w_j de la vitesse sont indépendantes et ont la même loi de probabilité (isotropie)

Notons que

5 $I_\Delta(x, y, z)$ ne se décomposant pas (sauf dans les cas où Δ est un parallélépipède parallèle aux axes) en un produit de 3 fonctions de x, de y et de z, les trois coordonnées d'une molécule ne sont pas, en général, indépendantes .

Le maximum de l'entropie a pour valeur :

(6.21) $$H_{MAX} = \frac{3n}{2}(1+\log\frac{2\pi}{m}) + n \log (V_\Delta \hat{\beta}^{-3/2})$$

Si nous admettons que notre système de n points matériels représente effectivement un gaz de KNUDSEN le température absolue de ce gaz sera définie par :

(6.22) $$\bar{\bar{E}} = \frac{3}{2} n k T$$

où k est la constante de BOLTZMANN

$$k = 1,380 \times 10^{-16} \text{ c.g.s.}$$

On en tire $\hat{\beta} = \frac{1}{kT}$

et l'expression de l'entropie prend la forme :

$$H_{MAX} = \frac{3n}{2}(1 + \log \frac{2\pi k}{m}) + n\log (V_\Delta T^{3/2})$$

c'est-à-dire précisément l'entropie calculée par les méthodes habituelles de la Thermodynamique.

Ne devrions-nous pas être presque surpris qu'un schéma aussi simplifié donne un résultat en parfait accord avec la Pysique expérimentale?... Nous nous contenterons de souligner que, pour nous, cet accord justifie l'usage du mot entropie en Mécanique Statistique, pour désigner la mesure H de l'incertitude ou de l'information telle qu'elle a été définie au § V pour les systèmes les plus généraux.

VII - CONCLUSION .

Si ces leçons ont pu attirer votre attention sur le profit que la Mécanique Statistique classique peut tirer des progrès du Calcul des Probabilités, elles n'auront pas manqué leur but ; l'exemple choisi ici est loin d'être unique ; pour n'en citer qu'un seul autre n'est-il pas curieux que des outils puissants comme la théorie des martingales n'apparaîssent jamais dans les exposés actuels de la Mécanique Statistique ? Dans plusieurs directions il y aurait sans doute à opérer une refonte des méthodes un peu archaiques , consacrées par un long usage. Une telle attitude n'est nullement motivée par un manque de respect pour les pionniers, qui ont eu le courage, avec leurs hâches en silex,de s'attaquer à des diplodocus ; bien au contraire , c'est en profitant de nos outils mathématiques modernes que nous les honorerons, en les dépassant,car, selon la pensée de PASCAL : "si nous sommes grands, c'est parce que nous sommes montés sur les épaules de nos ancêtres".

BIBLIOGRAPHIE

1. -B.P. ADHIKARI, D.D. JOSHI - Distance, discrimination et résumé exhaustif. Pub. Inst. Statistique Un. Paris - 5, 1956, p. 57-74.

2. -A. BLANC-LAPIERRE, P. CASAL, A. TORTRAT - Méthodes mathématiques de la Mécanique Statistique. Paris, 1959.

3. -L. BRILLOUIN - Science and information Theory. 2 nd ed. New York, 1962.

4. -E.B. DYNKIN - Necessary and sufficient Statistics for a family of probability distributions. Selected Transl. in Math. Statistics and Probability. I.M.S. - A.M.S. I - 1961, p. 23-40.

5. -Sir Ronald FISHER - Theory of Statistical estimation. Proc. Cambrige Philosophical Soc. 22 - 1925, p. 700-725.

6. -J.W. GIBBS (a) - Elementary Principles in Statistical Mechanics. New York, 1902.

(b) - Principes élémentaires de Mécanique Statistique. Paris - Hermann, 1926.

7. - H. GRAD - On Kinetic Theory of Rarefied Gases. Comm. Pure and Applied Math. 2; 1949, p. 331.

8. -H. GRAD - Statistical Mechanics of Dynamical Systems with Integrals other than Energy. Jour. Physical Chem. 56, 1963, p. 1939.

9. -H. GRAD - Statistical Mechanics, Thermodynamics and Fluid Dynamics of Systems with an arbitrary number of Integrals. Comm. Pure and Applied Math.- 5, 1952, p. 455.

10.- H. GRAD - Kinetic Theory of Gases. Handbuch der Physics XII, p. 205 Berlin 1958

11 - H. GRAD - The many faces of Entropy. Comm. Pure and Applied Math. 15, 1962, p. 325.

12 - R. JANCEL - Les fondements de la Mécanique Statistique Classique et Quantique. Paris, 1963.

13. E.T. JAYNES - Information Theory and Statistical Mechanics. Phys. Rev. 106, 1957, p. 620, 107, p. 171.

14.- D.D. JOSHI - L'information en Statistique Mathématique et dans la théorie des communications. Pub. Inst. Statistique Un. Paris, 8 - 1959, p. 83-161.

15. -J. KAMPE DE FERIET - Statistical Mechanics of continuous Média. Proc. Symp. Applied. Math. 13 - 1962, p. 165-198.

16. -J. KAMPÉ DE FÉRIET - Les intégrales aléatoires des équations aux dérivées partielles et la Mécanique Statistique des milieux continus. Atti 2 Reunione Math. expression latine Firenze - 1961 - p. 152-166.

17. - J. KAMPÉ DE FÉRIET - Information theory and Statistical Mechanics. Bangalore, 1963.

18. - A.I. KHINCHIN - Mathematical Foundations of Statistical Mechanics. New York, 1949.

19. - S. KULLBACK - Information Theory and Statistics. New York, 1959.

20. - R. KURTH - Axiomatics of Classical Statistical Mechanics. New York, 1960.

21. - B. MANDELBROT - An outline of a purely phenomenological Theory of Statistical Thermodynamics. I.R.E. Trans. Information Theory I.T. - 2, 1956, p. 190.

22. - B. MANDELBROT - The role of Sufficiency and of Estimation in Thermodynamics. Ann. Math. Statistics, 33, 1962, p. 1021.

23. - W. NOLL - Die Herleitung der Grundgleichungen der Thermomechanik der Kontinua aus der Statistichen Mechanik. J. Rat. Mechanics. Analyses - 4 - 1955 - p. 627-646.

24. - H. POINCARÉ - Les Méthodes Nouvelles de la Mécanique Céleste. I - Paris, Gauthier-Villars, 1892.

25. - Cl. SHANNON, W. WEAVER - The Mathematical Theory of Communication. Univ. Illinois Press, 1949.

26. - M. TRIBUS - The Maximum Entropy Estimate in Reliability. In : Récent Developments in Information and Decision Processes. New York, 1962.

27. - M. TRIBUS, R.B. EVANS - The Probability Foundations of Thermodynamics. Appl. Mech. Rev. 16, 1963, p. 765

28. - C. TRUESDELL - Ergodic Theory in Classical Statistical Mechanics. in : Ergodic Theories. Proceed. Int. School of Pysics, course 14, Varenna - New York, 1961.

29. - N. WIENER - The Homogeneous chaos. American Journ. of. Mathematics - 49 - 1938, p. 897-936.

30. - N. WIENER - Cybernetics. Paris, Hermann, 1948.

NOTE : (ajoutée à la correction des épreuves, 1 Mai 1965).

Le ProfesseurHarold Grad a bien voulu attirer notre attention sur un énoncé du Chapitre XI : "Maximum and minimum properties of various distributions in phase" [6a] p. 130, où Gibbs démontre "Theorem II : if an ensemble of systems is canonically distributed in phase, the average index of probability is less than in any other distribution having the same average energy". -

Il n'a donc manqué á J.W. Gibbs, pour donner à ce résultat mathématique (qu'il démontre d'ailleurs en quelques lignes, en usant une inégalité équivalente à (5.5)) toute sa signification profonde, que le cadre d'une théorie générale, comme celui qui nous est fourni aujourd'hui par la théorie de l'information.

CENTRO INTERNAZIONALE MATEMATICO ESTIVO

(C. I. M. E.)

M. ŁUNC

EQUATIONS DE TRANSPORT

Corso tenuto a Varenna (Como) dal 21 al 29 agosto 1964

EQUATIONS DE TRANSPORT

PAR

Michał ŁUNC

(Académie polonaise des Sciences)

Introduction.

Cet exposé aura pour but de montrer comment à partir de la théorie cinétique des gaz on peut obtenir les équations macroscopiques qui décrivent l'évolution du fluide réel, en l'ocourence d'un gaz raréfié.

Le problème général est extremèment vaste car il englobe la cinématique et la dynamique du mouvement mais, aussi, le problème de radiation, de diffusion de matière, la propagation de la chaleur et une quantité d'autres choses. Il est bien évident que l'on ne pourra faire ici qu'un essai de présentation de quelques problèmes choisis un peu arbitrairement et subjectivement. Mais les problèmes qui seront abordés ici ne seraient pas tous ménés jusqu'à la solution. Dans certains de cas celle-ci existe, dans d'autres elle reste à trouver. Il nous semble, peut être à tort, que des problèmes posés et non encore résolus peuvent être plus intéressants pour beaucoup d'auditeurs que les problèmes "finis". On tâchera donc de faire ici quelques ouvertures sur l'avenir et de susciter, nous l'espérons, des recherches nouvelles.

Grandeurs moléculaires.

Le concept fondamental qui est à la base des applications de la théorie cinétique des gaz à la mécanique des fluides : c'est l'existence d'un système matériel bien défini-la molécule. A chaque instant t ce systèmes peut être parfaitement défini par deux ensembles conjugués des grandeurs : les coordonnées généralisés et les vitesses généralisés. Ce dernier des ensembles peut être remplacé par un autre ensemble-celui des moments conjungués.

L'ensemble des coordonnées généralisées sera désigné par q_i /i=1,2,..,s/ ou, d'une manière abrégée par $\vec{q}$. Il est bien évident que q_i ne possède pas, généralement, de propriétés vectorielles. L'ensemble des vitesses généralisées sera désigné par $\dot{q}_i$ ou bien par $\dot{\vec{q}}$ / cette grandeur, non plus, ne possède pas de caractère vectoriel/. L'ensemble des moments conjugués sera désigné par p_i ou par $\vec{p}$.

Une remarque importante s'impose dès cet instant. On sait que la connaissance des moments généralisés d'un système matériel dépend essentiellement de la connaissance de la fonction de Lagrange de ce système. Or la fonction de Lagrange ne peut être connue que si l'on connaît l'action globale exercée par tout ce qui se trouve en dehors de notre système matériel. En l'occurrence, la fonction de Lagrange pour notre molécule doit se déduire des forces que toutes les autres molécules exercent sur la nôtre. Comme la fonction de Lagrange ne contient d'autres informations sur ces forces que les valeurs des coordonnées généralisées et des vitesses généralisées de <u>notre</u> molécule il en résulte que toutes les autres molécules n'interviennent que collectivement. C'est, bien entendu, une excessive simplification. Entre autres défauts une telle manière de procéder fait fi des rencontres de notre molécules avec d'autres. La fonction de Lagrange devrait contenir les informations sur toutes les molécules du gaz. Mais le nombre de molécules étant toujours très élevé la chose est tout à fait impossible. Ainsi on ne peut pas trouver, en toute rigueur, les moments conjugués des coordonnées généralisées de la molécule. Et pourtant c'est ce qu'on fait couramment. Autrement dit on attribue à toutes les molécules extérieures la propriété de créer un champ des forces local. On excepte, toutefois les intervalles de temps, supposés très courts, lorsqu'une molécule quelconque se trouve dans la proximité de notre molécule qui fait que son action individuelle ne puisse plus être négligée par rapport à la force collective des autres molécules. Pendant ces courts intervalles de rencontre la fonction de Lagrande doit nécessairement dépendre des coordonnées généralisées et , peut être, des vitesses de deux molécules. La distinction entre les périodes où la fonction de Lagrange peut être connue et celles où elle est trop compliquée pour être de quelqu'utilité doit évidemment trouver son écho dans les équations de mouvement. Souslignons, une fois de plus, la briéveté des périodes de rencontre - condition d'autant mieux satisfaite que le gaz est plus raréfié . L'effet des rencontres doit figurer dans les équations uniquement de la manière statistique.

Passons maintenant au sujet prope de cet exposé. Si les coordonnées généralisées et les vitesses généralisées d'une molécule sont connues à un certain instant t alors nous pouvons former des fonctions qui dépendent de $\vec{q}$, $\dot{\vec{q}}$ et t. Ces fonctions sont en quelque sorte attachées à chaque molécule individuelle . Soit

$$G = G(\vec{q}, \dot{\vec{q}}, t) \qquad (1)$$

une telle fonction.

Lorsque le mouvement de la molécule est connu , on connaitra à chaque instant la valeur de G qui devient ainsi une fonction de t seulement . Or la connaissance de mouvement de chaque molécule et par la suite la connaissance de G à chaque instant est liée à la connaissance de la fonction de Lagrange à chaque instant ce qui est, comme on l'à vu, impossible . On devra donc considérer G comme fonction de $2s+1$ variables indépendantes q_i, $\dot{q}_j$ et t .

La fonction G attachée à la molécule sera appellée grandeur moléculaire /propriété moléculaire selon certains auteurs/. Parmi des innombrables grandeurs moléculaires certaines possèdent des propriétés physiques particulièrement simples . Telles seront la masse, la quantité de mouvement, l'énergie d'une molécule et certaines autres.

Souvent il est plus facile de définir une quantité par ce qu'elle n'est pas, plutot par ce qu'elle est. Prenons, comme exemple une molécule ponctuelle et supposons que $q_i = x_i$ /i=1, 2, 3/ soient ses coordonnées cartésiennes et $\dot{q}_i = c_i$ ses vitesses.

(La position $\vec{x}$ et la vitesse $\vec{c}$ sont maintenant des vrais vecteurs). Considérons l'entourage du point de l'espace de phase $(\vec{x}, \vec{c})$ à l'instant t. Une fonction quelconque de $\vec{x}, \vec{c}$ et t ne sera pas une grandeur moléculaire si cette fonction n'est pas attachée à une molécule particulière, mais à l'ensemble des molécules ayant les memes coordonnées dans l'espace de phase . Ainsi, la fonction de distribution $f(\vec{x}, \vec{c}, t)$ ne sera pas considérée comme une grandeur moléculaire , bien que possédant certaines de ses propriétés . La fonction de distribution est, en somme, une propriété collective et non individuelle. Cette distinction entre les propriétés collectives et individuelles tient, en fin de compte, à la différence entre la partie prévisible du mouvement entre les rencontres et le mouvement imprévisible pendant celles-ci

L'observation macroscopique ne permet de mesurer que les valeurs moyennes des grandeurs moléculaires. L'évolution de ces valeurs moyennes qui est le sujet principal de la mécanique des fluides généralisée-ce sont précisément les équations de transport qui vont être étudiés ici.

La définition de la valeur moyenne d'une grandeur moléculaire $G\ (q_i, \dot{q}_j\ t)$ est la suivante:

$$\langle G \rangle = g(q_i, t) = \int G(q_i, \dot{q}_j, t)\, f(q_i, \dot{q}_j, t)\, d_s\vec{\dot{q}} \Big/ \int f(q_i, \dot{q}_j, t)\, d_s\vec{\dot{q}} \qquad (2)$$

Dans cette équation le symbole $d_s\vec{\dot{q}}$ désigne un élement s-dimensionnel de l'espace de vitesses généralisées et l'intégration est effectuée dans l'espace entier de vitesses généralisées . La définition d'une valeur moyenne donnée par (2) peut, bien entendu, etre étendue à toutes les fonctions de $\vec{q}, \vec{\dot{q}}$ et t et qui ne sont pas, nécessairement, des grandeur moléculaires. Il est évident que dans certains cas cette définition peut conduire aux intégrales divergentes et déporvues, alors, de sens physique.

Attirons ici l'attention sur un problème que nous croyons fort intéressant et qui, nous semble -t-il N'a pas été résolu. Supposons que nous choisissons pour réprésenter notre gaz les moments conjugués à la place des vitesses généralisées . On définira dans le nouvel espace de phase comprenant les coordonnées généralisées q_i et les moments conjugués p_j une nouvelle moyenne de la grandeur moléculaire $G(q_i, p_j, t)$ par $\langle G \rangle = g(q_i, t) = \int G(q_i, p_j, t)\, f(q_i, p_j, t)\, d_s\vec{p} \Big/ \int f(q_i, p_j, t)\, d_s\vec{p}$

(3)

Il n'est pas du tout certain que cette nouvelle moyenne qui, évidemment, est différente, dans le cas général, de la moyenne définie par l'équation (2) se comporte d'une manière indépendante. Voici donc un intéressant sujet de recherche.

État d'équilibre d'un gaz

Si $f(q_i, \dot{q}_j, t)$ réprésente la fonction de distribution des vitesses généralisées du gaz, et si

$$\mathcal{D} f = \frac{\partial_e f}{\partial t} \qquad (4)$$

représente l'équation de BOLTZMANN /on utilise les notations classique de Chapman&Cowling/ où $\mathcal{D}$ est un opérateur différentiel et $\frac{\partial_e}{\partial t}$ l'opérateur des rencontres moléculaires.

Nous disons que le gaz se trouve dans l'état d'équilibre lorsque

$$\frac{\partial_e f}{\partial t} = 0 \qquad (5)$$

L'effet des rencontres moléculaires ne modifie pas la fonction de distribution des vitesses généralisées lorsque le gaz se trouve dans l'état d'équilibre.

Il nous semble utile de dire à cette place, et bien que cela ne concerne pas directement le sujet central de cet exposé, et sans donner des preuves à l'appui de ce qui va être dit que la fonction de distribution à l'état d'équilibre peut toujours être exprimée comme fonction des intégrales premières de mouvement. On désignera par I_m diverses intégrales <u>intensives</u> et par E_n les intégrales <u>extensives.</u> Les unes, comme les autres restent constantes pour une particule dans l'intervalle de temps séparant deux rencontres moléculaires.*) La fonction de distribution à l'état d'équilibre sera désignée par $f^{(0)}(q_i, \dot{q}_j)$ et elle ne dépend pas explicitement de temps. On peut montrer qu'elle peut être exprimée par la relation

$$f^{(0)}(q_i, \dot{q}_j) = \exp \sum_n A_n (q_i, I_m) E_n. \qquad (6)$$

---

*) Nous avions admis la possibilité d'existence des intégrales I_m, bien que nous ne connaissons pratiquement aucun cas où ces intégrales existent réellement.

A_n sont certaines fonctions qui doivent être déderminées par la connaissance des valeurs moyennes des E_n. Remarquons que les intégrales premières I_m et E_n dépendent, elles, de vitesses généralisées, Si l'on a, en particulier, à faire aux molécules ponctuelles, il n'existe pas d'intégrales premières intensives, quant aux intégrales extensives elles se réduisent aux suivantes/ on se place dans le cas de la mécanique classique non-relativiste/:

1. La conservation de masse ou, ce que revient au même si nous considérons un gaz sans réactions chimiques, conservation du nombre des molécules. Cette intégrale peut toujours être écrite comme une constante, par ex. comme unité.

2. L'intégrale première exprimant la conservation de l'énergie d'une molécule. On peut l'écrire sous forme de la somme de l'énergie cinétique $\frac{1}{2}mc^2$ et de l'énergie potentielle $U(\vec{x})$.

3. L'intégrale première exprimant la conservation de la quantité de mouvement. Cette intégrale doit être considérée comme se composant de 3 intégrales premières indépendantes pouvant etre réduites aux 3 composantes de vitesse c_i.

Il est évident que la forme linéaire des intégrales premières extensives est également une intégrale première extensive. On a aussi le droit d'ajoutter à chaque intégrale extensive une constante quelconque.

Ainsi la fonction de distribution à l'état d'équilibre pour un gaz composé de molécules ponctuelles est

$$f^{(0)} = A(\vec{x}) \exp (A_1 c^2 + B_1 c_1 + B_2 c_2 + B_3 c_3) \qquad (7)$$

Les coefficients A, A_1, B_1, B_2, et B_3 sont certaines fonctions de position qui doivent etre déterminées à l'aide des valeurs moyennes, considérées comme connues. On montre que si l'on connaît la densité numérique n, la vitesse moyenne du gaz $\vec{v}$ et la température T, la fonction de distribution s'écrit

$$f^{(0)}(\vec{c}, \vec{x}, t) = \pi^{-3/2} n(\vec{x}, t) \left[m/2kT(\vec{x}, t) \right]^{3/2} \exp\left[- m(\vec{c}-\vec{v})^2 / 2kT \right] \quad (8)$$

Les quantités n, T et v_i sont supposeés d'être des fonctions de lieu et de temps. On verra plus loin qu'elles ne sont pas du tout arbitraires. Le contraire serait d'ailleurs bien étonnant: il faut, tout au moins, satisfaire les équations générales de mouvement du fluide. En fait, les conditions suffisantes vont être trouvées comme étant beaucoup plus strictes.

États s'écartant de l'équilibre

A premier abord on serait tenté de mesurer l'écart de l'état de l'équilibre par la valeur de l'expression $\frac{\partial_e f}{\partial t}$. Pour de très nombreuses raisons qui ne seraient pas données à cet endroit, cette manière de procéder n'est pas indiquée. Des résultats plus consistants peuvent être trouvés lorsqu'on procède de la manière qui sera indiquée et qui est aisément applicable aux équations de transport.

Soit f la fonction de distribution vraie et soit $f^{(0)}$ la fonction de distribution qui serait celle de l'état de l'équilibre correspondant aux valeurs locales des moyennes de toutes les intégrales premières extensives de mouvement. On peut toujours poser

$$f = f^{(0)} \left(1 + \Phi \right) \quad (9)$$

où Φ est une certaine fonction des $q_i, \dot{q}_j$ et de t. Du fait que la fonction de distribution $f^{(0)}$ donne les valeurs correctes de la moyenne de chaque fonction E_n, on a

$$\int E_n f \, d_s\vec{q} \equiv \int E_n f^{(0)} (1 + \Phi) d_s\vec{q} = \int E_n f^{(0)} d_s\vec{q} \qquad (10)$$

et, par conséquent

$$\int E_n \Phi f^{(0)} \, d_s\vec{q} = 0 \ . \qquad (11)$$

Cette dernière équation peut être interprétée comme signifiant que toutes les moyennes des produits des intégrales premières extensives par Φ sont nulles à l'état d'équilibre.

Ceci nous conduit tout naturellement à considérer l'expression

$$L(q_i, t) = \left\langle \Phi^2 \right\rangle^{(0)} \geqslant 0 \, , \qquad (12)$$

où le symbole $\langle \ \rangle^{(0)}$ désigne la moyenne prise avec la distribution correspondant à l'état d'équilibre. La fonction $L(q_i, t)$ apparaissant dans l'éq. (12) a été appelée par nous la mesure de l'écart de l'équilibre [1]. Cette quantité ne peut être nulle que lorsqu'il y a équilibre. Par définition nous disons que l'état est voisin de l'équilibre lorsque $L \ll 1$. L'état est très éloigné de l'équilibre lorsque $L \gg 1$. Dans la suite nous allons nous occuper du premier de ces deux états.

Forme générale des équations de transport.

Passons au système des variables indépendantes q_i, p_j. L'équation fondamentale de Boltzmann s'écrit alors sous la forme

$$\mathfrak{D} f = \frac{\partial f}{\partial t} + \left\{ H, f \right\} = \frac{\partial_e f}{\partial t} \, , \qquad (13)$$

où H est la fonction de Hamilton et $\{ \ \}$ les parenthèses de Poisson définies pour deux fonctions quelconques M et N par

$$\left\{ M, N \right\} = \frac{\partial M}{\partial p_i} \frac{\partial N}{\partial q_i} - \frac{\partial M}{\partial q_i} \frac{\partial N}{\partial p_i} \ . \qquad (14)$$

Exprimons aussi la grandeur moléculaire en fonction de q_i, p_j et t, multiplions les deux cotés de l'éq. (13) par G et intégrons dans tout l'espace des moments conjugués. On obtient, alors, une nouvelle équation qui ne contiendra que les fonctions des variables q_i et t et qui est

$$\int G\left[\frac{\partial f}{\partial t} + \{H, f\}\right] d_s\vec{p} = \int G \frac{\partial_e f}{\partial t} d_s\vec{p} \qquad (15)$$

Dans la suite l'opérateur moyenne $\langle\ \rangle$ sera pris dans le sens de l'éq. (3) , en se servant de l'intégration d'après l'espace des moments. Développons le coté gauche de l'éq. (15). On aura

$$\int G \mathcal{D} f \ d_s\vec{p} = \int G \frac{\partial f}{\partial t} d_s\vec{p} + \int G \frac{\partial H}{\partial p_i} \frac{\partial f}{\partial q_i} d_s\vec{p} - \int G \frac{\partial H}{\partial q_i} \frac{\partial f}{\partial p_i} d_s\vec{p} =$$

$$= \frac{\partial}{\partial t}\int G f \ d_s\vec{p} - \int \frac{\partial G}{\partial t} f \ d_s\vec{p} + \frac{\partial}{\partial q_i}\int G \frac{\partial H}{\partial p_i} f \, d_s\vec{p} - \int \frac{\partial}{\partial q_i}\left(G\frac{\partial H}{\partial p_i}\right) d_s\vec{p} +$$

$$- \int \frac{\partial}{\partial p_i}\left(G \frac{\partial H}{\partial q_i} f\right) d_s\vec{p} + \int \frac{\partial}{\partial p_i}\left(G\frac{\partial H}{\partial p_i}\right) f \ d_s\vec{p} \, . \qquad (16)$$

Si l'on tient compte de la définition de la moyenne, alors on transcrit (16) sous la forme

$$\int G \mathcal{D} f \ d_s\vec{p} = \frac{\partial}{\partial t}\langle n \ G\rangle - n\left\langle \frac{\partial G}{\partial t}\right\rangle + \frac{\partial}{\partial q_i}\left\langle n \ G \frac{\partial H}{\partial p_i}\right\rangle +$$

$$- n\left\langle \frac{\partial G}{\partial q_i}\frac{\partial H}{\partial p_i} + G\frac{\partial^2 H}{\partial p_i \partial q_i}\right\rangle + n\left\langle \frac{\partial G}{\partial p_i}\frac{\partial H}{\partial q_i} + G\frac{\partial^2 H}{\partial p_i \partial q_i}\right\rangle +$$

$$- \int \frac{\partial}{\partial p_i}\left(G \frac{\partial H}{\partial q_i} f\right) d_s\vec{p} \qquad (17)$$

Le dernier terme de (17) peut être transformé par le théorème de

GAUSS-OSTROGRADSKI en une intégrale le long de l'hypersurface fermée enveloppant le sous-espace entier des moments conjugués, plongé dans l'éspace entier des q_i et p_j. Si l'expression $\left(G \frac{\partial H}{\partial q_i} f \right)$ tend assez rapidement vers zéro lorsque le point figuratif se rapproche de l'hypersurface d'intégration, l'intégrale le long de cette hypersurface disparait. Le regroupement des autres termes nous conduit à l'équation

$$\frac{\partial n}{\partial t} \langle G \rangle + n \frac{\partial}{\partial t} \langle G \rangle - n \left\langle \frac{\partial G}{\partial t} \right\rangle + \frac{\partial n}{\partial p_i} \left\langle G \frac{\partial H}{\partial p_i} \right\rangle + n \frac{\partial}{\partial q_i} \left\langle G \frac{\partial H}{\partial p_i} \right\rangle - n \left\langle \{H, G\} \right\rangle = \int G \frac{\partial_e f}{\partial t} d_s \vec{p} \qquad (18)$$

Les équations canoniques de mouvement de Hamilton-Jacobi nous donnent

$$\frac{\partial H}{\partial p_i} = \dot{q}_i , \quad \frac{\partial H}{\partial q_i} = - \dot{p}_i \qquad (19)$$

Désignons par $\left\langle \frac{\partial_e G}{\partial t} \right\rangle$ l'expression

$$\left\langle \frac{\partial_e G}{\partial t} \right\rangle = \frac{1}{n} \int G \frac{\partial_e f}{\partial t} d_s \vec{p} \qquad (20)$$

et posons

$$\langle \dot{q}_i \rangle = v_i , \qquad V_i = \dot{q}_i - v_i \qquad (21)$$

Introduisons aussi l'opérateur dérivée substantielle généralisée

$$\frac{d}{dt} = \frac{\partial}{\partial t} + v_i \frac{\partial}{\partial q_i} \qquad (22)$$

Transcrivons maintenant l'éq. (18) en tenant compte des éqs. (19), (20), (21) et (22). Alors

$$n \frac{d}{dt}\langle G\rangle + \left(\frac{dn}{dt} + n \frac{\partial v_i}{\partial q_i}\right)\langle G\rangle - n\left\langle\frac{\partial G}{\partial t}\right\rangle - n\left\langle\{H, G\}\right\rangle +$$

$$+ \frac{\partial}{\partial q_i}\left(n\langle V_i G\rangle\right) = n\left\langle\frac{\partial_e G}{\partial t}\right\rangle \qquad (23)$$

Si nous posons $G=1$, le côté droit de (23) s'annulle et l'on obtient la forme généralisée de l'équation de continuité :

$$\frac{1}{n}\frac{dn}{dt} + \frac{\partial v_i}{\partial q_i} = 0 \qquad (24)$$

ce qui permet de simplifier l'éq.(23) . On obtient alors la forme générale de l'équation de transport d'une grandeur moléculaire :

$$\frac{d}{dt}\langle G\rangle + \frac{1}{n}\frac{\partial}{\partial q_i}\left(n\langle V_i G\rangle\right) - \left\langle\frac{\partial G}{\partial t}\right\rangle - \left\langle\{H, G\}\right\rangle = \left\langle\frac{\partial_e G}{\partial t}\right\rangle. \qquad (25)$$

Équations de transport des grandeurs moléculaires additivement invariantes.

Parmi les diverses grandeurs moléculaires il en existent qui jouissent de la propriété de se conserver dans une paire de molécules pendant leur rencontre. De cette propriété jouissent la masse, la quantité de mouvement et l'énergie totale réprésentée par la fonction de Hamilton. Si la conservation additive de deux premières de ces grandeurs ne présente aucun problème, la conservation de la fonction de Hamilton peut, à première vue, sembler étonnante. Nous avions bien insisté sur le fait que la fonction de Hamilton ne peut pas être connue pendant les périodes de rencontre. L'explication est pourtant physiquement simple : pendant ces périodes les hamiltoniens de chacune de deux molécules varient, en effet, très considérablement et de manière difficilment calculable. Néanmoins la somme de ces deux variations est rigoureusement nulle en raison de la loi de conservation de l'énergie dans un système matériel isolé constitué par la paire des molécules. L'équation de transport de chaque grandeur moléculaire additivement invariante ne possède pas de second membre. L'équation de transport de masse nous a donné (24) et nous n'y reviendrons plus.

Équation de transport de l'énergie.

Si nous posons G=H dans l'équation générale de transport (25), celle-ci se réduit aussitot à

$$\frac{d}{dt}\langle H\rangle - \left\langle \frac{\partial H}{\partial t}\right\rangle + \frac{1}{n}\frac{\partial}{\partial q_i}\left(n\langle V_i H\rangle\right) = 0 \qquad (26)$$

Transformons le dernier terme de l'éq.(26) en écrivant

$$n\langle V_i H\rangle \equiv nV_i\left[\langle H\rangle + (H - \langle H\rangle\right]$$

et en désignat par E la différence

$$E = H - \langle H\rangle . \qquad (27)$$

Alors

$$n\langle V_i H\rangle = n\langle V_i E\rangle = R_i \qquad (28)$$

est l'intensité du flux généralisé de l'énergie interne du gaz. Cette quantité pourrait etre appelée "intensité de flux généralisé de chaleur." Calculons les termes successifs de l'éq. (26)

1/ $\frac{d}{dt}\langle H\rangle \equiv \frac{\partial}{\partial t}\langle H\rangle + v_i\frac{\partial}{\partial q_i}\langle H\rangle$ sera utilisé sans changement;

2/ $\left\langle\frac{\partial H}{\partial t}\right\rangle = \frac{\partial \langle H\rangle}{\partial t} - \left\langle\frac{\partial E}{\partial t}\right\rangle$;

3/ le troisième terme sera remplacé par $\frac{1}{n}\frac{\partial R_i}{\partial q_i}$

L'équation de transport de l'énergie prend alors la forme

$$v_i \frac{\partial}{\partial q_i}\langle H\rangle - \left\langle \frac{\partial E}{\partial t}\right\rangle + \frac{1}{n}\frac{\partial R_i}{\partial q_i} = 0 \qquad (29)$$

Cas particulier : molécules ponctuelles dans un champ de potentiel.

Prenons un gaz composé de molécules ponctuelles. On a maintenant $q_i = x_i$, $p_i = mc_i = mv_i + mC_i$

$$H = \frac{1}{2}\frac{p^2}{m} + U(x_i,t) = \left\langle \frac{p^2}{2m}\right\rangle + U(x_i,t) + E \, , \qquad (30)$$

où $U(x_i,t)$ est l'énergie potentielle de la molécule.

De l'éq. (30) nous déduisons

$$\frac{\partial E}{\partial t} = -\frac{\partial}{\partial t}\left\langle \frac{p^2}{2m}\right\rangle = -\frac{\partial}{\partial t}\left(\frac{mv^2}{2} + \frac{3kT}{2}\right) = \left\langle \frac{\partial E}{\partial t}\right\rangle \qquad (31)$$

Le flux généralisé R_i sera

$$R_i = n\langle C_i H\rangle = \frac{nm}{2}\langle 2v_j C_i C_j + C_i C^2\rangle = v_j p_{ij} + Q_i \qquad (32)$$

Dans cette équation figurent une quantité tensorielle p_{ij} définie par

$$p_{ij} = nm\langle C_i C_j\rangle = \rho\langle C_i C_j\rangle \qquad (33)$$

dite tenseur de pression et le vecteur

$$Q_i = \frac{nm}{2}\langle C_i C^2\rangle = \frac{\rho}{2}\langle C_i C^2\rangle \qquad (34)$$

qui est l'intensité de flux de chaleur.

L'éq. (29) devient maintenat

$$v_i \frac{\partial}{\partial x_i}\left[\frac{mv^2}{2} + \frac{3kT}{2} + U(\vec{x},t)\right] + \frac{\partial}{t}\left(\frac{mv^2}{2} + \frac{3kT}{2}\right) +$$

$$+ \frac{1}{n}\frac{\partial}{\partial x_i}(v_j p_{ij} + Q_i) = \frac{d}{dt}\left(\frac{mv^2}{2} + \frac{3kT}{2}\right) + v_i \frac{\partial U}{\partial x_i} + \frac{1}{n}\frac{\partial Q_i}{\partial x_i} +$$

$$\frac{1}{n}\frac{\partial}{\partial x_i}(v_j p_{ij}) = 0 \qquad (35)$$

Équation de transport de quantité de mouvement

Revenons à l'équation générale (25) et posons

$$G = \begin{cases} p_j - mv_j = mC_j, & \text{pour } j=1,2,3 \\ 0 & \text{pour } j > 3 \end{cases}$$

En raison de la conservation additive de G, le côté droit de l'éq. (25) est nul. Les termes successifs de (25) sont les suivants:

1/ $\frac{d}{dt} G = 0$;

2/ $\frac{1}{n}\frac{\partial}{\partial q_i}(n\langle V_i G\rangle) = \frac{1}{n}\frac{\partial}{\partial q_i} p_{ij}$, avec $p_{ij}=0$, si $j>3$;

3/ $\left\langle\frac{\partial G}{\partial t}\right\rangle = -m\frac{\partial v_j}{\partial t}$ pour $j=1,2,3$ et $=0$ pour $j>3$;

4/ $\langle\{H,G\}\rangle = -m\frac{\partial v_j}{\partial q_i}\frac{\partial H}{\partial p_i} + \frac{\partial H}{\partial x_j}$ $j=1,2,3;\ i=1,2,\ldots,s$;

Si, maintenant, on fait usage des éqs. (19) le dernier terme devient

$$\langle\{H,G\}\rangle = -mv_i\frac{\partial v_j}{\partial q_i} + \langle p_j\rangle \ .$$

Mais il est bien évident que le dernier terme de cette expression est égal, selon la seconde loi de mécanique, à la force agissant sur la molécule que nous désignerons par mF_j. Rassemblant alors tous ces termes nous obtenons l'équation de mouvement

$$\frac{dv_j}{dt} = F_j - \frac{1}{\rho}\frac{\partial p_{ij}}{\partial q_i} \qquad (36)$$

qui ne diffère pas par sa forme des équations de mouvement habituelles mais qui contient la dérivée de p_{ij} dont le sens ne diffère du tenseur habituel de pression que pour i et j non supérieurs à 3. Dans le cas général nous avons

$$\frac{\partial p_{ij}}{\partial q_i} = \frac{\partial p_{ij}}{\partial x_i} + \frac{\partial p_{kj}}{\partial q_k}, \text{ où } \quad k > 3 \; ; i, j = 1, 2, 3. \qquad (37)$$

Ainsi l'équation de mouvement prise dans le cas le plus général peut contenir des termes complémentaires qui ressemblent aux dérivées des composantes du tenseur de pression et qui peuvent différer de zéro au cas où il existe des corrélations non-nulles entre les composantes des quantités V_k $/k > 3/$ et C_i $/i=1,2,3/$.

Forme définitive de l'équation de transport de l'énergie

Substituons $\frac{\partial p_{ij}}{\partial x_i}$ calculé d'après (36) dans l'éq. (35) on obtient successivement, après avoir divisé l'éq. (35) par m,

$$\frac{d}{dt}\left(\frac{v^2}{2} + \frac{3kT}{2m}\right) + \frac{1}{m}\frac{\partial U}{\partial x_i} v_i + \frac{1}{\rho}\frac{\partial Q_i}{\partial x_i} + \frac{1}{\rho} p_{ij}\frac{\partial v_j}{\partial x_i} +$$

$$+ v_i\left(F_i - \frac{dv_i}{dt}\right) = \frac{3k}{2m}\frac{dT}{dt} + \frac{1}{\rho}\frac{\partial Q_i}{\partial x_i} + \frac{p_{ij}}{\rho}\frac{\partial v_j}{\partial x_i} + v_i\left(F_i + \frac{1}{m}\frac{\partial U}{\partial x_i}\right) =$$

$$= 0 . \qquad (38)$$

Or le dernier terme est nul puisque l'on a dit que les molécules se meuvent dans un champ de potentiel. De cette manière on obtient l'équation de transport d'énergie pour un gaz composé de molécules monoatomiques

$$\frac{3k}{2m}\frac{dT}{dt} + \frac{1}{\rho}\frac{\partial Q_i}{\partial x_i} + \frac{1}{\rho}\, p_{ij}\frac{\partial v_j}{\partial x_i} = 0 \qquad (39)$$

Le sens physique de cette équation est fort simple.

Le premier terme réprésente la variation de l'énergie interne d'une unité de masse de notre gaz. Le second terme-c'est l'apport de l'énergie par conduction thermique. Le troisième terme de (39) donne la transformation en énergie interne du travail éffectué sur le gaz par les forces dissipatives.

Il n'y a aucune difficulté à généraliser (39) aux gaz composés des molécules plus complexes. Il faut alors prendre à la place de (30) une expression appropriée pour H et utiliser l'éq. (36) complète.

Transport des grandeurs moléculaires dans l'état d'équilibre.

L'état d'équilibre est, comme on l'a déjà dit, défini par l'éq. (5).. Il faut, en même temps, satisfaire aussi l'équation de Boltzmann et, par conséquent, il faut qu'en meme temps

$$\mathcal{D}f = 0 \qquad (40)$$

Or cette dernière équation fournit une fort large classe de solutions qui ne sont pas toujours compatibles avec (5).

Nous savons, par ailleurs, que la solution générale de (5) est de forme (6), et se réduit pour molécules ponctuelles à la distribution maxwellienne (8). Nous allons nous limiter ici au cas de molécules ponctuelles et, par conséquent, à la distribution maxwellienne. Faisons donc agir l'opérateur $\mathcal{D}$ sur $f^{(0)}$.

On obtient

$$\mathcal{D}f^{(0)} = \left(\frac{\partial}{\partial t} + c_i \frac{\partial}{\partial x_i} + F_i \frac{\partial}{\partial c_i}\right) f^{(0)} =$$

$$= f^{(0)} \left\{ \frac{\partial}{\partial t} (\ln \rho T^{-3/2}) + (v_i + C_i) \frac{\partial}{\partial x_i} (\ln \rho T^{-3/2}) + \frac{mC^2}{2kT^2}\left[\frac{\partial T}{\partial t} + (v_i + C_i)\frac{\partial T}{\partial x_i}\right] + \right.$$

$$\left. + \frac{mC_i}{kT}\left[\frac{\partial v_i}{\partial t} + (v_j + C_j)\frac{\partial v_j}{\partial x_i} - \frac{mC_j F_j}{kT}\right]\right\} =$$

$$= f^{(0)} \left\{ \frac{d}{dt} (\ln \rho T^{-3/2}) + C_i \left[\frac{m}{kT}\left(\frac{dv_i}{dt} - F_i\right) + \frac{\partial}{\partial x_i} (\ln \rho T^{-3/2})\right] + \right.$$

$$\left. + \frac{mC_iC_j}{kT}\left[\frac{\partial v_j}{\partial x_i} + \frac{1}{2T}\frac{dT}{dt}\delta_{ij}\right] + \frac{mC_iC^2}{2kT}\frac{1}{T}\frac{\partial T}{\partial x_i}\right\} = 0 \quad (41)$$

En raison de la forme particulière de la fonction de distribution nous aurons ici à partir de l'éq. (36)

$$\frac{dv_i}{dt} - F_i = -\frac{1}{\rho}\frac{\partial p_{ij}}{\partial x_j} = -\frac{1}{\rho}\frac{\partial p}{\partial x_i} = -\frac{k}{m}\left(\frac{\partial T}{\partial x_i} + \frac{T}{\rho}\frac{\partial \rho}{\partial x_i}\right). \quad (42)$$

Puisque, d'autre part, dans l'éq. (39) on aura $Q_i = 0$ celle-ci conduit à

$$\frac{3k}{2m}\frac{dT}{dt} + \frac{p}{\rho}\frac{\partial v_i}{\partial x_i} = -\frac{K}{m}\left(\frac{1}{\rho}\frac{d\rho}{dt} - \frac{3}{2\,T}\frac{dT}{dt}\right) =$$

$$= -\frac{k}{m}\frac{d}{dt}(\ln \rho T^{-3/2}) = 0 . \quad (43)$$

Nous voyons que le long de la trajectoire moyenne le produit $\rho T^{-3/2}$ reste constant. L'évolution du gaz est donc adiabatique. Substituons (42) et (43) dans l'éq. (41). On obtient

$$\mathcal{D}f^{(0)} = f^{(0)}\left[C_i \frac{\partial}{\partial x_i} (\ln \rho T^{-3/2} - \ln \rho T) + \frac{mC_iC_j}{kT} (\frac{\partial v_j}{\partial x_i} + \frac{dT}{2T\, dT} \delta_{ij}) + \right.$$

$$\left. + \frac{mC_iC^2}{2kT} \frac{\partial T}{T\partial x_i} \right] = f^{(0)}\left[C_i \frac{\partial}{\partial x_i} (\ln T^{-5/2}) + \frac{m}{kT} C_iC_j(\frac{\partial v_j}{\partial x_i} + \frac{dT}{2TdT}\delta_{ij}) + \right.$$

$$\left. + \frac{m}{2kT} C_iC^2 \frac{\partial T}{T\partial x_i}\right] = 0 \qquad (44)$$

Cette équation doit être satisfaite quelque soit la valeur de C_i. Il en résulte que les coefficients de C_i, de C_iC_j et de C_iC^2 doivent être nuls. Le premier et le dernier de ces coefficients seraient nuls lorsque la temperature est uniforme. On a donc

$$T = T(t) . \qquad (45)$$

le deuxième coefficient est nul si

$$\frac{\partial v_1}{\partial x_1} = \frac{\partial v_2}{\partial x_2} = \frac{\partial v_3}{\partial x_3} = -\frac{1}{2} \frac{dT}{Tdt} \qquad (46)$$

et

$$\frac{\partial v_i}{\partial x_j} = 0, \text{lorsque } i \neq j \qquad (47)$$

On doit donc avoir

$$v_i = \frac{d}{dt} (\ln T^{-1/2}) x_i \qquad (48)$$

Le seul mouvement permis est donc une expansion ou compression adiabatiques. Il convient ici d'attirer l'attention sur des conclusions étrangement similaires/mais non-identiques/obtenues assez récemment par A.A. NIKOLSKI [2]. Il a montré, notamment, la possibilité de la distribution maxwellienne pour un mouvement décrit par l'équation

$$v_i = \pm \frac{x_i}{t} \tag{49}$$

qui réprésente une dilatation ou contraction uniformes de l'Univers. Celle-ci correspond donc à la loi particulière :

$$T(t) = at^{\pm 2} \tag{50}$$

et

$$\rho(t) = b(\vec{x})\, t^{\mp 3}. \tag{51}$$

L'équation (50) est valable dans l'espace entier occupé par le gaz. L'éq. (51), par contre, est valable le long de chaque trajectoire, seulement.

Revenons au cas plus général de l'équilibre décrit par le système déquations (43), (45), (46),(47) et (48). De deux premières de ces équations nous tirons

$$\frac{\partial \rho}{\rho \partial t} + v_i \frac{\partial \rho}{\rho \partial x_i} - \frac{3}{2} \frac{\partial T}{T \partial t} = 0\,. \tag{52}$$

Cette équation avec 48 nous donne

$$\frac{\partial \rho}{\rho \partial t} - \frac{\partial T}{2T \partial t}\left(x_i \frac{\partial \rho}{\rho \partial x_i} + 3 \right) = 0 \tag{53}$$

Il est certai qu'à côté de solutions (50) et (51) peuvent exister de nombreuses autres et ce sujet, nous semble, est digne de recherches futures.

Les états voisins de l'équilibre.

Reprenons pour les molécules ponctuelles l'éq. (9)

$$f(c_i, x_j, t) = f^{(0)}(c_i, x_j, t)\left[1 + \phi(c_i, x_j, t)\right]$$

où $f^{(0)}$ est décrite par (8) mais ne remplit pas, nécéssairement, les conditions d'équilibre données par les éqs. (43) à (48). Par contre, nous allons exiger de cette fonction $f^{(0)}$ quelle nous donne les valeurs exactes de n, v_i et T en chaque point et à chaque instant. De la fonction Φ nous exigeons donc que

$$\langle \Phi \rangle^{(0)} = \langle C_i \Phi \rangle^{(0)} = \langle C^2 \Phi \rangle^{(0)} = 0 \,. \tag{55}$$

En plus de ca, nous voulons que la inégalité

$$L = \langle \Phi^2 \rangle^{(0)} < 1$$

soit satisfaite.

Il est bien évident que $\mathcal{D} f^{(0)}$ ne sera plus nul, bien qu'exprimé par la relation (41) (sans, bien entendu, qu'elle soit égalée au zéro). On aura, après avoir tenu compte de (36)

$$\mathcal{D} f^{(0)} = f^{(0)} \Big\{ \frac{d}{dt} (\ln \rho T^{-3/2}) + C_i \Big[\frac{\partial}{\partial x_i} (\ln \rho T^{-3/2}) - \frac{1}{\rho} \frac{\partial p_{ij}}{\partial x_j} \Big] +$$

$$+ \frac{m C_i C_j}{kT} \Big(\frac{\partial v_j}{\partial x_i} + \frac{1}{2T} \frac{dT}{dt} \delta_{ij} \Big) + \frac{m C_i C^2}{2kT} \frac{1}{T} \frac{\partial T}{\partial x_i} \Big\} \tag{56}$$

On trouve immédiatement

$$\int \mathcal{D} f^{(0)} \, d_3 \vec{C} = 0 \,. \tag{57}$$

Les équations de conservation additive exigent que

$$\int \mathcal{D} f \, d_3 \vec{C} = 0 \,, \tag{58}$$

$$\int C_i \mathcal{D} f \, d_3 \vec{C} = 0 \,, \tag{59}$$

$$\int C^2 \mathcal{D} f \, d_3 \vec{C} = 0 \,. \tag{60}$$

Puisque f est exprimée par (54) on peut écrire (58) sous forme

$$\int \mathcal{D} f d_3 \vec{C} = \int \mathcal{D} [f^{(0)} (1 + \Phi)] \, d_3 \vec{C} =$$

$$= \int \mathcal{D} f^{(0)} \Phi \, d_3 \vec{C} + \int (\mathcal{D} \Phi) f^{(0)} \, d_3 \vec{C} = 0 \tag{61}$$

Les éqs. (59) , (60) s'écriront

$$\int C_i \,\mathcal{D} f^{(0)} d_3\vec{C} + \int C_i \Phi \mathcal{D} f^{(0)} d_3\vec{C} + \int C_i \mathcal{D}\Phi f^{(0)} d_3\vec{C} = 0 \tag{62}$$

et

$$\int C^2 \,\mathcal{D} f^{(0)} d_3\vec{C} + \int C^2 \Phi \,\mathcal{D} f^{(0)} d_3\vec{C} + \int C^2 \mathcal{D}\,\Phi f^{(0)} d_3\vec{C} = 0 \tag{63}$$

L'intégration montre que l'on a

$$\int mC_i \,\mathcal{D} f^{(0)} d_3\vec{C} = -\frac{\partial}{\partial x_j}(p_{ij} - \delta_{ij} p) \tag{64}$$

et

$$\int \frac{mC^2}{2} \mathcal{D} f^{(0)} d_3\vec{C} = -p\frac{d}{dt}(\ln \rho T^{-3/2}). \tag{65}$$

Il est bien évident que ces expression s'annullent lorsque le gaz est en état d'équilibre.

Ainsi les équations (59) et (60) s'écriront

$$\int mC_i \left[\Phi \,\mathcal{D} f^{(0)} + (\mathcal{D}\Phi) f^{(0)}\right] d_3\vec{C} = \frac{\partial}{\partial x_j}(p_{ij} - \delta_{ij}\, p) \tag{66}$$

et

$$\int \frac{mC^2}{2}\left[\Phi \,\mathcal{D} f^{(0)} + (\mathcal{D}\Phi) f^{(0)}\right] d_3\vec{C} = p\frac{d}{dt}(\ln \rho T^{-3/2}). \tag{67}$$

Pour toute autre grandeur moléculaire il faut, évidemment, prendre en considération l'équation complète de transport.

Choix de la fonction Φ

Notations

Pour choisir une fonction Φ appropriée on utilisera ici la méthode mise au point par H. GRAD [3] et qui fait usage de polynômes orthogonaux semlables aux polynômes d'Hermite (et que l'on désignera ici par le nom de polynômes de Grad). La définition de ces polynômes sera donnée plus bas. Mais tout d'abord on introduira ici une notation appropriée, basée essentiellement sur la notation de Grad, avec de petites modifications de détail.

On se bornera dans la suite aux seules coordonnées cartésiennes et l'on utilisera les notations tensorielles habituelles.

1. Un tenseur de n-me ordre sera désigné par un indice inférieur pris entre parenthèses indiquant son ordre, suivi par les indices (ou par un indice) relatifs aux diverses composantes.

On écrira donc

$$T_{(n)} = T_{(n)i_1, i_2, \ldots i_n} = T_{(n)\underline{i}} \tag{68}$$

2. L'ensemble des indices a été désigné dans la formule précédente, et sera aussi désigné dans la suite, par la lettre sousignées.

Notons donc

$$\underline{i} = (i_1, i_2, \ldots, i_k) \tag{69}$$

pour un ensemble de k indices à lettre pilote i .

3. Le tenseur, originellement de l'ordre n+2s et qui a été contracté s fois sera désigné par un indice supérieur, indiquant son ordre primitif et par l'indice inférieur, comme précedemment , pour son ordre après contraction. Ainsi :

$$T^{(n+2s)}_{(n)} = T^{(n+2s)}_{(n)i_1, i_2, \ldots i_n; i_{n+1}, i_{n+1}, \ldots i_{n+s}, i_{n+s}} = T^{(n+2s)}_{(n)\underline{i}} \tag{70}$$

4. On introduira la vitesse sans dimension

$$U_i = \frac{C_i}{\sqrt{\frac{2kT}{m}}} = \frac{C_i}{\Omega} \tag{71}$$

5. On désignera par $g_{(n)\underline{i}}$ le tenseur formé par le produit de n composantes de la vitesse sans dimension . Cette grandeur moléculaire est donc définie par

$$g_{(n)\underline{i}} = U_{i_1} U_{i_2} \ldots U_{i_n} \tag{72}$$

6. On introduira deux espèces de tenseurs unitaires .

a) La première espèce de tenseurs unitaires sera définie par les équations successives

$$\delta_{(2)\underline{i}} = \delta_{(2)i_1 i_2} = \delta_{i_1 i_2} \tag{73}$$

$$\delta_{(4)\underline{i}} = \delta_{i_1 i_2} \delta_{i_3 i_4} + \delta_{i_1 i_3} \delta_{i_2 i_4} + \delta_{i_1 i_4} \delta_{i_2 i_3} \tag{74}$$

D'une manière générale le tenseur unitaire de première espèce d'ordre 2s , désigné par $\delta_{(2s)\underline{i}}$ sera formé par la somme de produits de s $\delta_{(2)}$ dont les indices ne se repètent pas et qui, ensemble, constituent $\underline{i}$ tout entier . Comme on voit sur l'exemple fourni par l'éq. (74) les répetitions des δ ne sont pas prises en considération et le nombre de termes pour $\delta_{(2s)}$ est donc égal à

$$1.3.5 \ldots (2s-1) = (2s-1)\,!!$$

b) La seconde espèce de tenseurs unitaires sera formée par la règle que l'on peut aisément diviner à partir de l'exemple suivant

$$\partial^{(m)}_{(2)\underline{i}} = \delta_{i_1 i_2} + \delta_{i_1 i_3} + \ldots + \delta_{i_1 i_m} + \ldots + \delta_{i_{m-1} i_m} \tag{75}$$

On voit donc que $\partial^{(m)}_{(2)}$ est constitué par la somme de tous les

$\delta_{(2)}$ différents formés à partir de l'ensemble $\underline{i}$ contenant m élements.

Le tenseur suivant $\partial^{(m)}_{(4)}$ sera

$$\partial^{(m)}_{(4)\underline{i}} = \sum \delta_{(4)\underline{i}} \quad \text{etc.}$$

7. Une troisième espèce de tenseurs, un peu différente, sera formée lorsqu'on dispose de 2 ensembles des indices $\underline{i}$ et $\underline{j}$ et que l'on prend la moitié des indices dans chacun de deux ensembles. Cette espèce sera designée par

$$\partial_{(2n)\underline{i},\ \underline{j}} \tag{76}$$

Cette expression contient n! termes différents.

<u>Propriétés des polynômes de GRAD</u>

Les polynômes de GRAD seront définis par l'équation:

$$H_{(n)\underline{i}} = 2^{n/2} g_{(n)\underline{i}} - 2^{n/2-1} - \partial^{(n)}_{(2)\underline{i}}\ g_{(n-2)\underline{i}} + \ldots \tag{77}$$

Les produits tels que

$$\partial^{(n)}_{(2s)\underline{i}}\ g_{(n-2s)\underline{i}}$$

sont formés à la manière des δ : on prend l'ensemble $\underline{i}$ composé de n éléments dont 2s sont attribués au $\partial^{(n)}_{(2s)\underline{i}}$ et les n-2s élements qui restent à la grandeur $g_{(n-2s)\underline{i}}$, après quoi on ajoutte tous les différents produits ainsi constitués.

Les polynômes de Grad consécutifs seraient donc:

$$H_{(0)} = 1\ , \tag{78}$$

$$H_{(1)i} = \sqrt{2}\, g_{(1)i} = \sqrt{2}\, U_i , \tag{79}$$

$$H_{(2)\underline{i}} = 2g_{(2)\underline{i}} - \delta_{(2)\underline{i}} \tag{80}$$

$$H_{(3)\underline{i}} = 2^{3/2} g_{(3)\underline{i}} - 2^{1/2} \partial^{(3)}_{(2)\underline{i}}\, g_{(1)\underline{i}} =$$

$$= 2^{3/2} U_{i_1} U_{i_2} U_{i_3} - 2^{1/2} (U_{i_1} \delta_{i_2 i_3} + U_{i_2} \delta_{i_3 i_1} + U_{i_3} \delta_{i_1 i_2}) \tag{81}$$

Le polynôme $H_{(n)\underline{i}}$ est symmétrique par rapport à tous ses indices. On peut prouver aisément qu'il existe une règle de récurrence permettant de former des polynômes d'ordre supérier par la règle

$$\sqrt{2}\, U_j H_{(n)\underline{i}} = H_{(n+1)\underline{i}+j} + \partial_{(2)\,\underline{i},j} H_{(n-1)\underline{i}} \tag{82}$$

Dans cette équation le symbole $\underline{i} + j$ désigne l'ensemble formé par $\underline{i}$ et par l'élement nouveau j.

Les polynômes de Grad forment, comme il l'a démontré , un ensemble complet de fonctions orthogonales dans l'espace entier des U_i et avec une fonction de poids $\exp(-U^2)$. On démontre que l'on a une relation fondamentale de normalisation et de l'orthogonalité

$$\pi^{-3/2} \int H_{(n)\underline{i}}\, H_{(n)\underline{j}} \exp(-U^2)\, d_3\vec{U} = \partial_{(2n)\underline{i},\underline{j}} \tag{83}$$

et une autre qui en découle :

$$\int H_{(m)\underline{i}}\, H_{(n)\underline{j}} \exp(-U^2)\, d_3\vec{U} = 0 \,;$$

si $m \neq n$ ou si $\underline{i} \neq \underline{j}$, ou si les deux inégalités se trouvent simultanément remplies. Notons que les deux ensembles $\underline{i}$ et $\underline{j}$ seront considérés comme différents lorsqu'au moins un élement de l'un des ensembles ne se trouve pas dans l'autre. Les ensemble que l'on obtient par un changement quelconque de l'ordre des élements seraient, par contre, considérés comme égaux. Une fois de plus, notons que le côté droit de l'équation (84) contient, en principe, n! termes, dont certains, ou meme tous, peuvent être nuls.

Le développement de la fonction Φ en une série des polynômes de GRAD.

Puisque les polynômes de GRAD forment un ensemble complet des fonctions, nous pouvons répresenter chaque "bonne" fonction par le développement en série

$$\Phi(U_i, x_j, t) = \sum_{n=0}^{\infty} \frac{1}{n!}\left[A_{(n)\underline{i}}(x_j, t)\, H_{(n)\underline{i}}(\vec{U})\right]_{(0)}^{(2n)} \qquad (84)$$

Dans ce développement les rôles de la variable U_i et des variables x_j et t se trouvent nettement séparés.

Si la fonction Φ est connue, on peut déterminer immédiatement les coéfficients de développement $A_{(n)\underline{i}}$ par une formule d'inversion qui résulte de l'éq. (83) . On trouve:

$$A_{(n)\underline{i}} = \pi^{-3/2} \int H_{(n)\underline{i}}\, \Phi \exp(-U^2)\, d_3 \vec{U} . \qquad (85)$$

(La propriété de symmétrie de $H_{(n)\underline{i}}$ par rapport à tous se indices doit être exploitée pour la démonstration de la relation fondamentale (85) . C'est grâce à cette propriété que le coéfficient $1/n!$ figurant dans l'éq. (84) disparaît lors de la contraction du côté droit avec $\partial_{(2n)\underline{i},\underline{j}}$. Les équations de normalisation (55) nous conduisent maintenant aux équations consécutives

$$A_{(0)} = \pi^{-3/2} \int H_{(0)} \Phi \exp(-U^2)\, d_3\vec{U} = 0, \tag{86}$$

$$A_{(1)i} = \pi^{-3/2} \int H_{(1)i} \Phi \exp(-U^2)\, d_3\vec{U} = 0 \tag{87}$$

La troisième équation de normalisation , exprimant la conservation de l'énergie se réduit à

$$\int U^2 \Phi \exp(-U^2)\, d_3\vec{U} = 0$$

et puisque d'après (80) l'on a

$$U^2 = U_i U_i = g_{(0)\underline{i}}^{(2)} = \frac{1}{2} H_{(0)}^{(2)} + \delta_{(0)\underline{i}}^{(2)} = \frac{1}{2}\left[1 + H_{(0)\underline{i}}^{(2)}\right] \tag{88}$$

on obtient aussitôt

$$\int \left[1 + H_{(0)\underline{i}}^{(2)}\right] \Phi \exp(-U^2)\, d_3\vec{U} = 0 . \tag{89}$$

Si l'on tient compte de l'éq. (86), on trouve:

$$A_{(0)\underline{i}}^{(2)} = 0 . \tag{90}$$

Nous avons, par ailleurs,

$$p_{ij} = \int m C_i C_j (1+\Phi)\, f\, d_3\vec{C} = \pi^{-3/2} \rho\, \Omega^2 \int U_i U_j (1+\Phi) \exp(-U^2) d_3\vec{U}.$$

Puisque d'après (80) on a $g_{(2)\underline{i}} = \frac{1}{2}(1+H_{(2)\underline{i}})$, on trouve

$$p_{ij} = \frac{1}{2} \rho \Omega^2 (\delta_{ij} + A_{(2)ij}) \tag{91}$$

et, finalement :

$$A_{(2)ij} = \frac{p_{ij} - p\,\delta_{ij}}{p} \tag{92}$$

Le coéfficient successif $A_{(3)\underline{i}}$ peut être trouvé par un procedé analogue qui fait intervenir les moments du 3-me ordre $g_{(3)\underline{i}}$

On a

$$A_{(3)\underline{i}} = \pi^{-3/2} \int H_{(3)\underline{i}} \Phi \exp(-U^2)\, d_3\vec{U} =$$

$$= 2^{3/2} \left\langle g_{(3)\underline{i}} \right\rangle . \qquad (93)$$

L'intensité de flux de chaleur est liée au coéfficient contracté de troisième ordre. En effet

$$Q_i = \frac{1}{2} \rho \Omega^3 \left\langle U_i U^2 \right\rangle$$

D'autre part

$$A^{(3)}_{(1)\underline{i}} \left\langle g^{(3)}_{(1)\underline{i}} \right\rangle = A^{(3)}_{(1)ijj} \left\langle g^{(3)}_{(1)ikk} \right\rangle + A^{(3)}_{(1)jij} \left\langle g^{(3)}_{kik} \right\rangle +$$

$$+ A^{(3)}_{(1)jji} \left\langle g^{(3)}_{(1)kki} \right\rangle = 3A^{(3)}_{(1)i} \left\langle g^{(3)}_{(1)i} \right\rangle \qquad (94)$$

En omettant les détails de calcul faisant état de la répetition de certaines composantes et en faisant remarquer que le polynôme contracté de GRAD $H^{(3)}_{(1)i}$ s'exprime par la formule

$$H^{(3)}_{(1)i} = 2^{3/2}\, U_i (U^2 - 5/2) \qquad (95)$$

l'on obtient finalement pour le développement de Φ arrêté aux termes contractés du troisième ordre l'expression

$$\Phi = \frac{p_{ij} - p\,\delta_{ij}}{2p} H_{(2)ij} + \frac{\sqrt{2}}{5} \frac{Q_i}{p\Omega} H^{(3)}_{(1)i} =$$

$$= \frac{p_{ij} - p\,\delta_{ij}}{p} U_i U_j + \frac{4}{5} \frac{Q_i}{p\,\Omega} U_i (U^2 - 5/2) \qquad (96)$$

Équations de transport de la quantité de mouvement et de l'énergie

Le problème qui est certainement essentiel (et qui, soit dit entre parenthèses, semble avoir une réponse négative) est de savoir si, lorsque on arrête , comme c'était fait dans l'éq. (96), le développement de Φ à un certain ordre de moment (les 13 premiers moments dans l'équation précédente) néglige-t-on des termes petits par rapport aux termes pris en considération, ou laisse-t-on en dehors des termes importants? Bien que, comme nous l'avions remarqué entre parenthèses, tout porte à croire que des termes essentiels aient été négligés, soyons ici illogiquement optimistes et tâchons de tirer le meilleur parti du développement de Φ exprimé par (96), coupé aux termes en $H^{(3)}_{(1)}$. Une manière simple d'écrire les équations de transport consiste dans l'usage des polynômes de GRAD. A cet effet il serait utile d'exprimer $\mathcal{D} f^{(0)}$ à l'aide de ces polynômes. On aura d'après l'éq. (56) et en tenant compte des éqs. (78), (79), (80) et (95)

$$\mathcal{D}f^{(0)} d_3\vec{C} = \pi^{-3/2}(\rho/m) \exp(-U^2)\, d_3\vec{U}\Big[2^{-\frac{1}{2}}(\Omega/p)\frac{\partial}{\partial x_j}(p_{ij}-p\delta_{ij})H_{(1)i} + \left(\frac{\partial v_i}{\partial x_j}+\frac{dT}{2Tdt}\delta_{ij}\right)H_{(2)ij} + 2^{-3/2}\,\Omega\frac{\partial T}{T\partial x_i}H^{(3)}_{(1)i} \tag{97}$$

Lorsqu'on multiplie (97) par Φ exprimé à l'aide de l'éq. (96) et lorsqu'on intègre le produit ainsi obtenu on verra disparaître tous les termes qui contiennent des polynômes de Grad d'ordre différent et l'éq. (83) nous donne, après quelques courtes transformations, le résultat

$$\int (\mathcal{D} f^{(0)})\Phi d_3\vec{C} = (\rho/m)\left(\frac{\partial v_i}{\partial x_j}\frac{p_{ij}-p\delta_{ij}}{p} + Q_i\frac{\partial T}{T\partial x_i}\right). \tag{98}$$

L'équation de continuité (61) nous donne immédiatement

$$\int f^{(0)}\mathcal{D}\Phi d_3\vec{C} = -\int \Phi\mathcal{D}f^{(0)} d_3\vec{C} = -(\rho/m)\left(\frac{\partial v_i}{\partial x_j}\frac{p_{ij}-p\delta_{ij}}{p} + Q\frac{\partial T}{T\partial x_i}\right) \tag{99}$$

Ce même résultat peut être obtenu par une intégration directe de la fonction sous le signe de l'intégrale. Les équations de la conservation de la quantité de mouvement et de l'énergie qui s'expriment par (66) et (67), respectivement se retrouvent par intégration directe et n'apportent aucune information complémentaire concernant le mouvement de notre fluide.

Équations de transport des grandeurs moléculaires du type

$$G = \sum a_k \Phi^k . \qquad (100)$$

Ce problème qui, à première vue, peut paraître fort abstrait est intimement lié au transport de l'entropie du gaz et possède une importance considérable. On sait que l'entropie d'une unité de volume de gaz est égale, à un coéfficient de proportionalité près à l'intégrale

$$\int f \log f \, d_3 \vec{C} = n \langle \log f \rangle \qquad (101)$$

Or nous avons

$$\ln f = \ln f^{(0)} + \ln(1+\Phi) = \ln\left[\pi^{-3/2} \rho/m)\Omega^{-3}\right] + \ln(1+\Phi) - U^2 \qquad (102)$$

et, par conséquent, on a

$$n \langle \ln f \rangle = (\rho/m)\left[-3 + \ln(\pi^{-3/2} \rho/m) - 3\ln\Omega\right] + \int \left[\ln(1+\Phi)\right] f \, d_3\vec{C} . \qquad (103)$$

Si nous admettons que $L<1$ (cf éq. (12)), nous pouvons, sous certaines conditions supplémentaires, développer l'intégrale qui figure dans l'éq. (103) en une série d'intégrales

$$\int \ln(1+\Phi) \, f \, d_3\vec{C} = \sum_{n=1}^{\infty} (-1)^{n+1} \int \Phi^n f \, d_3\vec{C} . \qquad (104)$$

Prenons pour la valeur de G les deux premier termes du développement en série (104) et posons, donc,

$$G = \Phi - \frac{\Phi^2}{2} \; . \tag{105}$$

La raison de ce choix très particulier va apparaître rapidement dans la suite. Ecrivons l'équation de transport pour cette grandeur moléculaire. Le côté différentiel de l'équation de transport sera maintenant :

$$\int G\,\mathfrak{D}f \; d_3\vec{C} = \int (\Phi - \Phi^2/2)\left[(1+\Phi)\,\mathfrak{D}f^{(0)} + f^{(0)}\mathfrak{D}\Phi\right] d_3\vec{C} =$$

$$= \int \Phi\,\mathfrak{D}f^{(0)}\, d_3\vec{C} + \int \left(\frac{\Phi^2}{2}\mathfrak{D}f^{(0)} + f^{(0)}\Phi\,\mathfrak{D}\Phi\right) d_3\vec{C} - \frac{1}{2}\int \left(\Phi^3\mathfrak{D}f^{(0)} + f^{(0)}\Phi^2\mathfrak{D}\Phi\right) d_3\vec{C} \tag{106}$$

Nous avons, comme on l'aperçoit rapidement, groupé dans l'éq.(106)les termes d'après l'ordre croissant de la fonction Φ . Cette raison est, bien entendu, motivée par les considérations concernant la mesure de l'écart de l'équilibre L , bien que la décroissance des intégrales avec la croissance de l'ordre en Φ ne soit pas tout à fait certaine et d'autres conditions doivent être satisfaites simultanément avec $L<1$.

Le premier terme de l'expression (106) vient d'être calculé et s'exprime par (98) . Nous allons calculer les termes du second ordre et nous allons négliger les termes d'ordre 3, en souhaitant qu'ils soient inférieurs aux précedents, ce qui, en principe, devrait être vraiment le cas : tout au moins pour les très petites valeurs de la mesure de l'écart d'équilibre.

Le calcul effectif des termes de deuxième ordre exige un travail assez considérable et dépourvu d'intéret . Nous l'omettrons ici, en donnant directement le résultat final et en engageant les auditeurs à la vérification individuelle. On a

$$\frac{1}{2}\int\left(\xi^{2}\,\xi f^{(1)}+f^{(0)}\mathcal{D}\xi^{2}\right)\,d_{3}\vec{C} =$$

$$= (\rho/m)\left[\frac{d}{dt}\left(\frac{\rho Q^{2}}{5p^{3}}+\frac{p_{ij}\,p_{ji}}{4p^{2}}\right)+\frac{2}{5}\,\frac{\partial}{\partial x_{j}}\,\frac{Q_{i}(p_{ij}-p\,\delta_{ij})}{p^{2}}+\right.$$

$$\left.+\frac{2}{5}\,\frac{(p_{ij}-p\,\delta_{ij})\,Q_{i}}{p^{2}}\,\frac{\partial\rho}{\rho\,\partial x_{j}}\right]. \qquad (107)$$

Il convient de noter, en passant, une relation fort utile :

$$\frac{p_{ij}\,p_{ji}}{p^{2}} = \frac{(p_{11}^{2}+p_{22}^{2}+p_{33}^{2})+(p_{23}^{2}+p_{31}^{2}+p_{12}^{2})}{p^{2}} =$$

$$= 9+(2/p^{2})\left[(p_{23}^{2}+p_{31}^{2}+p_{12}^{2})-(p_{22}p_{33}+p_{33}p_{11}+p_{11}p_{22})\right] \qquad (108)$$

Pour calculer le côté droit de l'équation de transport on doit connaître la loi de l'interaction entre les molécules pendant leurs rencontres. Toutefois certaines conclusions peuvent être trouvées par des considérations très générales, car ces lois d'interaction apparaissent, en fin de compte, sous la forme de coéfficients purement numériques qui ne dépendent pas des conditions des écoulements particuliers.

Nous allons introuire un certain nombre de notations usuelles. Les vitesses de deux molécules à un instant précédant leur rencontre seraient désignées par $\vec{C}$ et $\vec{C}^{*}$ respectivement, or par $\vec{U}$ et $\vec{U}^{*}$. Les vitesses des mêmes molécules après la rencontre seront désignées par les mêmes lettres accentuées, c.à d. par $\vec{C}'$ et $\vec{C}^{*\prime}$ ou par $\vec{U}'$ et $\vec{U}^{*\prime}$. Toutes les fonctions qui dépendent de la vitesse moléculaire seraient désignées de la même manière. On désignera par b et par ε les paramètres géométriques de la rencotre (b-distance assymptotiquedes trajectoires moléculaires, ε -angle du plan de mouvement et du plan de référence).

On désignera par $[G]$ la variation totale subie par les deux grandeurs moléculaires attachées aux deux molécules pendant la rencontre, c.à d.

$$[G] = (G' + G^{*\prime}) - (G + G^{*}) \tag{109}$$

On aura avec ces notations :

$$n\left\langle \frac{\partial_e G}{\partial t} \right\rangle = \int G \frac{\partial_e f}{\partial t} d_3 \vec{C} = -\frac{1}{4}\iiint [G](f'f^{*\prime} - f f^{*}) |C - C^{*}| b \, db \, d\varepsilon \, d_3\vec{C} \, d_3\vec{C}^{*} \tag{110}$$

(Cette forme du terme des rencontres peur être trouvée dans chaque ouvrage de la théorie cinétique des gaz , par ex. dans [1]) Lorsque G est donnée par la formule (105) on aura

$$[G] = [\Phi] - \frac{1}{2}[\Phi^2] \tag{111}$$

On a d'autre part

$$f'f^{*\prime} - ff^{*} = f^{(0)} f^{(0)*}\left\{(1+\Phi')(1+\Phi^{*\prime}) - (1+\Phi)(1+\Phi^{*})\right\} =$$

$$= [\Phi] + (\Phi'\Phi^{*\prime} - \Phi\Phi^{*}) \tag{112}$$

La fonction qui se trouve sous le signe de l'intégrale dans (110) (en y incorporant le coéfficient de $-\frac{1}{4}$ se trouvant devant) est

$$-\frac{1}{4} f^{(o)} f^{(o)*} |\vec{C} - \vec{C}^{*}| b \left\{ [\Phi^2] + [\Phi](\Phi'\Phi^{*\prime} - \Phi\Phi^{*}) - \frac{1}{2}[\Phi][\Phi^2] + \right.$$

$$\left. - \frac{1}{2}[\Phi^2](\Phi'\Phi^{*\prime} - \Phi\Phi^{*})\right\} \tag{113}$$

Cette expression contient des termes du second, troisième et quatrième ordre en Φ . Seulsles termes du quatrième ordre seront négligés dans nos calculs. Pour rendre ceux-ci plus simples posons encore, pour abréger

$$P_{ij} = (p_{ij} - p\delta_{ij}) / p \tag{114}$$

$$B_i = \frac{4}{5} (Q_i / p\Omega) . \tag{115}$$

La fonction Ξ s'écrira alors sous la forme

$$\Xi = P_{ij} U_i U_j + B_i U_i (U^2 - 5/2) . \tag{96'}$$

On choisira un nouveau système des coordonnées dans lequel va figurer la vitesse $\vec{g}\,\Omega$ du centre de gravité de la paire des molécules. On appellera aussi $\vec{Z}\Omega$ et $\vec{Z}^*\Omega$ les vitesses de chaque molécule par rapport à leur centre de gravité avant leur rencontre . On aura alors $\vec{Z}^* = - \vec{Z}$ et

$$U_i = g_i + Z_i , \qquad U_i^* = g_i - Z_i ; \tag{116}$$

$$U_i' = g_i + Z_i' , \qquad U_i^{*\prime} = g_i - Z_i' . \tag{117}$$

Par suite de la conservation de l'énergie cinétique pendant le choc les modules des vitesses relatives Z ne subissent pas de changement et, par conséquent,

$$Z'^2 = Z^2 . \tag{118}$$

Le jacobien de la transformation des variables $\vec{U}, \vec{U}^*$ en nouvelles variables d'intégration $\vec{g}$ et $\vec{Z}$ est

$$\left| \frac{D(\vec{U}, \vec{U}^*)}{D(\vec{g}, \vec{Z})} \right| = 8 \tag{119}$$

Un calcul fort simple montre que l'on a

$$\ddot{\Box} = f_{ij}\,(Z_i' Z_j' - Z_i Z_j) \tag{120}$$

avec

$$f_{ij} = 4\, B_i g_j + 2P_{ij}\,. \tag{121}$$

On désignera par M_2 et M_3 respectivement les termes que l'on obtient par l'intégration des expressions d'ordre deux et d'ordre trois en $\bar{\varphi}$. On a donc

$$M_2 = -\frac{1}{4}\iiiint [\ ]^{-2}\, f^{(0)} f^{(0)*} |\vec{C}-\vec{C}^*|\ b\, db\, d\varepsilon\, d_3\vec{C}\, d_3\vec{C}^* \tag{122}$$

Par suite de relations (119), (120) et (121) on aura

$$M_2 = -(1/4\pi^3)\, n^2\Omega \iiiint \exp\left\{-(U^2+U^{*2})\right\}[\Phi]^2\, |\vec{U}-\vec{U}^*|\, b\, db\, d\varepsilon\, d_3\vec{U}\, d_3\vec{U}^* =$$

$$= -(4/\pi^3) n^2\Omega \iiiint \exp\left\{-2(g^2+Z^2)\right\}\left\{f_{ij}(Z_i' Z_j' - Z_i Z_j)\right\}^2 b\, db\, d\varepsilon\, d_3\vec{Z}\, d_3\vec{g} \tag{123}$$

(Pour éviter la confusion on employera le symbole [ ] uniquement dans le sens de l'opérateur (112), en remplacant les parenthèses dans le sens ordinaire par celles de l'ordre supérieur).

L'intégration de l'expression (123) par rapport à ε , $\vec{g}$ et $\vec{Z}$ se fera selon la méthode bien connue, en faisant introduire l'angle χ entre la direction des vecteurs $\vec{Z}$ et $\vec{Z}'$. A cet effet on peut procéder de la manière suivante. Prenant le vecteur Z pour l'un des axes des coordonnées on écrira :

$$\vec{Z} = Z\,(1, 0, 0) \tag{124}$$

et

$$\vec{Z'} = Z\,(\cos\chi\ ,\sin\chi\ \ \cos\varepsilon\ ,\sin\chi\sin\varepsilon\ ) \qquad (125)$$

L'intégration par rapport à ε se fait entre les limites de 0 à 2π et fait disparaître tous les termes de degré impair en $\sin\varepsilon$ ou en $\cos\varepsilon$. Les calculs sont assez longs mais tout à fait élementaires. Le résultat final de l'intégration se présentera comme suit

$$M_2 = -(2/\pi)^{\frac{1}{2}} n^2 \Omega\,(B^2/3 + P_{ij}P_{ji}/5) \int x^5 \exp(-x^2) d_3\vec{x} \int \sin^2\chi\, b\, db \qquad (126)$$

L'intégration par rapport à ε et $\vec{g}$ y ont été effectués , par contre l'intégration par rapport à $\vec{Z}$ a été remplacée par l'intégration par rapport à la nouvelle variable d'intégration

$$\vec{x} = \sqrt{2}\ \vec{Z}$$

pour des raisons de l'abbréviation d'écriture.

L'expression (126) contient une intégrale double ou figure le sinus de l'angle χ . Cette quantité dépend de b et de x^2 . Elle peut être considérée comme connue lorsque la loi de l'interaction est connue explicitement. Alors l'intégrale double

$$K_5 = (2/\pi)^{\frac{1}{2}} \int x^5\, e^{-x^2}\, d_3\vec{x} \int \sin^2\chi\, b\, db = (32\pi)^{\frac{1}{2}} \int_0^{\infty} x^7 e^{-x^2}\, dx \int \sin^2\chi\, bdb \qquad (127)$$

se trouvera complètement déterminée quelque soit le mouvement du gaz . Cette quantité possède la dimension de la surface et l'on peut considérer cette intégrale comme la valeur de la section efficace de rencontres moléculaires. K_5 est une constante physique pour chaque espèce moléculaire. Nous verrons que les termes d'ordre supérieur feront apparaître de nouvelles constantes de la même espèce.

Les termes du troisième ordre apparaissant dans l'expression (113) sont

$$M_3 = -\frac{1}{4}\iiiint \left[\Phi\right]\left\{\Phi'\Phi^{*'} - \Phi\,\Phi^{*} - \frac{1}{2}\left[\Phi^2\right]\right\} f^{(0)} f^{(0)*} \left|\vec{C}-\vec{C}^{*}\right| b\, db\, d\varepsilon\, d_3\vec{C}\, d_3\vec{C}^{*} =$$

$$= (1/8\,^{3})\, n^2 \Omega \iiiint \exp\left\{-(U^2+U^{*2})\right\}\left[\Phi\right]^2(\Phi+\Phi^{*}+\Phi'+\Phi^{*'})\left|\vec{U}-\vec{U}^{*}\right| b db\, d\varepsilon\, d_3\vec{U} d_3\vec{U}^{*}. \tag{128}$$

La très grande simplification intervenue dans la fonction à intégrer est dûe à la forme très particulière de (105) que nous avions choisie pour la grandeur moléculaire. Le calcul long mais toujours très banal nous conduit au résultat suivant :

$$M_3 = -\frac{1}{8} n^2 \Omega \left\{ \left(\frac{49}{6} K_5 - \frac{26}{15} K_7 + \frac{2}{5} K_9 \right) B_i B_j P_{ij} + \frac{8}{5} K_5 P_{jk} P_{ki} P_{ij} \right\} \tag{129}$$

ou

$$K_s = (2/\pi)^{\frac{1}{2}} \int x^s e^{-x^2} d_3\vec{x} \int \sin^2\chi\, b db =$$

$$= (32\pi)^{\frac{1}{2}} \int_0^\infty x^{s+2}\, e^{-x^2} dx \int \sin^2\chi\, b\, db\ . \tag{130}$$

Tous les coéfficients K_s sont des constantes physiques répresentant diverses sections efficaces de rencontre. Il convient de noter que l'ordre de grandeur de K_s ne dépend pas beaucoup de s et, selon toute vraisemblance, doit être celui de la section de la molécule. Pour les gaz tels que O_2, N_2 etc il doit être de l'ordre de grandeur de $10^{-16}\ cm^2$.

Équation complémentaire de mouvement.

Nous pouvons maintenant écrire l'équation de transport pour notre grandeur moléculaire G .

A cet effet il faut que nous assemblions les résultats déjà obtenus et qui sont représentés par les éqs. (98), (107), (126) et (129) et par la définition (130). Nous écrirons tout d'abord le côté droit de l'équation de transport :

$$n\left\langle \frac{\partial_e \left(\bar{\phi} - \frac{\bar{\xi}^2}{2}\right)}{\partial t} \right\rangle = -n^2 \Omega \left\{ K_5 \left(\frac{B^2}{3} + \frac{1}{5} P_{ij} P_{ji} \right) + \frac{1}{5} K_5 P_{jk} P_{ki} P_{ij} + \right.$$

$$\left. + \left(\frac{49}{48} K_5 - \frac{13}{60} K_7 + \frac{1}{20} K_9 \right) B_i B_j P_{ij} \right\} \tag{131}$$

Ceci étant; nous pouvons écrire l'équation compléte abbrégée de transport de G . On a :

$$\left(\frac{\partial v_i}{\partial x_i} \frac{p_{ij}}{p} + \frac{d\rho}{\rho dt} + Q_i \frac{\partial T}{T \partial x_i} \right) + \frac{d}{dt} \left(\frac{1}{5} \rho Q^2/p^3 + \frac{1}{4} p_{ij} p_{ji}/p^2 \right) +$$

$$+ \frac{2}{5} \left\{ \frac{p_{ij} - p\delta_{ij}}{p^2} Q_i \frac{\partial \rho}{\rho \partial x_j} + \frac{\partial}{\partial x_j} \frac{(p_{ij} - p\delta_{ij}) Q_i}{p^2} \right\} =$$

$$= -(\rho \Omega / m) \left\{ \left(\frac{8}{75} (Q^2/p^3) + \frac{1}{5} (p_{ij} p_{ji} - 3p^2)/p^2 \right) K_5 + \right.$$

$$+ (\rho Q_i Q_j (p_{ij} - p\delta_{ij}) / p^4) \left(\frac{49}{150} K_5 - \frac{26}{375} K_7 + \frac{2}{125} K_9 \right) +$$

$$\left. + \left((p_{jk} p_{ki} p_{ij})/p^3 - (p_{ij} p_{ji})/p^2 + 6 \right) \frac{K_5}{5} \right\} \tag{132}$$

Nous avons ainsi obtenu une nouvelle équation générale décrivant l'évolution du gaz et qui doit remplacer <u>une</u> équation empirique dans le système des équations habituelles. On pourrait, par ex. rennoncer aux relations empiriques qui relient les 2 coéfficients de viscosité dans les équations de Navier-Stokes . L'éq. (132) contient des termes de différents ordre en Q_i et p_{ij}. Il serait évidemment indiqué de voir ce que l'on obtient lorsque l'on conserve dans (132) les termes les plus grands et ce que les termes d'ordre supérieur apportent à notre connaissance du mouvement réel.

BIBLIOGRAPHIE

1 - M. LUNC Rarefied Gas Dynamics (third Symposium) v. 1 ; p. 95 Accademic Press, 1963

2 - A. A. NIKOLSKI Engineering Journal - Acad. De Sciences USSR, 1964

3 - H. GRAD CPAM, 2, 1949, pp 331-407

Réferences générales

1. - S. CHAPMAN and I. COWLING The Mathematical Theory of non uniform Gases - Cambrige University Press 1952

2. - H. GRAD Principles of the Kinetic Theory of Gases - Encyclopedie of Physics, vol XII - Springer Verlag 1958

CENTRO INTERNAZIONALE MATEMATICO ESTIVO

(C.I.M.E.)

I. ESTERMANN

1. APPLICATIONS OF MOLECULAR BEAMS TO PROBLEMS IN RAREFIED GAS DYNAMICS

2. EXPERIMENTAL METHODS IN RAREFIED GAS DYNAMICS

Corso tenuto a Varenna (Como) dal 21 al 29 agosto 1964

APPLICATIONS OF MOLECULAR BEAMS TO PROBLEMS IN RAREFIED GAS DYNAMICS

by

I. ESTERMANN

Chief Scientist, U. S. Office of Naval Research, London.

1.. INTRODUCTION

In classical aerodynamics the air is considered as a continuum and its flow characteristics are described by the equations of fluid mechanics. From the standpoint of kinetic theory, the validity of these equations is based on the physical assumption that the behavior of the fluid is determined almost exclusively by the interactions between the individual molecules and only to a very minor, generally negligible, extent by the interaction between molecules and solid boundaries. Another expression of this physical situation is contained in the statement that under the conditions encountered in classical fluid mechanics, the mean free paths between individual molecules is very small compared with the dimensions of the bodies in contact with the fluid. If, however, the density of the gas is gradually being decreased to reach such values as, for instance, exist in the upper atmosphere, the mean free path which is inversely proportional to the density will gradually increase until the condition mentioned above is no longer valid. We are then reaching the regime known as rarefied gas dynamics, which is characterized by a mean free path λ between the molecules of the gas of the same order or even larger than the critical dimension d of the system. The ratio between this mean free path λ and the characteristic dimension $K = \lambda/d$, commonly called the Knudsen number, divides gas dynamics into the various flow regimes, values of $K < 0.01$ represent continuum flow, those of $K > 10$ free molecular flow, and intermediate values the regions commonly called slip and transition flow. In this series of lectures we will be concerned only with the regions of very large K's, that is with free molecular flow, also called Knudsen flow. In this flow regime individual molecules will make many collisions with the solid walls bordering on the system before they will have a chance to collide with one another. As a result, the flow characteristics are determined by the interactions between solid surfaces and gas molecules while the continuum quantities such as viscosity and heat conductivity lose their importance.

For the kinetic understanding of the free molecular flow regime, it is , therefore, important to determine the characteristic interactions between a free molecule and a solid surface . These interactions involve the transfer of energy and momentum. Among the various experimental methods for the determination of these transfer properties, the molecular beam method has the unique advantage of simplicity , at least in principle. Although this simplicity is largely or possibly even over compensated by experimental difficulties, the molecular beam method is becoming more and more accepted as an aerodynamic tool and the following lectures will be devoted to an explanation of the principles of the method and to a discussion of its applications to aerodynamic problems.

2. MOLECULAR BEAM TECHNIQUE

In the development of modern physics the study of corpuscular beams has played and is playing a very important role. The investigation of streams of moving particles is one of the most direct and, at least in principle, simplest methods for obtaining information about the properties of elementary particles. Beams of charged particles have been studied since 1879 when Sir William Crookes discovered the cathodic rays during his experiments with electric discharges through gases at low pressures. His observations led ultimately to the discovery of the electron, one of the most fundamental particles in modern physics. Related studies by Goldstein led to the discovery of beams consisting of positively charged ions. Since the beginning of the century, experiments with charged particles have played an ever-increasing role in the development of modern physics. It was not, however, until 1911 (6) that beams of neutral particles, namely ordinary atoms or molecules, moving in straight lines with thermal velocities, were used in a laboratory experiment, and another ten years elapsed before these beams were applied to investigations of fundamental problems in modern physics.

2.1 Thermal Molecular Beams

According to the kinetic theory, a gas consists of a very large number of discrete particles which move in random paths, each section of these paths being a straight line terminated by a collision either with another particle or with a wall of the containing vessel. If a vessel A, (Fig. 1,) containing a gas is brought into a highly evacuated space B and a small orifice O is cut into the wall of the vessel, the molecules inside A whose velocity vectors are pointing towards the orificie will effuse through it and continue to fly into the vacuum along a straight path. Since the gas molecules inside the vessel have velocity vectors in all directions, the molecules effusing from the orifice O will fill a solid angle of 2π. By arranging a screen with a small opening C inside the evacuated space, it is possible to select from the effusing molecules those whose velocity vectors lie in the general direction of the straight line connecting O and C. (It would be more accurate to say that the molecules selected are those whose velocities fall within the solid angle determined by the limits of the two orifices and the distance between them.) If the orifice O is small enough to be regarded as the point source, the molecules passing through C form a molecular beam of particles moving on almost parallel trajectories. Since their paths do not intersect, collisions between them will occur only if a faster molecule overtakes a slower one moving along the same path. Such collisions will take place only very rarely. Since we have tacitly assumed that the whole process takes place in a good vacuum, collisions between the molecules forming the beam and residual molecules in the vacuum space can also be neglected. We may, therefore, define a molecular beam as a stream of molecules moving collision-free in a highly-evacuated space in straight and almost parallel trajectories within the limits of a geometrically defined beam.

As far as beam properties are concerned, there is no difference between atoms and molecules. We will, therefore, avoid the term atomic beams ; such beams are simply molecular beams composed of monoatomic molecules . For the purpose of our discussions, which are related to applications to aerodynamics, we will normally consider only beams of molecules that are common components of air, namely oxygen and nitrogen , or occasionally if for some reason a monoatomic molecule is desired, argon or helium. In a few exceptional cases we might also consider beams composed of other molecules such as atomic potassium which, as we shall see later, makes the performance of certain experiments much easier.

A molecular beam apparatus, schematically shown in Fig. 1,

consists at least of the four following components :

(1) A source A , in general a vessel filled with a gas or vapor and equipped with an orifice O for the effusion of the molecules.

(2) A collimating system, in the simplest case a single diaphragm C which together with the source orifice determines the geometrical form of the beam. However, a more elaborate system of diaphragms is frequently necessary.

(3) A detector for the beam, and

(4) A vacuum envelope B in which all the other components are arranged and where the pressure can be maintained at such a low level that the mean free path is very large compared to the distance the molecules have to travel. (This means that the Knudsen number in the apparatus must have a large value.)

Other components, which are employed only if required by specific experiments, are velocity selectors or mass filters, which may be of a magnetic , electrical or mechanical nature, and other special devices needed for the problem to be attacked. For the purpose of the following discussions, these special devices will be restricted to solid (or occasionally liquid) surfaces with which the beam molecules may exchange energy and momentum.

2.1.1. Molecular Beam Sources

Since the earlier molecular beam experiments were carried out with metal atoms which were produced by evaporation from a solid or liquid supply contained in the vessel A in Fig. 1 under the effect of elevated temperatures, the source is commonly called an "oven", even if no heating is involved. For beams of common gases, the source may be an orifice or slit connected by a tube to a reservoir containing a gas such as nitrogen or argon, whose pressure is kept constant. The temperature of the source can be varied by external heating or cooling. (More recently, supersonic jets have been used as beam souces). These sources differ fundamentally from the first type because the beams emitted by them are not in thermodynamic equilibrium. They will be discussed in section since the following discussions will not involve experiments requiring complicated oven constructions, no further details will be given here; they may be found in references(2) and (3).

2.1.2. Molecular Beam Intensity

Probably the most important factor for the design of a molecular beam experiment is the obtainable beam intensity . In the case of an ideal orifice used as source, the beam intensity depends on the rate of effusion. For true molecular flow, that means under conditions where the mean free path in the gas or vapor behind the orifice is large compared to the dimensions of the orifice and where the thickness of the wall is small compared to its width or diameter, the rate of effusion can be calculated easily from the elementary kinetic gas theory . It is simply equal to the number of molecules (N) which strike a wall area equal to the area (a) of the orifice per unit time, namely

$$N = 1/4 \ n\bar{c}a \tag{1}$$

where n is the number of molecules per cm^3 and $\bar{c}$ their average velocity . The number N can be expressed in terms of the pressure p, the absolute temperature T, and the mass m of a molecule or the molecular weight M of the beam-forming substance by using the relations

$$N = p/kT \text{ and } \bar{c} = (8kT/\pi m)^{1/2}$$

where k is Boltzmann's constant. The result is

$$N = pa/\,(2\pi mkT)^{1/2}\ \mathrm{sec}^{-1}. \qquad (2)$$

Introducing the numerical values of the universal constants and measuring p in mm Hg, we obtain for the number of mols effusing per unit time

$$Q = 5.83\times 10^{-2}\, pa(MT)^{-1/2}\ \mathrm{mol\ sec}^{-1} \qquad (3)$$

Equations 1, 2 and 3 give only the total rate of effusion of a gas through an aperture. For the formation of a molecular beam it is, however, important to know the angular distribution of the molecules. According to Knudsen, the number of molecules dN leaving a surface element $d\sigma$ of an aperture and contained in an element of solid angle $d\omega$ which makes an angle θ with the normal to $d\sigma$ is given by

$$dN = \mathrm{const.}\quad \cos\theta\, d\omega\, d\sigma \qquad (4)$$

This equation is known as the Cosine Law of molecular effusion and is illustrated in Fig. 2 . It has been verified experimentally and is completely analagous to Lambert's Law for the intensity of radiation emitted from a light source.

The intensity of a molecular beam is defined as the number of molecules passing per second through a unit cross section of the beam or impinging upon a unit area of a detector. From Fig. 3 it follows that the number of molecules originating from a surface element $d\sigma$ of the source P and arriving at surface element $d\sigma'$ of the detector P' is given by

$$dN_{\sigma\sigma'} = \frac{nE}{4} \cdot \frac{d\sigma\, d\sigma' \cos\theta_1 \cos\theta_2}{r^2 \int_0^{\pi/2} \int_0^{2\pi} \cos\theta \sin\theta\, d\theta\, d\varphi} \qquad (5)$$

where θ_1 and θ_2 are the angles between the line connecting $d\sigma$ and $d\sigma'$ and their respective normals. The intensity of the beam at p' can be calculated by integrating equation (5) over $d\sigma'$. In most molecular beam arrangements, $\cos\theta_1 = \cos\theta_2 = 1$ and the result of the integration is

$$d N_{\sigma'} = I\, d\sigma' = \frac{5.83 \times 10^{-2}\, a\, p\, d\sigma'}{\pi r^2 (MT)^{1/2}} \text{ mol sec}^{-1} \qquad (6)$$

where a is the area of the source aperture, p the pressure in the source measured in mm Hg, r the distance of the target surface d ' from the oven slit and I the intensity of the beam at $d\sigma'$.

2.1.3 Collimating Systems

Referring to collimation, the essential difference between molecular beams and beams of charged particles, such as electrons or ions, lies in the electric neutrality of the former. As a result, they cannot be focussed by electrostatic or magnetic lenses and their optical behaviour is, therefore, more like that of a beam of light in a pinhole camera. The simplest collimating system is a screen equipped with a single orifice or slit* which, together with the source slit, defines a beam as shown in Fig. 4. This beam consists of a central region of constant intensity (umbra) and a region on either side (penumbra) where the intensity drops linearly from the maximum value to zero. If we plot the intensity in the center plane of the beam against position, we obtain, therefore, a trapezoid (Fig. 5).

---

* In many applications, narrow rectangular slits are used as orifices; it is, therefore, customary to use the terms source or oven slit, collimating slit, and detector slit independent of the geometrical form of the orifices.

In most practical applications, the collimating system will consist of several slits. The employment of an additional slit is sometimes governed by a desire for a more precise alignment, but in most of the cases of interest to us in connection with aerodynamic applications of molecular beams, the reason for the use of several slits is differen . Contrary to ordinary ligth beams, molecular beams are attenuated dur--ing their paths because they travel through a scattering medium: the residual gas in the apparatus. This gas originates in part from the imperfections of the pumping system and from small leaks but to a major extent from the molecules effusing from the source slit which are rejec--ted by the collimator. If these molecules, which may be a thousand times as numerous as those passing through the collimating slit are not condensed by strongly-cool surfaces, they will be reflected from the walls and result in a residual pressure which decreases the mean free path in the apparatus. The use of additional slits or canals makes it possible to partition the apparatus into several sections which may be evacuated by separate pumps. If, for the reason mentioned above, the pressure in the vicinity of the source has a value p, the pressure in the next section separated from the first one through a solid wall containing only a small opening can be lower by a factor $R = W_p/W_f$ where W_f is the flow rate through the connecting orifice and W_p the effective pumping speed of the pump evacuating the second section. The same reduction will apply to the third and following sections. Since it is easy to make the factor R = 100, the sub-division of the apparatus into several separately pumped sections (differential pumping) can reduce the pressure in the second and third sections to tolerable values even if the pressure in the first section remains relatively high. If, as a practical example, we assume that the pressure in the first chamber surrounding the source is one micron, the pressure in the second region will be .01 micron and in the third region .0001 microns, provided that the pumps employed are capable of maintaining their capacity at these low pressures. To obtain large values of R, it is necessary to employ canals instead of simple orifices ; if the alignment is good, the flow resistance of a canal for a molecular beam is the same as of an orifice while its flow resistance for the molecules of the residual gas, which move in random directions, is larger by a factor K which may be of the order of 50, as explained in section 1.4. The great advantage of this procedure for minimizing beam attenuation can be shown by the following considerations. The effect of the scattering gas on the intensity I of a molecurar beam per unit length of passage is given by

$$I = I_0 \, e^{-1/\lambda} \tag{7}$$

where λ is the mean free path of the beam molecules in the scattering gas and I_0 the intensity in the absence of a scattering gas. (λ is inversely proportional to the pressure.) If we divide the apparatus into several chambers, the intensity at the end of the nth chamber will be given by

$$I = I_0 \, e^{-(L_1/\lambda_1)} \, e^{-(L_2/\lambda_2)} \ldots . \, e^{-(Ln/\lambda n)} \tag{8}$$

where L_1, L_2 and L_n are the lengths of the path of the beam molecules in the various chambers and λ_1, λ_2 and λ_n the mean free paths corresponding to the pressures in the various chambers. If the pressure ratio between two successive chambers is given by the factor R defined earlier, the equation modifies to

$$I = I_o \cdot e^{-(L_1/\lambda_1)} \cdot e^{-(L_2/R\lambda_1)} \cdots \quad (9)$$

Because of the exponential character of the attenuation of the beam, most of the weakening takes place in the first chamber; the beam path in this chamber should, therefore, be made very short. The distances in the second and following chambers can be made considerably longer without any appreciable weakening because the corresponding exponentials approach unity very rapidly if R is large enough. A suitable arrangement for differential pumping is shown in Fig. 6. Equation 7 also shows that the mean free paths λ in the apparatus should be several times as large as the distances travelled if a good beam intensity is to be obtained. It is easily recognizeable that for $\lambda = L$ the beam will be weakened by a factor of e or to about 1/3 of the original intensity.

2. 1. 4. Detectors

While the discussions of sources and collimating systems in the preceding sections apply more or less to molecular beams of all kinds of substances, the technique of detection depends to a large degree on the physical and chemical properties of the molecules forming the beam. Since we are at the moment concerned only with aerodynamic applications, we will confine our discussion of detectors to those which are applicable to beams composed of permanent gases such as the major components of air. As an exception we will also discuss briefly a detector suitable for alkali atoms, not because they are directly employed in experiments concerned with aerodynamic problems but because they play an important role in certain model esperiments which have indirect relations to one of the problems in which we are interested.

2.1.4.1. Manometer Detectors

The most common detectors for non-condensable materials use as a sensitive element a low pressure manometer which registers a pressure increase in an otherwise closed vessel equipped with a narrow entrance slit or canal through which the beam molecules can enter. While such a slit or canal, if properly aligned, does not offer any impedance to molecules moving in the proper direction, it has a significant flow resistance for molecules with random velocities. Since the velocity vectors of the beam molecules entering the vessel will become randomized after collisions with the walls, their admission will cause a pressure increase in the vessel until equilibrium is reached, that means until the number of beam molecules entering per unit time becomes equal to the number of random gas molecules leaving in the same interval. From the equations given in Section 2.1.2. the number of incoming molecules through a slit of the cross sectional area a' is given by

$$n_i = p_0 \, aa' / \left[(2\pi mkT)^{1/2} \, r^2 \right] \tag{10}$$

where p_o is the pressure in the oven, a the area of the oven slit and r the distance between the oven slit and the detector slit. The number of effusing molecules is given by equation

$$n_e = p_D a' / (2\pi mkT')^{1/2} \tag{11}$$

where p_D is the equilibrium pressure and T' the temperature inside the detector vessel. The equilibrium pressure is given by $n_i = n_e$, or

$$p_D = (p_o a/\pi r^2)(T'/T) . \tag{12}$$

If a canal is used instead of a simple entrance slit, the flow impedance for the randomized molecules is increased by a factor k which depends primarily on the ratio between the width and the depth of the canal (for details see reference (2), page 312). This factor has in actual practice been made as large as 50 or even more.

Taking as an example a helium beam with $a = 10^{-3}$ cm^2, $r = 20$ cm, $p_o = 1$ mm, we obtain for p_D approximately 10^{-6} mm Hg if an ideal entrance slit leads to the detector, or 5×10^{-5} mm with a canal having a k - factor of about 50.

Since beam intensities should be measurable to better than one per cent and deflected or scattered molecules amounting to possibly only one percent of the parent beam should be measurable with fair accuracy, the registration of such small pressure increments requires a very sensitive manometer (sensitivity of 10^{-8} to 10^{-9} mm Hg or better.) Moreover, the total pressure in the manometer chamber will be of the same order of magnitude as the pressure in the collimating chamber, namely between 10^{-6} and 10^{-8} mm Hg and may fluctuate by as much as a few per cent because of uneven performance of pumps. It is, therefore, necessary to use a manometer which is so designed that it can indicate pressure changes of the order of 10^{-9} mm Hg in a background or ambient pressure of 10^{-6} mm Hg . Moreover, the effects of random fluctuations in the apparatus must be eliminated or at least strongly diminished. The first requirement has been met by the construction of hot wire (Pirani) and ionization gauges of the necessary sensitivity , the second by the employment of two identical gauges, one of which is exposed to the beam and the other pointing in the opposite direction. The two gauges are connected to an electrical network which registers only the difference in pressure between them. More details about the construction of such manometers are found in references (2) and (7), but it should be mentioned here that sensitivities of the order of 10^{-10} mm Hg have obtained in practice.

Although the manometer detectors have been developed to an acceptable performance level, they have a number of inherent shortcom--ings. They suffer, for instance, from lack of zero stability but an even more serious defect is their inability to distinguish between pressure changes produced by a signal and those due to noise . Since most of the experiments are performed in a noisy environment, namely the imperfect vacuum in the apparatus, the compensation of pressure fluctuations remains a difficult problem. Although the application of a pair of gauges as explained above provides some improvement, the most commonly employed technique for the impovement of signal to noise ratio, namely modulation ,is difficult to apply. That is due to the relatively large time constant of the manometer detectors which in practice is of the order of 10 to 60 seconds and which does not, therefore, permit modulation by chopping the beam with a reasonable frequency.

2.1.4.2. Beam Ionization Detector.[8]

This device, which overcomes the last problem mentioned in the preceding paragraph is also called "cross-fire" detector. The beam is exposed to a transverse electron bombardment by which the beam atoms or molecules are transformed into electrically charged particles. These ions are accelerated and directed towards a surface which emits secondary electrons under ion bombardment . The secondary electrons are converted into measurable currents with the aid of conventional amplifiers. Since the associated processes have very short time constants, modulation with frequencies of the order of 10 to 100 hertz is quite feasible and the arrangement is inherently very sensitive. If an amplifier tuned to the modulation frequency is employed, the noise is suppressed except for the very small component which has the same frequency as the modulating frequency. The application of a mass filter makes it also possible to distinguish between signals due to beam molecules and those caused by the molecules of the residual gas in the apparatus. On the other hand, the efficiency of the ionization by electron bombardment is only of the order of 10^{-3} to 10^{-4} so that the over-all sensitivity of the equipment is probably just competitive with that of the manometer detector.

2.1.4.3. Surface Ionization Detector.

A detecting device which is both very simple and permits modulation is the surface ionization detector.[9] It operates on the following principle : If a molecule of low ionization potential I impinges on a surface with an electron work function ϕ larger than I, there is a certain probability for the impinging atom to lose its valence electron and, if the surface temperature is high enough, to evaporate as a positive ion. The ratio of the number of re-evaporating ions N^+ to the number of re-evaporating neutral atoms N is given by

$$N^+/N = \exp(\phi - I)/kT$$

where $k = 8.5 \times 10^{-4}$ ev/^oK is the Boltzmann constant and I and ϕ are measured in electron volts. An examination of the values of the physical constants involved shows that potassium or cesium atoms impinging on a tungsten surface of 1200^oK have a very high probability of ionization. For these and other alkali atoms as well as for certain molecules containing alkali atoms, the surface ion detection works very satisfactorily. When extreme sensitivities are needed, it can be combined with a beam modulator and a mass filter and achieve an excellent signal to noise ratio. For the beams composed of the common components of air, such as nitrogen or oxygen or even monoatomic rare gases such as argon or neon, the ionization potentials are unfortunately far higher than the work functions of any suitable electron emitter and this technique is, therefore, not applicable. It can, however, be utilized in model experiments where alkali atoms can be substituted for those which are of real aerodynamic interest.

2.1.5. Vacuum Envelope.

Since, as pointed out in the preceding section, a considerable pressure is produced in the apparatus by the molecules effusing from the source which are not accepted by the collimating slit, a large pumping capacity is needed to maintain the mean free path at a sufficiently low level. Further improvement of the vacuum conditions can be obtained by differential pumping, that means by a subdivision of the apparatus into several compartments with separate pumping systems. As a rough practical estimate, the pumps attached to the first or oven chamber will need a capacity of 100 liters / sec or more while those evacuating the subsequent chambers should be selected more for low final pressure and freedom from fluctuations than for extreme pumping capacity. For experiments where surface contamination by the pumping fluid may be a serious problem, the use of oil diffusion pumps may not be advisable. Mercury diffusion pumps, although somewhat slower in pumping capacity, are much better in this respect but even cleaner conditions can be obtained by the use of ion pumps ("Vacion" pumps) or by cryopumping, that means condensation of the residual gas by surfaces cooled with liquid hydrogen or helium.

For the beams of alkali metals which can be used for model experiments related to aerodynamic problems, the pumping situation is usually much simpler. The excess molecules can be removed by condensation on a liquid air or liquid nitrogen cooled surface and the required pumping speed is, therefore, considerably less. However, more emphasis should be placed on freedom from fluctuations and on the ultimate vacuum obtainable. Protection of the surfaces to be tested from contamination is also an important factor. In every case the judicial selection of the proper pumping system can facilitate experimentation to a large extent.

3. INTERACTION OF ATOMS AND MOLECULES WITH SURFACES

For the calculation of the transport properties of gases at low densities, a knowledge of the interaction between individual molecules and solid surfaces is essential. The conventional methods for the determination of the energy and momentum transfer are usually expressed "accomodation coefficients" and depend on measurements of viscosity and heat transfer between two solids surrounded by the gas under investigation. One of the difficulties associated with these methods lies in the fact that, as the density of the gas becomes lower and lower, the rates of transfer become so small that their accurate measurement is very difficult. On the other hand, if one increases the density to the point where the measurements become easier, the conditions for ideal molecular flow are no longer maintained. Moreover, all these measurements produce only a value for the transport coefficients but do not permit an investigation of the phenomena on a molecular scale.

The aim of the molecular beam method is to determine the change in the energy and momentum distribution of individual molecules due to their interaction with a surface. For this purpose it is necessary to measure this distribution before and after the impact and to correlate the results with the energy and momentum transfer suffered by the surfaces. If such measurements are successful, the transport properties of a rarefied gas can be computed with the aid of the kinetic theory which describes in an acceptable way the interactions of molecules with each other. In the case of extremely low densities, the latter interactions can be completely neglected.

3.1 Historical Review

The earliest clues to the nature of molecular scattering at the surface were obtained from experiments on the damping of vanes and discs in rarefied gases and in the observations of the deviations from hydrodynamic theorv in viscous flow through capillaries. For the explanation of these observations, Maxwell[10] introduced a coefficient of momentum transfer f or, as it is now called, σ. He interpreted this coefficient as representing the fraction of molecules reflected by the surface according to the cosine law and the complementary value 1-f as the fraction reflected specularly. In an analogous fashion, Knudsen[5] defined an accomodation coefficient for the energy transfer between a gas and a surface which is commonly designated by the symbol α and which was originally thought to represent the fraction of the impinging molecules which "accommodate", that means which leave the surface after impact with a temperature corresponding to that of the surface while the complementary quantity $1 - \alpha$ represents the fraction which leaves the surface after impact without changing their temperature. More recently Schaaf[11] proposed the introduction of a third transfer coefficient σ' representing the efficiency of normal momentum transfer between the gas and the surface while the coefficient σ represents the efficiency of tangential momentum transfer and the coefficient α, the efficiency of heat transfer. Inspection of more recent measurements shows that the coefficient σ is usually close to unity, giving strong support to the belief that in general diffuse or cosine scattering prevails while the reported values of α are frequently rather small and, for light gases and very clean systems, often approach zero. Very few experimental values for the coefficient σ' are as yet available.

3.2. Momentum Transfer

The measurements of viscosity and heat conductivity referred to earlier permit at best the determination of an overall coefficient f or α but do not give any details about the process on a molecular scale. If, however, a beam of unidirectional molecules is directed onto a surface and the spatial distribution of the scattered molecules is measured, one obtains considerably more detailed information. The first experiments of this sort were carried out by Wood[12] and Knudsen[13] who used beams of mercury and cadmium reflected from glass surfaces. They appeared to verify the cosine scattering law to a very large degree, that means gave values of f close to 1. Later experiments by Knauer and Stern[14], and Estermann and Stern[15] with helium and hydrogen beams scattered from alkali halide surfaces produced evidence of a considerable amount of specular reflection. Their results can be interpreted by the assumption that for systems of this sort the coefficient f may be very small or even zero. Experiments with zinc, cadmium and mercury atoms scattered from alkali halide crystal surfaces by Ellett[16] and his collaborators and by Josephy[17] showed a rather different behavior. Typical results are shown in Fig. 7, and they are qualitatively similar for all reported cases. An examination of these results shows immediately that the scattering is neither specular nor cosine and that a simple resolution of the observations into a fraction f undergoing cosine reflection and a fraction 1 - f undergoing specular reflection as proposed by Maxwell is not obvious. The results can best be described as quasi-specular scattering with the maximum not pointing exactly into the direction of the specularly reflected ray but lying somewhat closer to the normal. Comparison of the results obtained with different beam and crystal temperatures shows the following general behavior : (1) The position of the maxima shifts towards the specular ray with decreasing crystal temperature and with an increase in beam temperature and (2) the relative number of atoms scattered according to the cosine law increases with a decrease in crystal temperature. More extensive results were reported recently by Datz, Moore and Taylor[18] and by Smith and Fite[19]. A portion of Datz's results are reproduced in Fig. 8, which shows the scattering of helium atoms (at source temperatures up to approximately 1900 ^{o}C) from platinum surfaces whose temperature was varied between 50 and 1200 ^{o}C . The striking feature of these tests is the reversible transition from quasi-specular to entirely diffused scattering upon passage of a broad threshold in the temperature of the surface in the region of 100 to 200 ^{o}C. This transition seems to be connected with the absorption of oxygen; the conditions for manolayer formation being energetically correct in this temperature region. Once again the maximum of the lobe is shifted towards the specular ray at high beam temperature and in the direction of the surface normal at low beam temperatures.

Similar but more complex observations were made by Smith and Fite on the scattering of H_2 molecules and argon atoms from nickel surfaces. It was found that certain N_i scatterers bearing a trace of carbon produced marked specular maxima after bake-out to $600^{o}C$ in the presence of H_2. The specular maxima, shown in fig. 9, were observed only in the surface temperature range from 200 to $300^{o}C$. At lower temperatures the surface was presumed to be obscured by condensed gases but the return to diffuse scattering at temperatures between 300 and $1000^{o}C$ is not yet understood. It should be noted that Fite's apparatus permits a crude determination of the evergy accommodation experienced by the particles at the surface. From his estimate it is found that the portion of the reflected beam near the maximum of the quasi-specular lobe undergo almost no energy adjustment while portions in directions corresponding more to the surface normal suffer almost complete adjustment. Experiments by Estermann, Frisch and Stern[(20)] on the reflection of hydrogen and helium from lithium fluoride surfaces has shown in 1931 already that the specularly reflected molecules do not suffer any energy accommodation at all.

Experiments with the normal components of air, such as oxygen, nitrogen and argon, on glass and metal surfaces were carried out extensively by Hurlbut (7, 21) and his collaborators. In most cases they found perfect cosine scattering* as shown in Fig. 10 and only if

*For pure cosine scattering, the end points of the scattered beam vectors are located on a sphere (Fig. 11).

the angle of incidence measured from the normal is close to 90°, an appreciable amount of quasi-specular reflection was observed . These observations agree with earlier but not quite so elaborate measurements by Knauer and Stern who also found a predominant scattering in the forward direction at very large angles of incidence.

Regarding the normal momentum transfer represented by the coefficient σ', an attempt has been made by Stickney [22] to obtain a meas--urement of this quantity. In his studies, beams of noble gases and of N_2, CO_2 and H_2 were directed against surfaces of tungsten, platinum and aluminum in a torsion balance apparatus. The results may be summarized as follows : The transfer of normal momentum at normal incidence is about equally complete for argon and nitrogen, more complete for CO_2, and less complete for neon, N_2 and helium. No difference in behaviour among the three surface materials tested was observed, suggesting that surface contamination played a major role in these measurements.

To summarize the results obtained to date, one can only say that the situation is rather complicated and does not yet permit a simple explanation of all the observed results. One might, however, state with a fair amount of certainty that for light gases and technical surfaces, scattering according to the cosine law is almost always prevalent, with small deviations occurring only at very large angles of incidence. For atomically better defined surfaces, namely cleaved crystal surfaces, the situation is far more obscure. Here quasi-specular scattering is most frequently encountered, and purely specular reflection is limited to light gases and very good crystal surfaces, such as those of LiF. The experiments have also shown that the condition of the surface, particularly the possible absorption and desorption of gases, has a very large effect on the observations . Reffering in particular to some of the results obtained by Fite, the possibility of chemical reactions occurring between the molecules of the beam and those of the surface may further obscure the elementary phenomena. With reference to possible aerodynamic applications, one may expect that good crystal surfaces would probably suffer less drag in a rarefied gas flow than ordinary technical surfaces, but it seems very improbable that they may lend themselves for practical applications.

3.3. Energy Transfer

Measurements of the thermal accommodation coefficient which represents the efficiency of heat transfer between a gas and a solid surface are numerous, but unfortunately the agreement between results obtained by different investigators is rather poor. In a survey paper, J.P. Hartnett[23] has flatly come out with the statement that all the published measurements are unreliable. As pointed out earlier, one of the reasons for this state of affairs may be due to experimental difficulties, particularly to the fact that if the pressure regime is so chosen that true molecular flow exists, the magnitude of the heat transfer through the gas is of the same order or sometimes even smaller than the unavoidable heat leaks and is, therefore, difficult to measure. Another difficulty arises from the condition of the solid surface. It is very difficult to obtain reproducible, clean surfaces and one frequently does not know whether one measures the accommodation on the material supposedly under investigation or the accommodation on a layer of condensed or adsorbed material . There is, therefore, good reason to question the validity of many published results. Among the most reliable measurements are those reported by Wachman[24].

The second shortcoming of the traditional method for the meas--urement of the energy exchange between solids and gas molecules arises from the fact the scattered molecules may not be in thermodynamic equilibrium and that their energy content may not be describable by a temperature as is usually the custom. It is, therefore, interesting to design a molecular beam experiment for the measurement of thermal accommodation . For this purpose the energy distribution in the parent beam was measured and this measurement repeated after the scattering. Work begun by Bennett and Estermann [25] and continued by Marcus and McFee [26] has not solved this problem in all details but has identified an experimental technique which might ultimately answer some of the important questions. For reasons of experimental convenience the measurements were carried out with beams of potassium atoms reflected from various surfaces at various temperatures. Potassium is, of course, far different in behavior from the consituents of the air and it is, therefore, impossible to translate the results directly to aerodynamic problems. The choice of this material was governed by the existence of the surface ionization detection which, as pointed out in section 2.1.4.2., is far superior to the manometer detectors but unfortunately only applicable to atoms or molecules with a low ionization potential . The results can be summarized as follows : In every case over a temperature variation of the reflecting surface from 350 to over $2000^{o}K$, the beams of potassium reflected from tungsten or other metallic targets exhibit a velocity spectrum characteristic of the temperature of the target surface, irrespective of the velocity distribution in the parent beam. The velocity analysis of the parent and reflected beams was made by means of a mechanical filter. The beam source in this case is a small oven in which metallic potassium is heated to a temperature between 250 and 300 ^{o}C ; the beam molecules effuse through an "ideal" slit into a chamber maintained at a very good vacuum. The velocity selector consists of two slotted discs driven by two synchronous motors supplied from the same oscillator rotating with approximately 8000 rpm. A phase shifter varies the phase of the voltage fed to one motor relative to the other. The change in phase results in an angular displacement between the slots on the two discs. For each phase angle, only a narrow velocity region is transmitted through the selector . If the intensity of the beam is plotted as a function of phase angle, one obtains directly a reproduction of the velocity distribution. By coupling the motor driving the chart in a strip chart recorder with the phase shifter, this velocity distribution can be recorded automatically. Curves obtained in this form are shown in Fig. 12 . One of the important results obtained with this apparatus was that the parent beam has a Maxwellian velocity distribution only if the pressure in the oven is so low that the mean free path of the molecules in the oven is large compared to the width of the oven slit (curve a in Fig.12) . If the oven pressure is increased, the velocity distribution becomes distorted in the sense that the intensity of slow molecules falls considerably below the expected value (curve b in Fig.12). For the scattered beams (Fig. 13) it has been shown that in all conditions investigated the velocity distribution measured after scattering corresponded exactly to the temperature of the target irrespective of the distribution in the parent beam, i.e. thet the acommodation coefficient α is equal to one. The accuracy of the measurements was better than 1% . It had been hoped to find a system or conditions in which the accommodation coefficient was less than one, but the only indication of this sort was obtained in scattering of K - atoms from a lithium fluoride crystal. The results obtained in this case were, however, not explainable on the basis of a simple theory.

An indirect way of obtaining information about accomodation coefficients results from the work of Stickney (22) mentioned earlier. If the observations on the normal momentum transfer coefficient σ' are examined under the assumption that only cosine scattering takes place, the results can be related to accommodation coefficients for translation of energy . The values obtained in this form for a tungsten surface vary between 0.55 for helium and 1.0 for nitrogen.

In conclusion it may be said that the investigation of the energy transfer between surfaces and molecules of thermal velocities have not yet resulted in any significant answers to aerodynamic problems. It is hoped that the work can be extended to systems which permit simultaneous measurement of σ and α so that a correlation between these two quantities can be obtained.

4. NON-THERMAL BEAMS.

4.1 Intensity and Energy Limitations of "Classical" Molecular Beams.

The application of classical molecular beams is subject to two fundamental limitations, one relating to the maximum intensity, the other to the maximum energy attainable. The first limitation is based on the equations given in Section 2.1.2, because some of the parameters appearing in these equations cannot be set arbitrarily without destroying some of the beam properties, and because others must be adjusted to the conditions of specific experiments.

To obtain numerical values for beam intensities , the geometric parameters of Eq. 6 must be chosen first. Following a recent comprehensive review of this subject (27), and keeping aerodynamic applications in mind, we chose for the distance r between the beam source and the point at which the intensity I is to be measured, the value of one meter. We also retain the assumption that $\cos\theta_1 = \cos\theta_2 = 1$. The value a, however, cannot be selected arbitrarily without a corresponding selection of the source pressure p. In effect, the requirement for molecular effusion that the mean free path of the molecules in the source should be of the same order of magnitude as the characteristic dimension of the beam source, imposes a fixed value on the product a·p for any given source geometry. If one tries, for example, to increase p at a given value of a, or a at a given value of p, one finds that the intensity does not increase linearly with either of these variables. Moreover, as discussed in Sect. 3.3. and shown in Fig. 12, the velocity distribution undergoes a more or less severe disturbance which may or may not interfere with the purpose of the experiment. Although an ingenious choice of the shape of the source may ameliorate the problem, the sky is definitely not the limit.

The other two variables in Eq. 6, namely M and T, are usually determined within narrow ranges and allow only little flexibility.

Assuming an ideal circular opening of the diameter d as beam source and setting the product ap at the maximum value permissible by the condition $d = \lambda$, we obtain for the intensity of a nitrogen beam at 300^0 K at 1m distance the value 5×10^{13} molecules /cm^2 sec. At first glance, this seems like a big number. In order to bring it into proper perspective from the standpoint of experimental measurability, we will translate it into other types of flux assuming a detector area of $1 cm^2$. Using the proper conversion factors, we find that 10^{13} molecules / sec mean about 10^{-6} amps (if all particles carry a single electrical charge) a momentum flux of 3×10^{-5} dynes, an energy flux of 10^{-10} watts/ $(T_{target} - T_{source})$ °C, or in terms of mass, 10^{-6} grams/hour or the formation of one monolayer per minute . The usable values of this flux are , however, frequently much smaller, e.g. when velocity filters or large spatial resolution are required.

The real issue is, of course, not the actual magnitude of the signal produced by the flux, but the ratio of signal-to-noise. The major noise source in molecular beam experiments is the residual gas pressure in the vacuum envelope, and in particular its fluctuations. Choice of good pumps and an absolutely air-tight and well outgassed system are, therefore essential conditions for successful experiments. It is important to realize that even at pressures of 10^{-7} mm Hg, the number of residual gas molecules striking a target area of $1 cm^2$ is of the same order as that of the molecules of our assumed beam; thus improvement of vacuum technology to permit operation under ambient pressures of 10^{-9} or 10^{-10} mm Hg may substantially improve the signal-to-noise ratio. Other techniques, such as differential detection or beam modulation, are also very effective in improving this ratio. Choice of more sophisticated shapes of beam sources is another approach to higher signal-to-noise ratios but in each case , one runs into the inevitable law of diminishing return, and radically new concepts are necessary to permit a large step forward.

4.2 High-Intensity Beams

The most promising approach so far is the use of a supersonic nozzle as beam souce which may ultimately permit an increase in usa -

ble beam intensity by several orders of magnitude over even the more sophisticated sources of thermal beams. This idea was first proposed in 1951 by Kantrowitz and Grey (28), but not successfully applied until 1954, when Becker and Bier (29) demonstrated the feasibility of this method. Even today, although a number of groups of experimenters are working on this problem, "nozzle" beams are still in an early stage of development. More details are to be found in reference (27) and will not be given here since applications to aerodynamic problems have not yet been reported. It should, however, be pointed out that nozzle beams are not in thermal equilibrium and offer molecular velocity distributions quite different from those obeying Maswell's law. It should also be noted that the average energy of the molecules in these beams is higher than in thermal beams, but not by a significant factor.

4.3. High-Energy Beams

The average energy in thermal molecular beams is controlled by the source temperature T. It is obvious that material problems limit the value of T to the order of a few thousand degrees K, allowing at best an improvement of a factor of 10 over room temperature sources. A further augmentation of the molecular energy may be obtained by selecting only the atoms in the high-energy tail of the Maxwell distribution. These two measures may yield beams containing a substantial fraction of molecules with energies up to $\frac{1}{2}$ eV, but it seems unprofitable to try to go beyond this range without recourse to fundamentally different concepts. The application of shock waves seems to point to a way out of this dilemma, but has the great disadvantage of permitting operation only in the time range of milliseconds. Electric arc heaters, as well as mechanical acceleration, do not appear to provide a substantial improvement, although the production of beam energies up to 1eV has been reported (30). A far more promising approach is the electrical acceleration of charged atoms or molecules (ions) with subsequent neutralization. Charged particles have been accelerated to energies of millions and billions of electron wolts and the technique of acceleration is at present a highly developed art. For the purpose of aerodynamic applications, energies between 1 and 100 electron volts are, however, of real concern. The lower limit of this range is given by the desire to make a connection with the maximum energy range obtainable by thermal techniques, the upper by the energies which correspond to the relative velocities of gas molecules striking satellites or space vehicles in the upper atmosphere. Beams of the order of 10eV would be most desirable.

It is fortunate that the collision cross sections for charge exchange between an ion and its neutral counterpart are several times larger than those for momentum transfer. By passing a beam of ions through a chamber filled with a gas composed of similar molecules at a proper pressure one obtains a beam containing a large fraction of neutral atoms having essentially the same velocity as the parent ions. Remaining ions can easily be deflected by electric or magnetic fields so that a completely neutral beam is the final product.

This technique has been pioneered by Amdur (31) and his coworkers since 1940, but applications to aerodynamical problems were begun only recently by Devienne (32). His experiments, however, are still of a preliminary nature and while some results were given during the lecture course, it seems premature to include them in this review.

I. Estermann

Bibliography

A General References

1. R. G. J. Fraser, Molecular Rays, Cambridge Univ. Press, 1931
2. I. Estermann, Molecular Beam Technique, Rev. Mod. Phys. 18, 300, 1946
3. N. F. Ramsey, Molecular Beams, Oxford Univ. Press, 1950
4. I. Estermann (ed), Recent Research in Molecular Beams, Academic Press, New York, 1959
5. M. Knudsen, Kinetic Theory of Gases, Methuen, London, 1934

B Individual Papers

6. L. Dunoyer, Le Radium, 8, 142, 1911; 10, 400, 1913
7. F. C. Hurlbut, Univ. of Calif. Eng. Proj. Rept HE-150-118, 1953
8. G. Wessel and H. Lew, Phys. Rev. 92, 641, 1953
9. J. B. Taylor, Z. Physik 52, 846, 1929
10. See, e. g. , J. C. Maxwell, On the Dynamic Theory of Gases, Cambridge Univ. Press, Cambridge, 1960
11. S. A. Schaaf and P. L. Chambré, Flow of Rarefied Gases in High Speed Aerodynamics and Jet Propulsion, Vol. III, Part. H, Princeton Univ. Press, 1958
12. R. W. Wood, Phil. Mag. 30, 304, 1915
13. M. Knudsen, Ann. Physik 34, 593, 1911
14. F. Knauer and O. Stern, Z. Physik 53, 779, 1929
15. I. Estermann and O. Stern, Z. Physik 61, 95, 1930
16. A. Ellett and H. Zahl, Phys. Res. 38, 977, 1931
17. B. Josephy, Z. Physik 80, 733, 1933
18. S. Datz, G. E. Moore and E. H. Taylor, in Rarefied Gas Dynamics, 3rd Symposium, (J. A. Laurmann, ed.) Vol. I, p. 347 Academic Press, New York, 1963

19. J.N. Smith and W.L. Fite, ibid, p. 430

20. I. Estermann, R. Frisch and O . Stern, Z. Physik 73, 348, 1931

21. F.C. Hurlbut and D.E. Beck, Univ. of Calif. Eng. Proj. Rept. HE-150, 166, 1959

22. R.E. Stickney and F.C. Hurlbut, in Rarefied Gas Dynamics, 3rd Symposium, (J.A. Laurmann, ed) Vol. I, p. 454, Academic Press, New York, 1963

23. J.P. Hartnett, in Rarefied Gas Dynamics, 2nd Symposium,(L. Talbot, ed) , p.1, Academic Press, New York, 1961

24. H. Wachman, Ph.D. Thesis, Univ. of Missouri, 1957

25. A.I. Bennett, Ph.D. Thesis, Carnegie Inst. of Tech. 1953

26. P.M. Marcus and J.H. McFee, in Recent Research in Molecular Beams (I. Estermann, ed), p.43, Academic Press, New York, 1959; J.H. McFee, Ph.D. Thesis, Carnegie Inst. of Technology, 1959

27. J.B. Anderson, R.P. Andres, and J.B. Fenn, High Energy and High Intensity Molecular Beams. To appear in Advances in Atomic and Molecular Physics (D.R. Bates and I. Estermann, eds). Vol. I, Academic Press, New York, 1964.

28. A. Kantrowitz and J. Grey, Rev. Sc. Inst. 22, 328, 1951

29. E.W. Becker and K. Bier, Zeits. f. Naturforschung 9a, 975, 1954

30. P.B. Moon, Brit. Journ. Appl. Phys; 4, 97; 1953

31. I. Amdur, J. Chem. Phys. 11 , 157, 1943

32. F.M. Devienne and J. Souquet, in Rarefied Gas Dynamics (L. Talbot, ed) p. 83, Academic Press, New York, 1961.

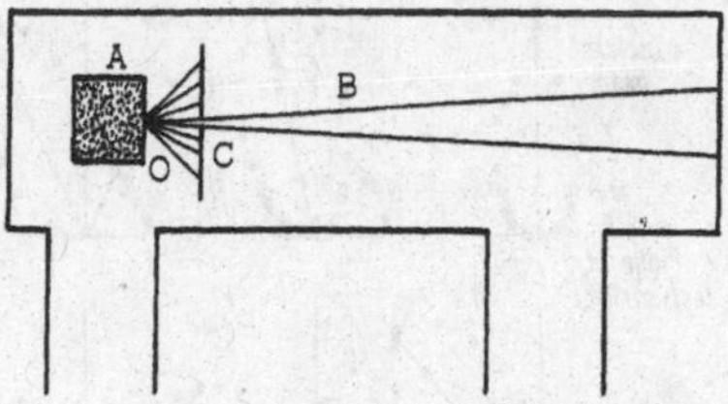

Fig 1 - Molecular Beam Apparatus (schematic).

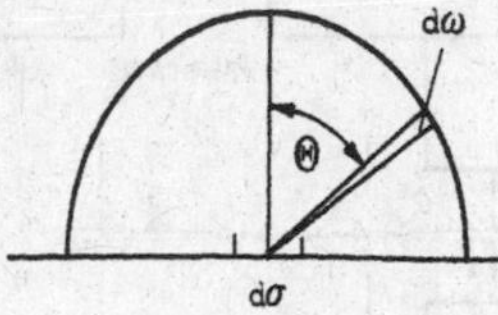

Fig. 2 - The Cosine Law.

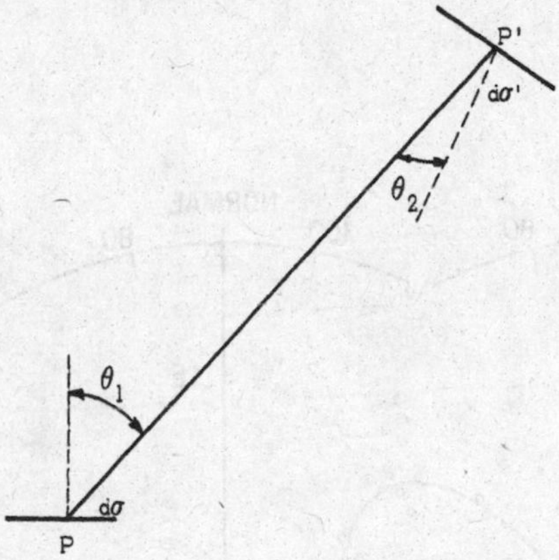

Fig. 3 - Intensity Calculation of Molecular Beams.

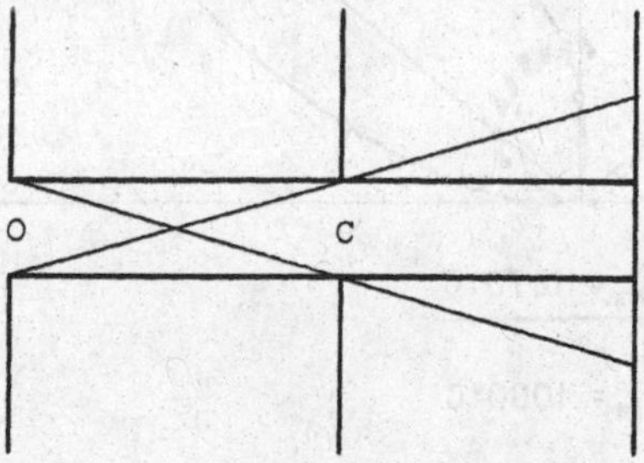

Fig 4 - Beam Formation by Two Slits

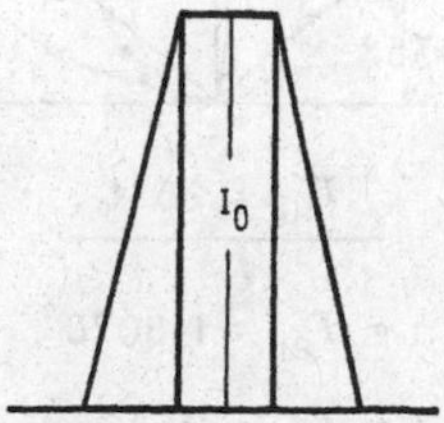

Fig. 5 - Ideal Intensity Distribution.

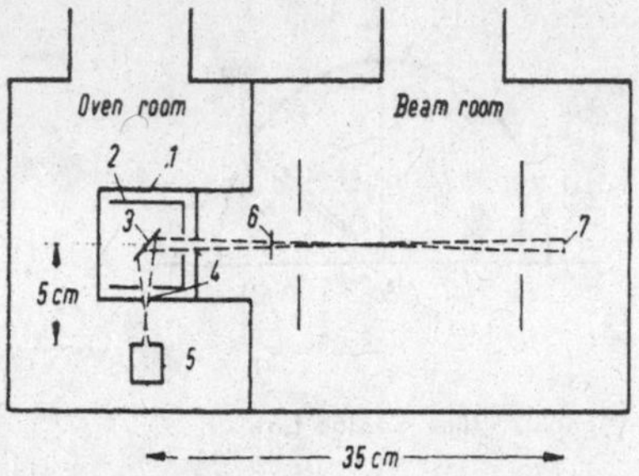

Fig. 6 - Apparatus with Differential Pumping.

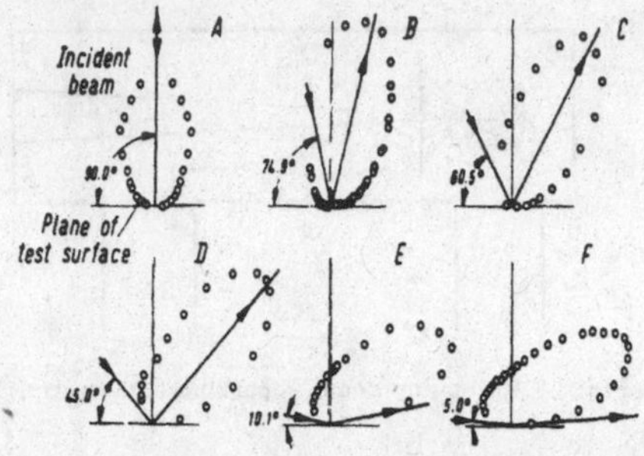

Fig. 7 - Reflection from Crystal Surfaces.

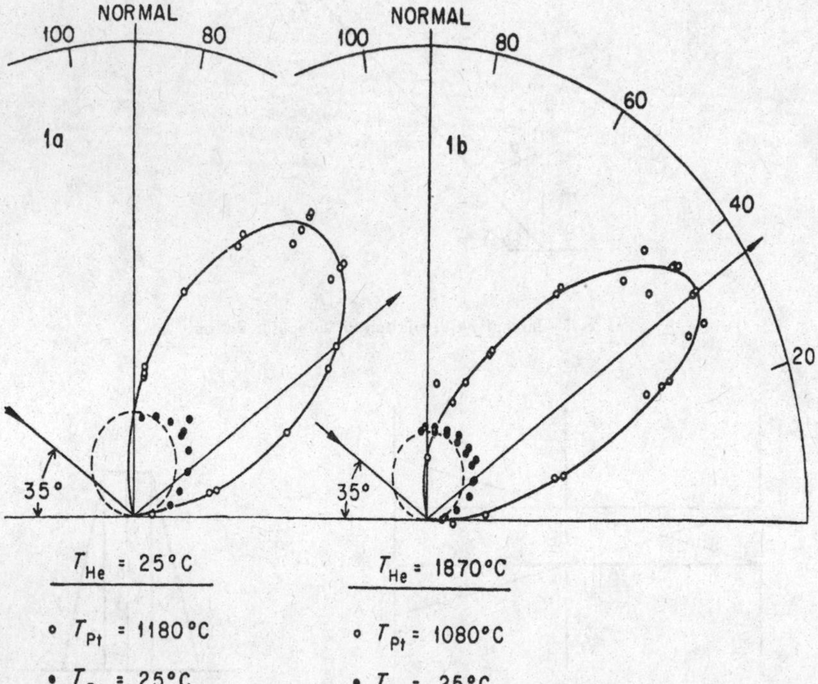

Fig. 8 - Scattering of He from Pt (Datz).

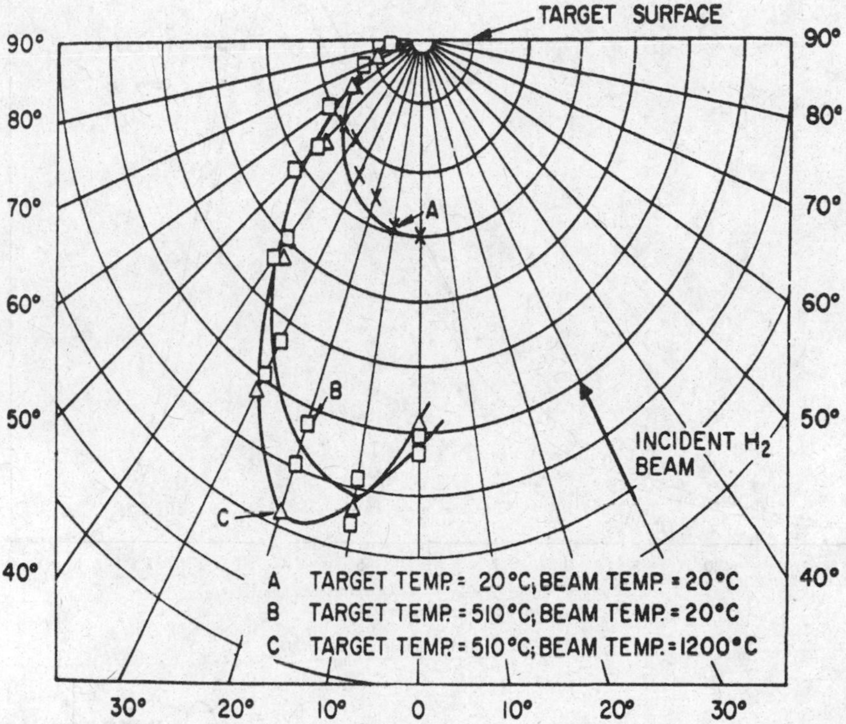

Fig. 9 - Scattering of H_2 from W (Smith and Fite).

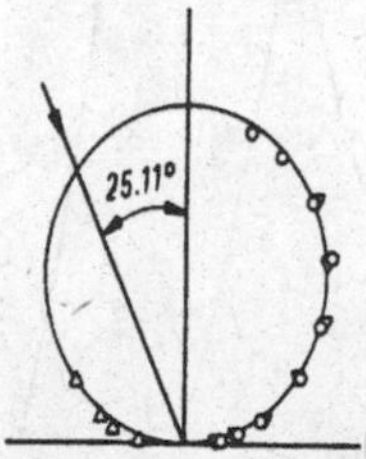

Fig. 10 Air molecules scattered from glass surface.
Inclination angle 25.11°, azimuth angle 0.00°
○ Febr. 15, 1953,
△ Febr. 17, 1953.
Inclination angle 25.11°, azimuth angle 19.57°.
▽ Febr. 21, 1953.

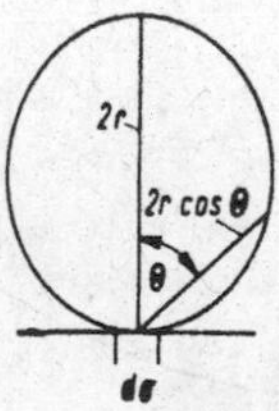

Fig. 11 - Cosine Scattering.

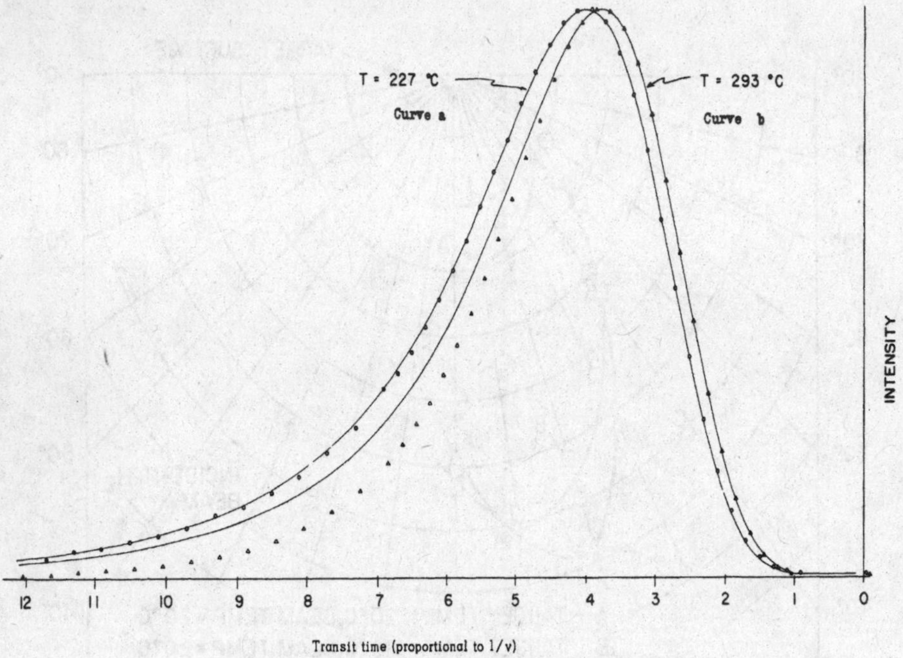

Fig. 12 - Velocity Distribution in Molecular Beams.

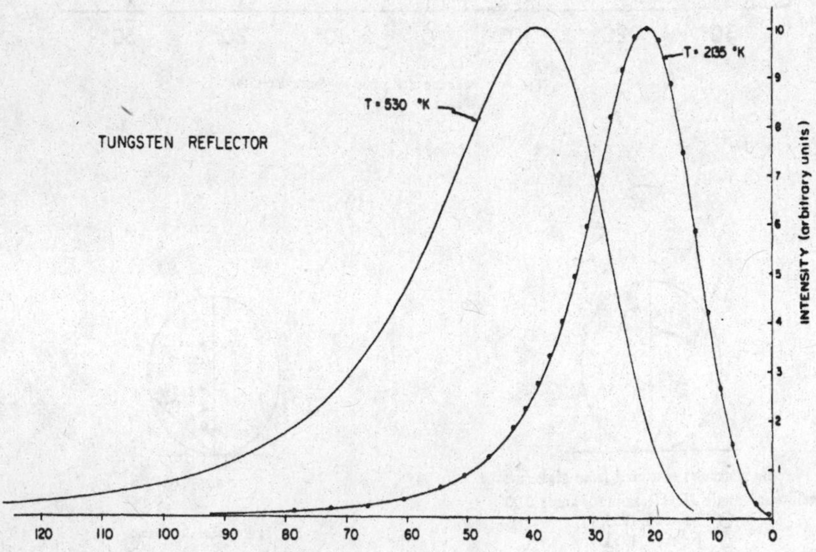

Fig. 13 - Velocity Distribution in a Reflected Beam; Source temperature 530 °K.
Reflector Temperature 2135 °K.

EXPERIMENTAL METHODS IN RAREFIED GAS DYNAMICS

by

I. Estermann

1. Definitions

For the purpose of the following discussion, we define as rarefied gas dynamics a flow regime where the pressure of the air and its constituents is so low that conventional aerodynamics in which a gas is treated as a continuum fluid is no longer applicable. For explicit characterization of this regime, we use a dimensionless number, called the Knudsen number, $K = \lambda/d$, in which λ is the mean free path of the molecules of the gas at the particular altitude or pressure, and d a characteristic dimension of the moving object.* The latter may be the diameter of a sphere, the radius of curvature of the leading edge of an airfoil, or in some cases, the thickness of a boundary layer. The mean free path is defined in the kinetic theory of gases as the average length of the path travelled by a molecule between successive collisions, it depends on the nature of the gas molecules, expressed by a collision cross section σ , and is inversely proportional to the number of particles per unit volume. Since this quantity is , at constant temperature, proportional to the pressure, the mean free path is normally inversely proportional to the pressure.

---

* The Knudsen number is related to two more conventional aerodynamic parameters, the Mach number M and the Reynolds Number Re, by the relation $K \approx M/Re$ for small values of Re and $K \approx M/\sqrt{Re}$ for values of Re large enough to indicate the existence of a boundary layer.

The Knudsen number as defined in the preceding paragraph permits a division of aerodynamics into several flow regimes (1). For small values of K, conventional fluid mechanics is applicable, while for large values, the so-called free molecular flow conditions prevail. The limits of these flow regimes are somewhat arbitrary, but it is customary to set the upper limit of the Knudsen number for continuum flow at 0.01 to 0.05 and the lower limit for free molecular flow at 5 or 10. The region between these limits is generally divided into two parts, with that or $K<0.1$ called the slip flow regime and that for $K>0.1$ the transition flow regime*. Slip flow is sometimes treated by applying corrections to the equations of continuum mechanics, but transition and free molecular flow require a different approach which has led to new branch of science called rarefied gas dynamics.

The current interest in this new scientific area has been stimulated by missile and satellite technology, which is concerned with flight conditions in the upper atmosphere. Because of the exponential decrease of the atmospheric pressure with altitude, the mean free path of the air molecules increases rapidly with altitude as shown in Fig. 1. It should be noted that the mean free path at sea level is of the order of 6×10^{-6} cm, but that at altitudes above 100 km, the mean free path becomes comparable to the dimensions of man-made objects which may be sent into or through these altitudes and whose aerodynamic behavior is of interest. In Fig. 2, we show the Knudsen number relating to a

---

* The boundaries between these regimes are not only somewhat undefined, but depend also on other parameters. It was recently shown, e.g., that at $M = 2$, a Knudsen number of 5 will be sufficient to provide free molecular flow conditions, while at $M = 5$, K values as high as 30 or 40 will be required.

length of 1 cm as function of altitude and a division of atmospheric conditions into the various flow regimes. (In this figure, slip and transition flow are treated together.) It should also be noted that the composition of the atmosphere changes with altitude, and that in the higher regions, the ionosphere, electrically charged particles are also present.

A good approach to the flow problems in the upper atmosphere can be made by the design and development of laboratory tools which permit the simulation of some of the most important factors. The combination of the partial results obtainable with these tools with one another and with theoretical considerations can go a long way towards the solution of these problems. The most important of these tools are low-density wind tunnels, revolving arms, discs and cylinders, and molecular beam arrangements. Representative examples of these categories will be discussed in the following sections of this paper, as well as some of the important measuring techniques involved.

2. Low-Density Wind Tunnels

These instruments permit the reproduction of flow patterns over models of tractable size in the slip and transition flow regimes and with some strain, into the beginnings of free molecular flow. The first tunnels of this kind were built at the Ames Laboratory of the U.S. NASA at Moffet field (2) and the University of California in Berkeley (3) about 1947. A few years later,, a similar installation was started in Toronto, Can--ada, and in the last few years, a number of other insitutions on both sides of the Atlantic began to construct similar facilities. The writer became associated with the Berkeley project in 1947 and will, therefore, use the Berkeley Wind Tunnel as a general example. Details of other tunnels which differ in important features, concepts or specifitations will be given later.

2.1 The Tunnel at the University of California, Berkeley

A schematic drawing of this tunnel, which is very similar to the Ames tunnel, is shown in Fig. 3. The major components of this, as of other conventional wind tunnels, are a gas supply, a settling chamber a nozzle, an observation section, a pumping system, and control equipment. The difference from normal pressure tunnels lies in the operating pressure in the test chamber, which for Berkeley is from 50 to 100μ Hg. No diffuser is used, as attempts to obtain pressure recovery did not have promising results.

The gas supply consists of either atmospheric air or compressed gas cylinders (nitrogen or other gases), reducing valves, dryers and control valves, all of conventional design. The settling chamber is a cylindrical steel vessel, about 2 m long with a diameter of about 1 m; it is equipped with a side arm of pyrex glass which permits partial optical excitation of the gas for the purpose of flow visualization (see section 5.1). It is separated from the observation section by a steel plate into which various expansion nozzles for different Mach numbers can be inserted. These nozzles are axially symmetric and are made of a plastic material, typical exit diameters are 9" for a M = 2 nozzle and 5" for M = 6 nozzle. The observation chamber is equipped with a three-dimensional traverse system which is driven by electric motors; the position of models, probes, etc., attached to it can be read on Root-Veeder counters. Large plate glass windows permit optical and photographic observations.

The most interesting and unique features of low density wind tunnels are the pumping systems. The desired test section pressure, nozzle size, and Mach number together determine the volumetric capacity (pumping speed) and the equilibrium pressure requirements of the pump--ing system. It is obvious that compromises must be made in order to remain within acceptable cost limitations.

The Berkeley and Ames tunnels use a multistage steam ejector system, consisting of three stages operating from the tunnel into a condensor where most of the steam is removed, and two stages, which compress the air to atmospheric pressure and exhausts it together with the remainder of the steam. Fig. 4 shows a typical 3 stage ejector. The compression ratio per stage is approximately 1 to 10, permtting an ultimate vacuum of about 10 μ Hg. This pressure, which is much lower than the vapor pressure of water at the ambient temperature, can be reached because the low pressure stage contains a supersonic section. The steam requirements are about 7000 lbs/hour at 150 psi for removal of 60 lbs/hr of air. The volumetric pumping capacity varies; it amount to 60,000 liters/sec at 100 μHg, and about 30,000 l/sec at 50 μHg, permitting the use of a M = 6 nozzle of 5" diameter. The mean free path at 50μ is approximately 1 mm, which is not quite enough for the establishment of free molecular flow conditions over models of reasonable size.

As a recent addition, the tunnel has been equipped with an electric heater upstream of the nozzle; this permits reaching stagnation temperatures of about 1000 °K. In another modification, a plasma jet heater has been added (Fig. 5). With this equipment, stagnation temperatures of 5000°K have been obtained at M = 6 and static pressure of 100 μ Hg. Under these conditions, the gas leaving the nozzle is partly ionized (about 0.2%).

2.2 The tunnels at Royal the University of Toronto Institute of Aerodynamics, Armament Research and Development Establishment, Fort Halstead, and National Physical Laboratory, Teddington

These tunnels are in many respects similar to the Berkeley tunnel. The main difference is in the pumping system. UTIA (4) and RARDE (5) use 6 three-stage oil diffusion booster pumps of the type shown in Fig. 6, giving a total pumping speed of 7000 l/sec. The pumps are backed by two 200 cu ft/min mechanical pumps. The operating pressure range is from about 10 to 70 μ Hg. NPL has just completed a somewhat larger facility of the same general design, using five four-stage booster pumps with a total pumping speed of 20,000 l/sec, backed by 5 Roots blowers and 2 mechanical pumps. The test section pressure ranged from 10 to 100 μ Hg, nozzles for Mach numbers from 2 to 10 are contemplated. The complete arrangement of the NPL tunnel is shown in Fig. 7.

2.3 The Tunnel at the Laboratoire Méditerranéen, Nice

The first tunnel for pressures from about 0.1 to 10 μ Hg was designed by Devienne (7) at the Laboratoire Méditerranéen in Nice. The pumping system consists of 4 three-stage oil diffusion pumps with a total capacity of 30,000 l/sec at 0,1 μHg, backed by booster and mechanical pumps. It has been reported that Mach numbers of 4 have been obtained with a nozzle diameter of 4 cm, producing a uniform flow over a core of about 1 cm diameter. A schematic view of the installation is given in Fig. 8. This tunnel did not produce the desired results and is no longer in operation.

2.4. The Two-phase Tunnel at the University of Southern California Engineering Center, los Angeles (8)

In this tunnel, a novel and radically different pumping system, namely the condensation of the tunnel air on a surface cooled to $T < 20\,^{\circ}K$ (" cryopumping ") is applied. If every gas molecule striking such a surface is condensed or trapped, each cm^2 provides an equivalent pumping speed of 10 liter/sec. It is, therefore, feasible to reach pumping speeds from 10^5 to 10^6 liter/sec at pressures of $1\,\mu$ Hg or less in the test section. The condenser used in the USC tunnel has six plates, each having an area of $10\ ft^2$, which are cooled to about 15-20 °K by means of helium gas precooled in a helium refrigerator placed outside the tunnel. The latter is a Collins type cryostat employing two reciprocating expansion engines capable of removing 350 watts at 20 °K, with a rated power consumption of 50 hp. The tunnel itself consists of a large steel tank measuring approximately 9 feet in diameter and 35 feet in length, with a sump-like appendage at the downstream end housing the condenser (Fig. 9). Before entering the nozzle, the nitrogen gas used for tunnel operation is heated by means of a graphite heater to 800 °K; it then passes through a large settling chamber before entering the nozzle (Fig. 10). The conical nozzle has an angle of 40°; to exercise control over the boundary laver developing inside the nozzle with high Mach numbers at low pressures, the nozzle walls can be cooled with liquid nitrogen. After about 10 hours of operation, the thickness of the solid nitrogen deposit on the condenser plates becomes so large that thawing becomes necessary. The nozzle has an exit diameter of 19" and is 12-1/2" long, giving a Mach number of 8. It is interesting to note that only a core of 2" diameter is filled with uniform flow (See section 2.5).

2.5 General Comments on Low Density Wind Tunnels

Low density wind tunnels as described in the preceding section have made it possible to study the basic flow and heat transfer prob--lems in the slip and transition range, with a few stabs into the direction of free molecular flow, for flows up to about M = 8 . (Fig. 11 shows the flow regions attainable with the Berkeley tunnel.) The application of plasmajets has made it possible to begin simulation of the temperature and ionization conditions of high altitude flight. Extension of this work into the free molecular flow regime will require much larger installations than those presently in existence or in the construction stage. These, however, do not appear to be impossible. Diffusion pumps with speeds of 50,000 l/sec (32" diameter, 4 stage) are becoming available, and it is to be hoped that cryopumping will be developed sufficiently to permit reliable and continuing performance below the $1\,\mu$ Hg pressure range. One of the inherent difficulties is the growth of the boundary layer thickness inside a nozzle with decreasing pressure, which reduces the diameter of the uniform core of the airstream flowing from the nozzle to a small part of the nozzle diameter (as shown in Fig. 12 for the UTIA tunnel) . Attempts have been made to reduce the boundary layer thickness by cooling of or by suction through slots in the nozzle walls, but it appears certain that complete exploration of the free molecular flow regime requires additional equipments.

Another fundamental problem concerning simulation of flow conditions by wind tunnels refers to actual velocity of the air stream with respect to the model. The high Mach numbers in super and hypersonic tunnels do not necessarily indicate high speeds of the air flow, but only a large ratio between this speed and the local velocity of sound. The latter , however, is proportional to the square root of the absolute temper--ature. The expansion of air through a nozzle, being largely isentropic, produces a very strong cooling of the effluent gas, and a large part of the high Mach numbers produced is due to the corresponding reduction of the speed of sound and not to the acceleration of the gas flow. This effect can be compensated, at least in part, by the installation of plas--majet or other heaters upstream of the nozzle, but together with the growth of boundary layer thickness mentioned earlier, it severely limits the usefulness of wind tunnels for the simulation of high altitude flight conditions to relatively low speeds and altitudes. In the following paragraphs, we shall give examples of other equipments which are potentially useful for the solution of this problem for higher speeds and altitudes.

3. The "Molecular Gun" of the Laboratoire Méditerranéen (9)

This newly installed instrument is a combination of a molecular jet and a wind tunnel and has as its objective the simulation of the inter--actions between a body moving at a very high speed in a rarefied gas in the free molecular flow regime. While a " normal " molecular beam employs molecules of thermal velocities, which are approximately equal to the speed of sound, this apparatus produces particles of much higher speeds by acceleration of electrically charged particles and their subsequent neutralization. The general design of the apparatus is shown in Fig. 13. The experimental gas, e.g., argon, is admitted through a control valve into a supersonic nozzle where a molecular jet is formed. From there, it passes through a quartz tube, where it is partly ionized by a high-frequency discharge, into the first vacuum chamber. The resulting mixture of electrons, positive and negative ions, and neutral atoms is passed through an electrostatic accelerator and lens system from which a reasonably homogeneous positive ion beam emerges. This beam is deflected through an angle of 90° and thereby separated from the neutral and negative particles by means of an electromagnet. A second electrostatic lens and decelerator system refocusses the positive ions and reduces their velocity to the desired value, corresponding to energies in the range of 20 to 100 ev. The ion beam is then intersected by a second beam of neutral argon atoms. Since the effective cross section for charge exchange is much larger than that for momentum transfer, a fair portion of the ions will be neutralized without an appreciable change of velocity. A second magnetic field removes the remaining ions, and the final beam entering the test section consists of nearly mono-energetic neutral atoms. Beam densities of 3×10^{6} molecules per square cm per sec have been reported and their application to aerodynamic measurements is in prospect. Several modifications of this equipment have been constructed recently and have been described at the Fourth International Conference on Rarefied Gas Dynamics in Toronto.

4. Revolving Arms, Discs, and Cylinders (10)

These instruments have been built in various laboratories and are useful for aerodynamic measurements in the free molecular flow regime under certain precautions. Their main advantage is that there is no fundamental limitation to the Knudsen number which can be obtained since they are, from a vacuum technology standpoint, static systems which can be pumped down without much effort to pressures of 10^{-2} μ Hg and below, providing mean free path lengths of the order of meters. Their main drawback is their inability to reach high linear velocities, 800 m/sec being about the top speed that has been reached in actual use. Revolving cylinders are useful for drag and heat transfer measurements in rarefied gases, and revolving arms and discs allow the investigation of flow patterns over models in various media including ionized gases in the free molecular flow regime. As an example, we show the revolving arm of the Laboratoire Méditerranéen de Recherches Thermodynamiques (Fig. 14), (11) which is arranged for operation at pressure levels between 0.25 and 5 μ Hg. The vacuum tank has a diameter of 1.5 m and can be evacuated by means of an oil diffusion pump. The arm, made of high-tensile strength duraluminum, has a diameter of 1.25 m and is driven by an external motor at speeds up to 9000 rpm. Ionization up to 10 % is obtained by means of an electrodeless high-frequency discharge in a quartz or pyrex tube attached to the top of the tank. Gas is admitted through a controlled leak which also provides pressure regulation. The arm may be used to carry models for aerodynamic tests or Langmuir probes for the exploration of charge exchange.

5. Measuring Techniques

The aerodynamic quantities which are of interest in rarefied gas dynamics are fundamentally the same elementary physical quantities, such as pressure, force, density and heat transfer rates, etc., which are measured in conventional wind tunnels. Since their magnitudes, however,, are much lower than in the conventional case, special techniques and instrumentation are required. Moreover, the interpretation of the measured quantities in terms of the desired information is not always as direct as in the case of higher pressures. In the following sections, we shall give a few examples of the most important procedures which are currently in use.

5.1 Flow Visualization (12, 13, 14)

At normal densities, the various techniques for flow visualization have been extremely valuable. The schlieren method provides a survey of the flow pattern and indicates the areas where more detailed measurements are required . The interferometer methods allow the determination of density distribution, frequently with a high degree of accuracy , over large parts of the flow. With diminished gas density, however, the optical density becomes so low that these methods fail. On the other hand, the increasing mean free path and lifetime of optically excited molecules make it possible to use afterglow phenomena for flow visualization. In the technique used at Berkeley and elsewhere (15, 16) the gas is admitted through the side tube shown in Fig. 3, where it is excited in an electrodeless discharge. The excited stream moves through the nozzle into the test section where a chemical reaction produces luminescence.

Of various afterglows which have been used, the airglow has been found most useful. It is caused by the reaction

$$O + NO \rightarrow NO_2^* \rightarrow NO_2 = h\nu$$

for which the O atoms are produced by O_2 dissociation in the discharge tube and the NO molecules by collisions between these atoms and N atoms which are also produced in the discharge. The glow is enhanced if NO is introduced upstream of the nozzle as shown in Fig. 3 . A representative example of the results attainable by this method is shown in Fig. 15 . If a plasmajet is used, no further excitation is required since the gas stream is hot enough to become luminescent by temperature excitation. Attempts to visualize low density flow patterns through light absorption in the U.V. have met with only limited sucess (13, 15).

5.2 Force (2)

Under conditions existing in most low density wind tunnels,

aerodynamic pressures are of the order of gr/cm^2 and their measurement requires more sensitive balances than are usually employed. If one wants to reach the free molecular flow regime, targets should have dimensions of the order of λ, i.e., approximately 1 mm or less. As a result forces of the order of milligrams will have to be measured. A small torsion balance capable of the proper sensitivity was used in Berkeley (17) for this purpose. It consisted of a tungsten torsion wire supported by a movable frame which carried a quartz fiber to which the target plate was attached . The free end of this fiber served as a pointer for indicating the angular twist of the wire. The support fiber was protected from the air stream by a shield which also restricted its motion to a small deviation from the vertical. Forces exerted by the gas flow on the target plate were compensated by applying a twist on the torsion wire. The assembly of the balance is shown in Fig. 16, a representative calibration curve in Fig. 17. For the proper interpretation of the results, knowledge of the accommodation coefficients is necessary.

5.3 Density

The most direct approach to the measurement of this quantity is the attenuation in beams of photons or particles according to the differential equation

$$dI/dX = -\rho \mu X$$

where I is the intensity of the beam at the point X inside the gas stream, μ the mass absorption coefficient, and ρ the local density . None of the gases used in wind tunnels have a suitable absorption coefficient in the visible, and as mentioned before, attempts to use the absorption band of oxygen in the vacuum ultraviolet have only been partly successful. Better results have been obtained with electron beams of about 10 kV energy (18) for which the mass absorption coefficient in air is 7.4×10^5 cm^2/g. It has also been shown that the differential equation listed above can be integrated for the traverse of an axisymetric air stream. In Fig. 18, we show a schematic drawing of the apparatus, in Fig. 19 the results of a traverse along the axis of the supersonic air flow around a sphere from a point upstream to the stagnation point. It can be seen that the electron current at the collector decreases sharply when the shock wave region is reached, then more slowly to the stagnation point of the model. One would expect this behavior since the beam must traverse an ever-increasing thickness of relatively dense gas as it moves along the stagnation line. The beam intensity drops sharply to zero as the model intercepts the beam. It appears possible to use the attenuation of a soft X-ray beam, for which $\mu \simeq 10^3$ cm^2/g, in a similar way. In another variation the intensity of the light emitted by the atoms which are excited by the electron beam (19) is used for local density determinations.

5.4 Pressure

The main difference between static pressure measurement at normal and low densities lies less in pressure-measuring instruments, which differ mainly in their sensitivity, than in certain peculiar properties of a low pressure system. Among the factors to be considered are the response time of the measuring system (20), thermal transpiration, and adsorption and desorption of gases. A more fundamental difficulty affecting dynamic measurements arises from viscous effects which require the application of substantial corrections to both static pressure and to impact pressure measurements.

5.5 Free Molecule Probes

These instruments have a limited value for measurements in the free molecular regime. These probes must be so designed that their characteristic dimensions are small compared to the mean free path in the gas flow. For the usual test section pressures of 1 - 100 μ Hg, this requirement restricts the diameter of a probe to less than one mm.

The most important probes of this kind are pressure orifice, (21) temperature, (22) and heat transfer (23) probes. The first type are made from hyperdermic needle tubing, having a hole in the side, which is covered with a very thin foil through which a very small hole has been pierced (Fig. 20). For equilibrium conditions, the number of molecules emerging from the probe per unit time, $1/4\, n\bar{c}$, is equal to the number entering. For a measurement of the molecular speed ratio S which is for all practical purposes approximately equal to the local Mach number, the probe is arranged in the gas stream in three positions as shown in Fig. 21. The molecular speed ratio is then

$$S = \frac{p_o - p'_o}{2\sqrt{\pi}\, p_s} = \frac{v}{\bar{c}}$$

where p_o, p'_o and p_s are the measured equilibrium pressures when the orifice faces into the mass flow, away from the flow, and perpendicular to the flow, v the speed of the mass flow and $\bar{c}$ the mean molecular.

The thermal probes consist of a thin wire which can be easily so dimensioned that the Knudsen number is large with respect to its diameter. The theory shows that a circular cylinder which is a perfect heat conductor and is protected from heat conduction and radiation losses and is placed with its axis perpendicu -

lar to a uniform stream of gas, is heated to an equilibrium temperature which is a function of only the Mach number , the stagnation temperature, and the specific heat of the gas. These equilibrium temperatures become insensitive to changes in flow velocity at Mach numbers of about 2; beyond this range, up to about M = 3, the heat transfer characteristics of the probe which can be measured with the same instrument are more responsive to Mach number changes. Figs. 22 and 23 illustrate this effect.

6. Summary and Conclusion

While complete simulation of high altitude flight conditions may be considered as impractical, many of the important factors can be reproduced with reasonable approximation in the laboratory. Rarefied gas flow over models can be examined in low density wind tunnels for subsonic, supersonic and low hypersonic speeds (up to Mach number 8) in the slip and transition flow regimes, and the formation and structure of shock waves may be made visible by various techniques. These wind tunnels are also useful for the determination of aerodynamic forces and heat transfer characteristics. Direct extension of these investigations into the free molecular flow regime is still in an esploratory stage, but a good start has already been made. Where direct experimental methods are not yet available, useful results can frequently be obtained by combining theoretical calculation based on kinetic theory with experimental data obtained from the application of molecular beam and other indirect methods.

Bibliography

1. H.S. Tsien, Journ. Aero. Sci. 13 , 653, 1946

2. J.R. Stalder , in Rarefied Gas Dynamics, First Symposium, (F.M. Devienne, ed), p.1, Pergamon Press, London, 1960 (Review)

3. E.D. Kane and R.G. Folsom Jour. Aero. Sci., 16, 46, 1949

4. K.R. Enkenhus, UTIA Report No ; 44, 1957

5. W.A. Clayden, in Rarefied Gas Dynamics, First Symposium, (F.M. Devienne, ed) p. 21, Pergamon Press, London, 1960

6. D.W. Holder and L. Bernstein, Symposium on User Experience of Large Scale Industrial Vacuum Plants; Paper 8, Inst. of Mech. Eng. London, 1961

7. F.M. Devienne, G.M. Forestier, and A.F. Roustan, Laboratoire Méditerranéen de Recherches Thermodynamiques, Report, 1958

8. R.L. Chuan and K. Krishnamurty, Univ : of South. Calif. Engineering Center Research Report No 42-201, 1955

9. F.M. Devienne and J. Souquet, in Rarefied Gas Dynamics, 2nd Symposium (L.Talbot, ed) p.83, Academic Press, New York, 1961

10. A.R. Kuhlthau, in Rarefied Gas Dynamics, First Symposium (F.M. Devienne, ed) p. 192, Pergamon Press, London, 1960 (Review)

11. F.M. Devienne and B.C. Crave, Lab. Med. Rech. Therm. Techn. Note 1961

12. W.B. Kunkel and F.C. Hurlbut, Jour. Appl. Phys. 28, 827, 1957

13. I. Estermann, in Rarefied Gas Dynamics; First Symposium; (F.M. Devienne, ed) P. 38, Pergamon Press, London, 1960 (Review)

14. F.C. Hurlbut, ibid, p. 55 (Review)

15. R.A. Evans, Jour. Appl. Phys. 28, 1005, 1957

16. P.M. Sherman, Jour. Aero. Sci. 24, 93, 1957

17. I. Estermann and E.D. Kane, Jour. Appl. Phys. 60, 608, 1949

18. F.C. Hurlbut, WADC Techn. Rep. 57-644, 1957

19. E.O. Gadamer, UTIA Report No 83, 1962

20. S.A. Schaaf and R.R. Cyr, Jour. Appl. Phys. 20, 860, 1949

21. K.R. Enkenhus, UTIA Report No 43, 1957

22. H.Wong, Univ. of Calif. Eng. Res. Proj. Rep. HE-150-143, 1956

23. J.A. Laurmann and D.C. Ipsen, WADC Tech. Rep. 57-440, 1957

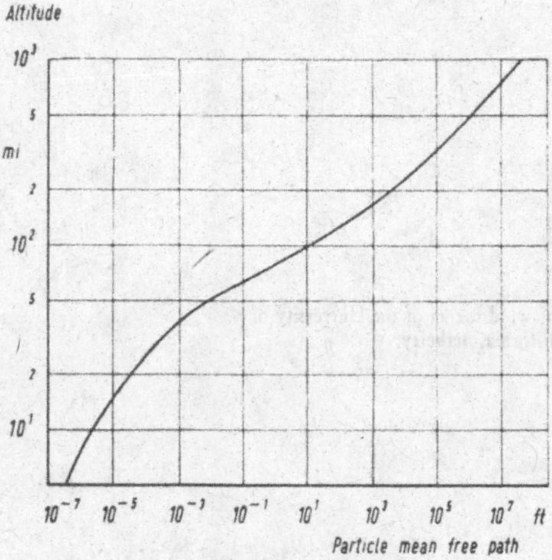

Fig. 1. Mean free path as function of altitude.

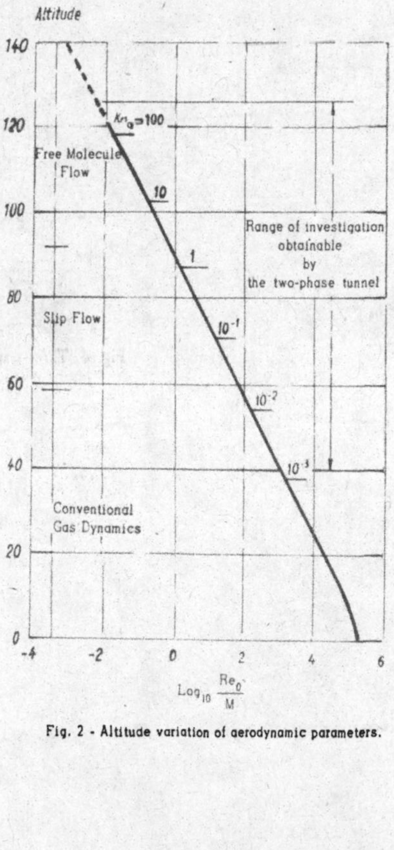

Fig. 2 - Altitude variation of aerodynamic parameters.

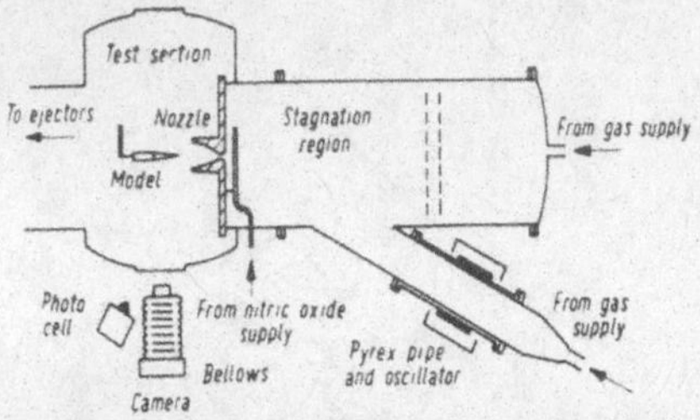

Fig. 3 Schematic of wind tunnel of the University of California, Berkeley.

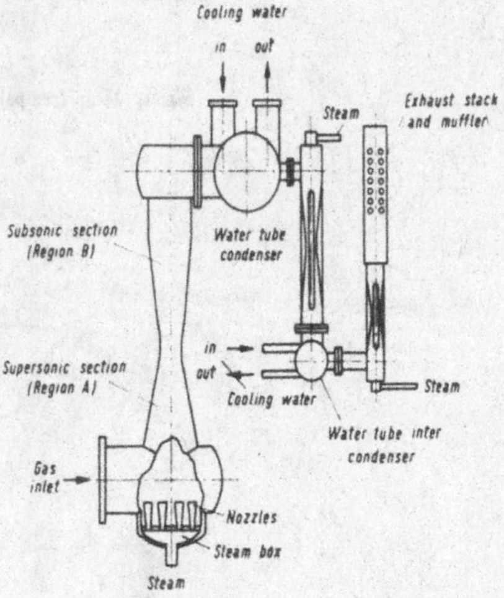

Fig. 4 Three-stage steam ejector system.

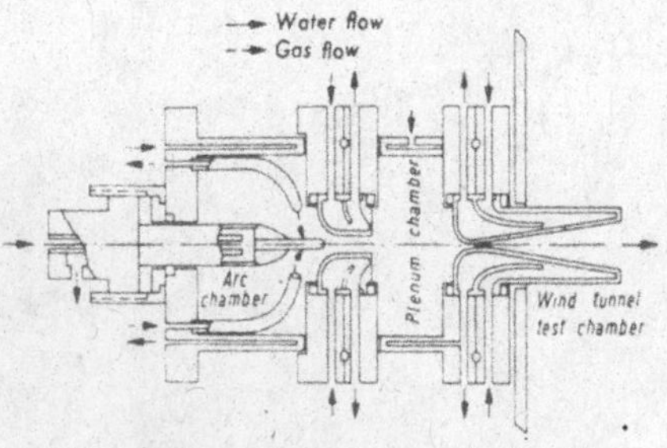

Fig. 5 Plasma generator (schematic diagram).

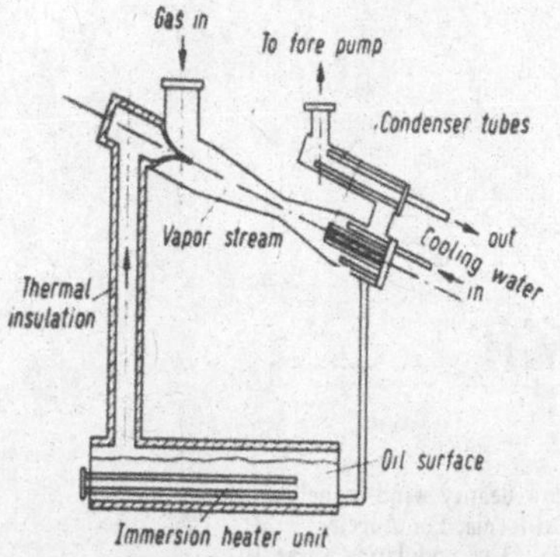

Fig. 6 Booster pump.

Fig. 7 - Low-density wind tunnel at National Physical Laboratory, Teddington (Crown copyright - reproduced with permission of H.M. Government).

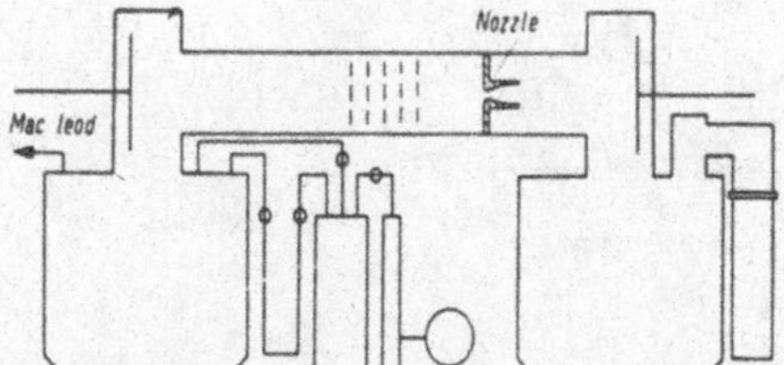

Fig. 8 Schematic view of the low-density wind tunnel of the Laboratoire Méditerranéen in Nice.

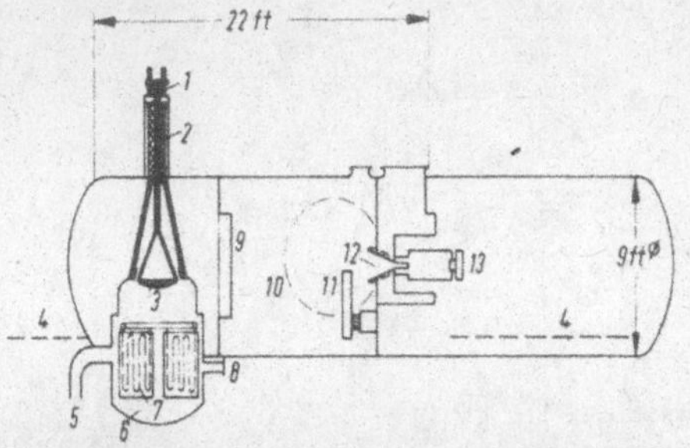

Fig. 9 Schematic layout of the low-density wind tunnel at the University of Southern California, Los Angeles.
1 = jack, 2 = stainless bellows seal, 3 = modulating valve 10" travel, 4 = floor line, 5 = cryostat, 6 = condenser, 7 = plate coils, 8 = heater plug in, 9 = aftercooler, 10 = access port, 11 = probe mount, 12 = nozzle, 13 = valve.

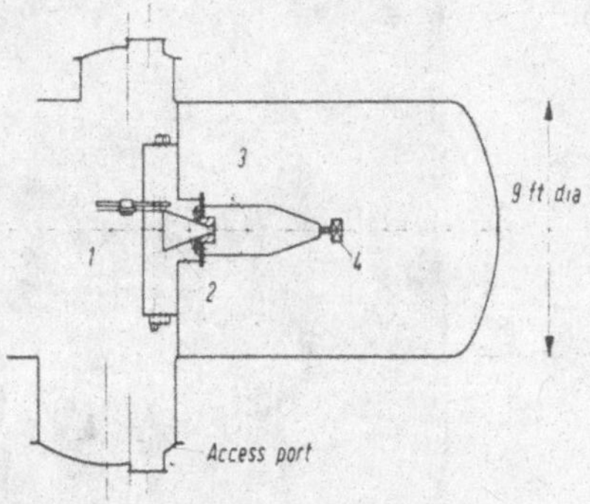

Fig. 10 Nozzle assembly of the University of Southern California wind tunnel.
1 = probe mount, 2 = nozzle, 3 = stagnation chamber, 4 = valve.

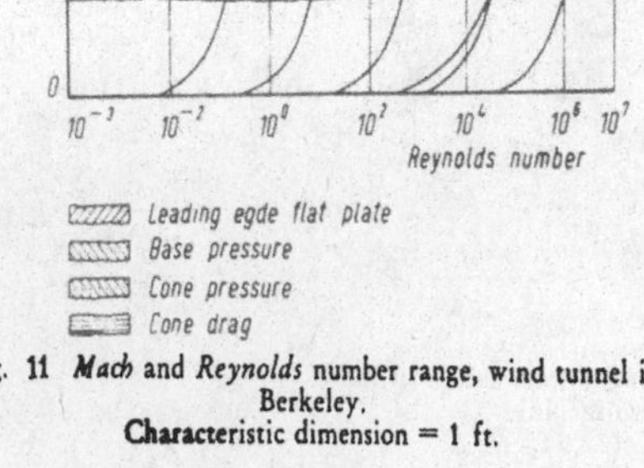

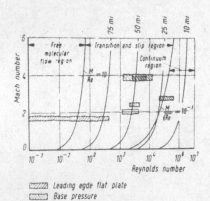

Fig. 11 *Mach* and *Reynolds* number range, wind tunnel in Berkeley.
Characteristic dimension = 1 ft.

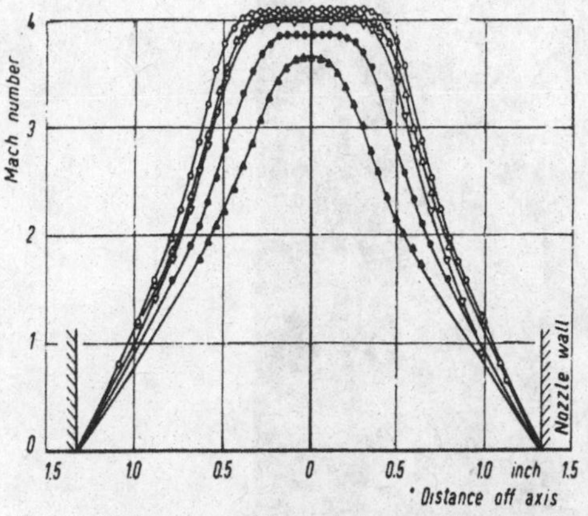

Fig. 12 *Mach* number profiles at exit plane at various operating pressures of the Toronto wind tunnel.

	Operating static pressure [μ Hg]
○	45
△	41.1
▽	40.0
●	34.8
▲	28.8

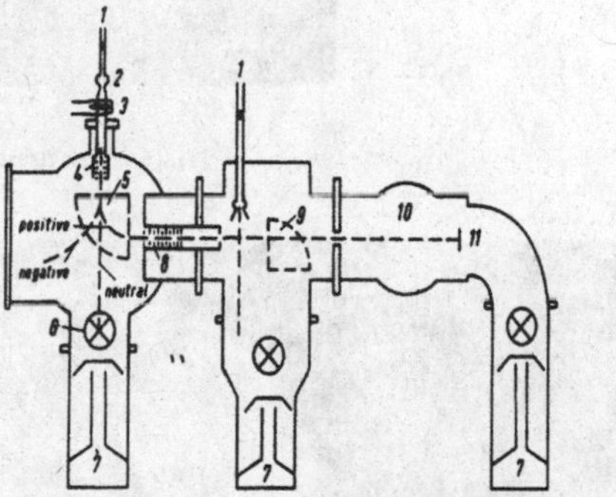

Fig. 13 Molecular gun at the Laboratoire Méditerranéen.
1 = argon intake, 2 = nozzle, 3 = RF coil, 4 = accelerator, 5 = magnet, 6 = valve, 7 = pump, 8 = decelerator, 9 = magnet, 10 = observation chamber, 11 = detector.

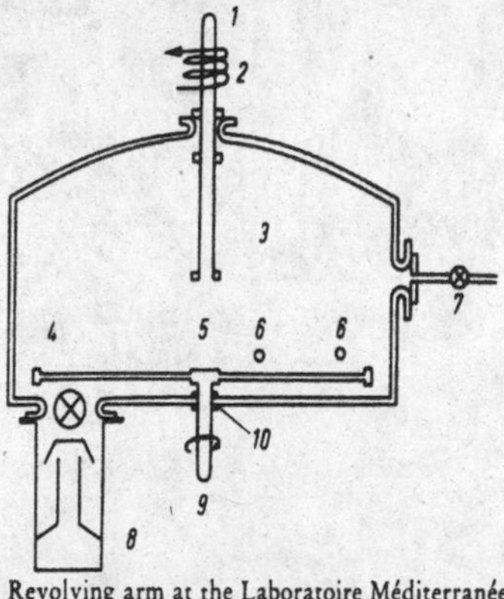

Fig. 14 Revolving arm at the Laboratoire Méditerranéen.
1 = quartz tube, 2 = RF coil, 3 = pyrex tube, 4 = model, 5 = revolving arm, 6 = probes, 7 = gas inlet, 8 = pump, 9 = shaft, 10 = seal.

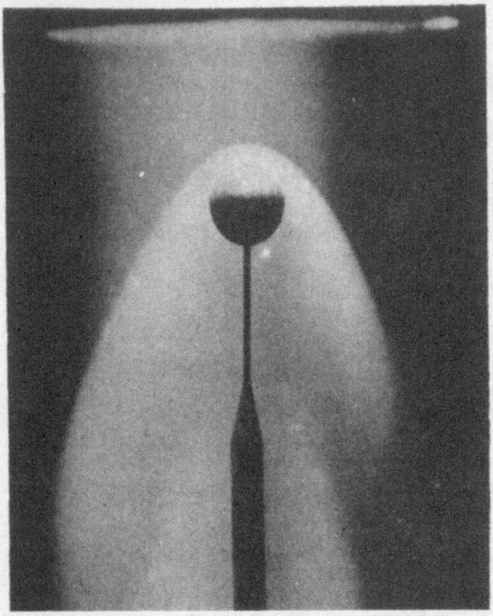

Fig. 15 - Flow Visualization by Nitrogen Afterglow.

Fig. 16 - Torsion Balance for Low Density Hind Tunnel.

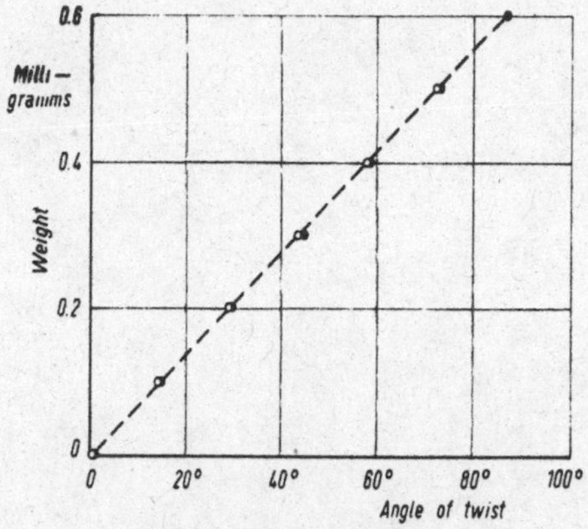

Fig 17 Null balance calibration.
Tungsten torsion fiber diameter = 0.00064 in.
○ increasing weights,
● decreasing weights.

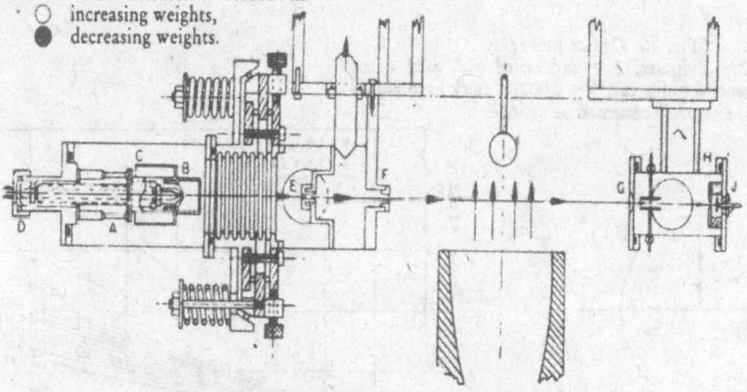

Fig. 18 Schematic drawing of the electron beam apparatus.
A = supports, *B* = cathode, *C* = heat shield, *D* = leads, *E* = anode, *F* = defining orifice, *G* and *H* = aperture plates, *I* = electron collector.

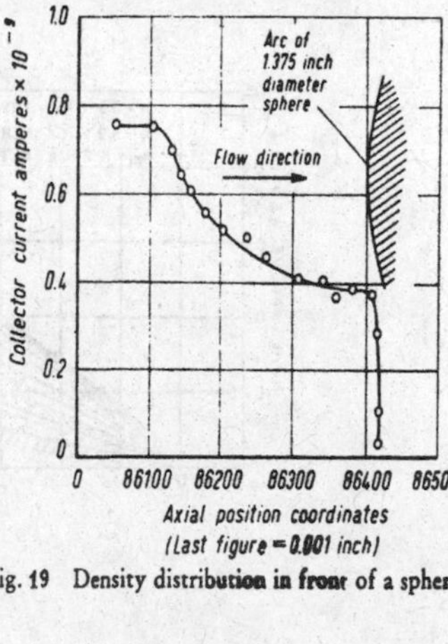

Fig. 19 Density distribution in front of a sphere.

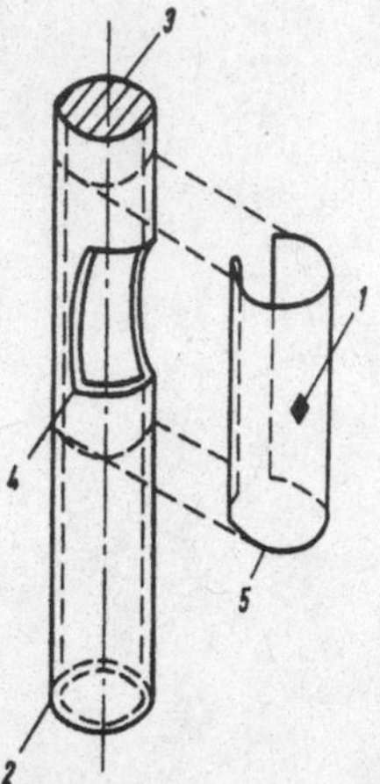

Fig. 20 Orifice probe.
1 = orifice, 2 = cylinder, 3 = end sealed with drop of de Khotinsky cement, 4 = file cut, 5 = 0.00031″ thick hard aluminium foil cemented to cylinder.

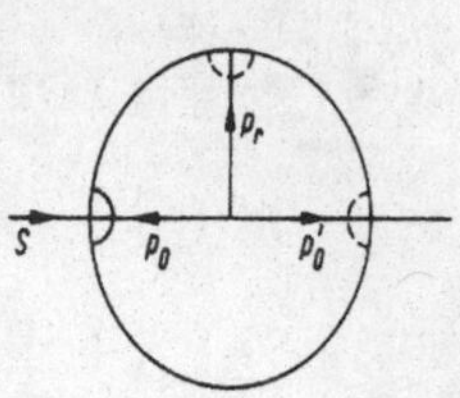

Fig. 21 Orientation of orifice probe.

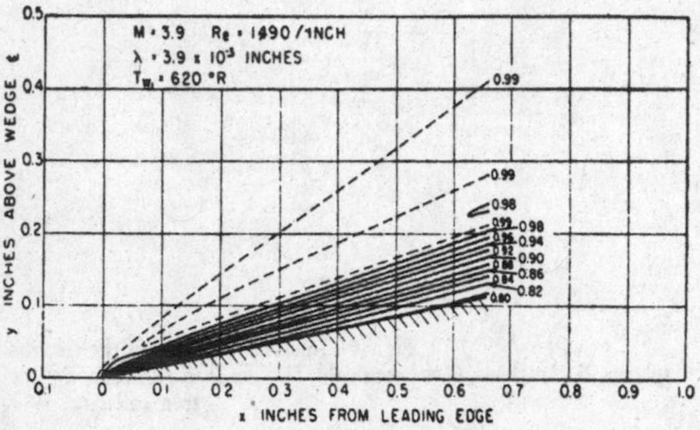

Fig. 22 - Lines of constant temperature ratio in the vicinity of a wedge.

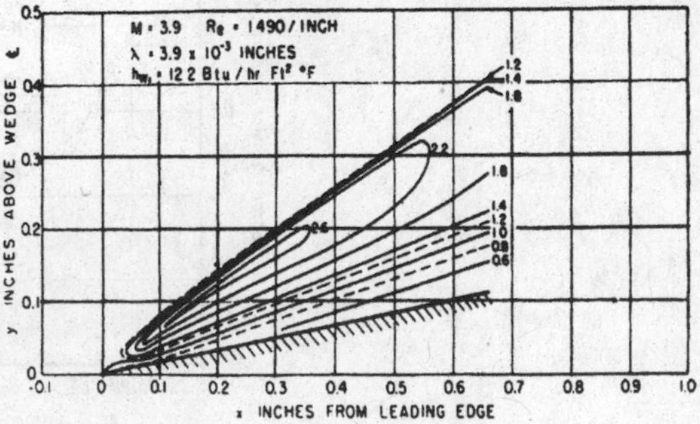

Fig. 23 - Lines of constant heat transfer ratio in the vicinity of a wedge.

CENTRO INTERNAZIONALE MATEMATICO ESTIVO

SILVIO NOCILLA

SULL'INTERAZIONE TRA FLUSSI DI MOLECOLE LIBERE E SUPERFICIE RIGIDE

Corso tenuto a Varenna (Como) dal 21 al 29 agosto 1964

SULL'INTERAZIONE TRA FLUSSI DI MOLECOLE LIBERE E SUPERFICIE RIGIDE

di SILVIO NOCILLA

(Scuola di Ingegneria Aerospaziale - Politecnico di Torino)

1- Interazione superficiale ed adsorbimento: nozioni introduttive.

Consideriamo un missile mobile negli alti strati dell'atmosfera terrestre, a quote variabili tra i 150 e i 300 Km circa, cioè dove esiste un altissimo grado di rarefazione dell'aria con densità dell'ordine di 10^{-8}, 10^{-10} volte minori di quelle normali. Sappiamo dalla teoria cinetica dei gas che il libero cammino medio λ delle molecole costituenti l'aria è dato dalla formula:

$$\lambda = \frac{1}{\sqrt{2}\,\pi} \cdot \frac{m}{\sigma_e^2} \cdot \frac{1}{\rho(1+K_S/T)} \tag{1.1}$$

con: m = massa di una molecola

ρ = densità

T = temperatura assoluta

K_S = costante di Sutherland $\cong 110^o$ K

σ_e = sezione efficace per gli urti molecolari (diametro di azione di una molecola, tale cioè che si ha un urto quando la distanza tra i centri di due molecole è minore o eguale a σ_e), indipendente da ρ e da T.

In base alla (1.1) ed alla determinazione di σ_e con procedimenti che qui non indichiamo, si hanno per l'atmosfera tipo internazionale i seguenti valori, validi all'equatore (v. Nobile [1]; parte II):

quota in km	p in μ di Hg(x)	λ in m	T in ^{o}K
0	$760 \cdot 10^{3}$	0,000.000.5	293
50	733	0,000.914	350
100	2,74	0,021	302
150	0,0856	1,36	528
200	0,0108	17	782
250	0,0025	100	1037
300	0,0008	392	1291

(x) 1μ di Hg = 10^{-3} mm di Hg = 10^{-3} torr = $1,3157\ 10^{-6}$ atm

Poichè il missile, o satellite artificiale che consideriamo, ha dimensioni d dell'ordine del metro, il numero di Knudsen:

(1. 2) $$K_n = \lambda / d$$

assumendo, tanto per fissare le idee, proprio d = 1 m, viene ad avere gli stessi valori numerici indicati nella colonna dei liberi cammini medi λ, variabili cioè da 1 a 400 circa per quote da 150 a 300 Km.

Ciò porta alla fondamentale conseguenza, posta a base dello studio delle correnti di molecole libere, e che ne giustifica la denominazione, che agli effetti della interazione superficiale tra molecole e solido si trascurano gli urti tra molecole e molecole, mentre invece si tiene conto degli urti tra molecole e superficie. Ne consegue che i metodi classici della meccanica dei fluidi, fondati sull'assunzione che ogni elemento di fluido di dimensioni piccole fin che si vuole rispetto all'ostacolo contenga un numero enormemente grande di molecole urtantesi continuamente sì da costituire un gas soddisfacente alle consuete leggi termo-gas-dinamiche, non sono più applicabili nelle condizioni presenti. E' qui necessario impiegare dei procedimenti di studio del tutto diversi. Per orientarsi verso questi procedimenti si immagini in un primo momento di seguire nel suo movimento una molecola del gas nel quale il missile si muove. Innanzitutto è bene osservare che nonostante il valore del numero di Knudsen enormemente più elevato rispetto a quello dei gas in condizioni normali di temperatura e pressione, è pur sempre lecito pensare che il gas rarefatto considerato sia in equilibrio Maxwelliano, perchè tale equilibrio è venuto a stabilirsi nel corso di secoli e millenni, indipendentemente dalla presenza o meno del satellite artificiale. Supponiamo poi che la molecola presa in considerazione venga ad urtare il missile, e chiediamoci cosa può capitare di essa dopo l'urto. Evidentemente una penetrazione profonda della molecola nel corpo non è possibile perchè questo è allo stato solido. D'altra parte la fisica e la chimica hanno dimostrato l'esistenza sulla superficie dei solidi di campi di forza superficiali che se pur non ancora conosciuti in tutti i dettagli ci permettono tuttavia di farci un'idea per lo meno di prima approssimazione delle condizioni ambientali fisico-chimiche sulla superficie. Non è il caso qui di indagare a fondo su queste condizioni, per le quali oltre tutto sarebbe necessaria la competenza di un fisico-chimico; basti soltanto segnalare fondamentalmente le forze di Van der Waals che le molecole costituenti il solido si scambiano tra di loro e scambiano con le molecole del gas rarefatto incidenti su di esso. In virtù di queste condizioni ambientali fisico-chimiche vi è una certa probabilità che la molecola prima presa in considerazione venga "catturata" dalla superficie del solido, e si trovi a soggiornare su di essa. Ma durante questo periodo di soggiorno altre molecole del gas colpiscono la superficie, seguono vicissitudini analoghe alla precedente, e si trovano così a soggiornare tutte insieme sulla stessa superficie del solido. Ora è chiaro che questa continua cattura di molecole da parte della superficie del solido non può proseguire indefinitamente, perchè altrimenti il gas incontrato nel suo movi mento nell'atmosfera rarefatta si verrebbe continuamente a depositare su di essa. Si è indotti ad ammettere, e la esperienza lo conferma, che le molecole, dopo un certo periodo di soggiorno sulla superficie, vengano da questa riemesse nel gas circostante, e che in condizioni stazionarie, come supponiamo di trovarci, si venga a stabilire un equilibrio statistico tra molecole incidenti, molecole che soggiornano, e molecole che vengono riemesse (o rievaporate) dalla superficie.

Il fenomeno che abbiamo ora descritto qualitivamente non differisce sostanzialmente dal ben noto fenomeno dello "adsorbimento", e più propriamente dell'adsorbimento fisico, o fisisorpzione, a proposito del quale ci limiteremo, tra la vastissima letteratura esistente, a segnalare il De Boer [2]. Osserviamo subito che, come appare dalla descrizione precedente, nel fenomeno dell'adsorbimento tre grandezze intervengono anzitutto nel suo equilibrio statistico:

- il numero di N di molecole che nell'unità di tempo colpiscono l'unità di superficie rigida
- il tempo di soggiorno τ^* delle molecole adsorbite sulla superficie
- il numero N^* di molecole adsorbite sull'unità di superficie.

Queste tre grandezze fisiche in condizioni di equilibrio statistico non sono tra di loro indipendenti, ma legate dalla relazione fondamentale:

$$N^* = N \cdot \tau^* \qquad (1.3)$$

Inoltre, se per le molecole adsorbite adottiamo lo schema di Frenkel [3], secondo il quale esse si comportano come degli oscillatori armonici in moto secondo la normale alla superficie adsorbente, il tempo di soggiorno è dato dalla formula:

$$\tau^{*} = \tau^{**} e^{Q/RT_w} \qquad (1.4)$$

dove Q è il calore di adsorbimento, R la costante del gas incidente, T_w la temperatura del solido adsorbente e τ^{**} un parametro con la dimensione di un tempo, avente una diretta relazione col periodo di vibrazione delle molecole od atomi costituenti la superficie adsorbente, ed il suo stesso ordine di grandezza, cioè di 10^{-12}, 10^{-14} sec. L'ordine di grandezza del tempo di soggiorno τ^{*} è fortemente variabile, a parità di temperatura, a seconda del gas adsorbito. Così ad esempio (v. De Boer [2] pag. 35) per temperatura ambiente esso è dell'ordine di 10^{-12} sec. per l'idrogeno su varie superfici, e di 10^{-10} sec. per l'argon, l'ossigeno, l'azoto, il mossido di carbonio su varie superfici (dunque circa mille volte il periodo di oscillazione τ^{**}). Per gas formati da molecole più pesanti si possono avere tempi di soggiorno di un ordine di grandezza molto maggiore, fino a 10^{-2} sec.

Ciò premesso possiamo porci la seguente domanda. Visto che la descrizione qualitativa del fenomeno dell'interazione tra flusso di molecole libere e superficie non differisce sostanzialmente dal fenomeno classico dell'adsorbimento, quali sono gli elementi comuni ai due fenomeni e quali invece differiscono? E' chiaro che nello studio del fenomeno che ci interessa gioverà valersi del bagaglio di conoscenze, invero notevole, sia teoriche che sperimentali oggi acquistate sull'adsorbimento, e su di esse inserire i nuovi problemi che il fenomeno aerodinamico pone. Riguardo agli elementi comuni sono da annoverarsi le condizioni fisico-chimiche superficiali, come i campi di forza superficiali, le costanti geometriche dei reticoli cristallini costituenti il solido, i moti vibratori termici di tali reticoli, le proprietà delle molecole adsorbite assimilabili, in certe condizioni, ad un gas con struttura bidimensionale, anzichè tridimensionale come di solito. Tali condizioni superficiali molto verosimilmente non sono influenzate dalla funzione di distribuzione delle velocità delle molecole incidenti (v. prossimo numero) e quindi dal fatto che la superficie adsorbente sia in quiete oppure in moto rispetto al gas rarefatto circostante. Tra le grandezze fisiche che intervengono in entrambi i fenomeni vanno evidentemente annoverate le variabili di stato T, ρ, p del gas e le tre grandezze già ricordate N, τ^* e N^* e la temperatura T_w della superficie solida. Particolare importanza hanno poi in entrambi i fenomeni, anche se in misura diversa nell'uno o nell'altro, i seguenti altri elementi, e cioè la legge di distribuzione spaziale delle molecole riemesse da ogni elemento di superficie e gli scambi di quantità di moto e di energia tra superficie del solido e gas, nonchè la loro dipendenza in modo particolare dalla temperatura T_w del solido. Viceversa un elemento del tutto nuovo rispetto ai fenomeni classici di adsorbimento è l'influenza sul fenomeno dell'interazione della velocità $\vec{U}$ del missile (v. fig. 1), o meglio del suo rapporto s = U/c con la velocità più probabile

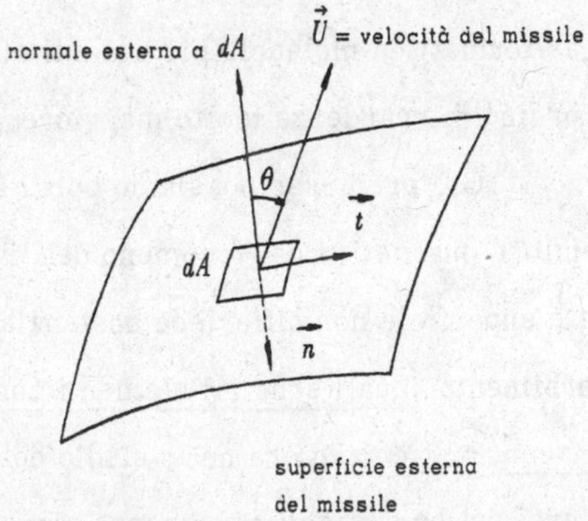

Fig. 1

$c = \sqrt{2RT}$ del gas rarefatto, e della sua direzione rispetto all'elemento superficiale dA di missile che si considera, che caratterizzeremo mediante l'angolo ϑ da esso formato con la normale esterna a dA. Per questo motivo dovremo prendere in considerazione anche le seguenti grandezze, tutte funzioni note di s e ϑ, come verrà precisato nel n. 2:

α
- N_i = numero di molecole che nell'unità di tempo colpiscono l'unità di superficie rigida = portata numerica incidente
- $\vec{Q}_i = p_i \vec{n} + \tau_i \vec{t}$ = quantità di moto complessiva da esse posseduta = = portata di quantità di moto incidente
- E_i = energia cinetica complessiva da esse posseduta = portata di energia cinetica incidente

nonchè le seguenti altre, a priori sconosciute, tranne $N_r = N_i$:

α
- N_r = numero di molecole che nell'unità di tempo sono riemesse dalla unità di superficie = portata numerica riemessa
- $\vec{Q}_r = -p_r \vec{n} + \tau_r \vec{t}$ = quantità di moto complessiva da esse posseduta = = portata di quantità di moto riemessa
- E_r = energia cinetica complessiva da esse posseduta = portata di energia cinetica riemessa

Prima di procedere oltre nello studio dell'interazione sarà però opportuno soffermarsi su alcuni particolari aspetti dei gas in equilibrio maxwelliano alle bassissime densità. Nella teoria cinetica dei gas perfetti si assumono solitamente come variabili di stato la temperatura assoluta, T, la densità ρ e la pressione p, tra loro legate dalla equazione di stato:

$$p = \rho RT \tag{1.5}$$

Ora di tali tre grandezze le prime due mantengono un preciso significato anche se la densità ρ è piccola fin che si vuole, purchè naturalmente il numero di molecole per unità di volume sia ancora tale da poter applicare i metodi statistici, il che nei problemi in studio è senz'altro vero. Il concetto di pressione invece perde in parte il suo consueto significato, fondato sull'assunzione che gli urti tra molecole del gas e parete siano perfettamente elastici di guisa che la pressione p_i dovuta alle molecole incidenti su di un elemento di superficie dA e quella p_r dovuta alle stesse molecole dopo l'urto siano tra di loro eguali, ed eguali alla metà della pressione del gas:

$$p_i = p_r = 1/2\, p \quad ; \quad p = p_i + p_r = 2\, p_i \tag{1.6}$$

Ora alle bassissime densità che noi consideriamo questo schema di interazione superficiale è da rimettersi in discussione, anzi è proprio uno dei principali problemi aperti del fenomeno stesso. Per superare questa difficoltà ci pare spontaneo proporre di assumere come terza variabile del gas, in luogo della pressione p, il numero N di molecole incidenti nell'unità di tempo sull'unità di superficie del recipiente contenente il gas, numero che in equilibrio statistico è anche eguale a quello delle molecole riemesse dalla stessa superficie. Tale numero dà anche la portata numerica da una faccia all'altra di un qualunque elemento di superficie interno al fluido e può valutarsi indipendentemente dal concetto di pressione in funzione della temperatura e della densità del gas. Introducendo per maggiore omogeneità di formule la densità numerica ν anzichè la densità ρ, ossia: $\nu = \rho/m$ = numero di molecole contenute nell'unità di volume del gas, coi metodi della teoria cinetica dei gas si ricava:

$$N = \nu \sqrt{\frac{RT}{2\pi}} = \frac{\nu \cdot c}{2\sqrt{\pi}} \tag{1.7}$$

La (1.7) può essere assunta come nuova equazione di stato nelle variabili T (oppure c), ν ed N in luogo della (1.6). Poichè le quantità N e ν sono dell'ordine di grandezza del numero di Avogadro $N_{Av} = 6,023 \times 10^{23}$ molecole per mole, potrà essere più comodo ai fini pratici considerare in luogo di N e ν i loro rapporti con detto numero di Avogadro. Anche con questa modifica la (1.7), data la sua struttura, continua a valere immutata. Si osservi poi che dalla (1.7) risulta che essendo:

(1.8) $R = R_M / M$, con R_M = costante universale dei gas = 1,9864 cal / ^oK

M = peso molecolare del gas

la quantità N, a parità di temperatura assoluta T e di densità numerica ν, risulta inversamente proporzionale alla radice quadrata del peso molecolare M. A titolo di esmpio riportiamo alcuni valori numerici delle quantità sopra considerate. In condizioni normali (temperatura di 20° C e pressione 760 mm. di Hg) abbiamo (De Boer [2] pag. 7):

idrogeno (H_2) : $N = 11,0 \times 10^{23}$ molecole / cm.^{2} sec.

$N/N_{Av} = 1,82$ moli / cm^2 sec.

azoto (N_2) : $N = 2,94 \times 10^{23}$ molecole / cm^2 sec.

$N/N_{Av} = 0,487$ moli / cm^2 sec.

ossigeno (O_2) : $N = 2,75 \times 10^{23}$ molecole / cm^2 sec.

$N/N_{Av} = 0,456$ moli / cm^2 sec.

Alla quota di 250 Km. all'equatore, assumendo per la temperatura T il valore di 1036 °K e per la densità ρ un valore $0,79 \times 10^{-9}$ volte minore di quello corrispondente alle condizioni normali di cui sopra (valori dati in [1], parte II, per l'atmosfera tipo internazionale a quella quota) si ottiene che i valori più sopra riportati devono essere molpiplicati tutti per il fattore numerico:

$$0,79 \times 10^{-9} \times \sqrt{293/1036} = 0,42 \times 10^{-9}$$

Si ha così in definitiva, limitandoci a riportare le frazioni molari:

idrogeno (H_2) : $N/N_{Av} = 0,76 \times 10^{-9}$ moli / cm.^{2} sec.

azoto (N_2) : $N/N_{Av} = 0,20 \times 10^{-9}$ " "

ossigeno (O_2) : $N/N_{Av} = 0,19 \times 10^{-9}$ " "

Accanto alla portata numerica N converrà associare le corrispondenti portate di quantità di moto $\vec{Q}$ e di energia cinetica E, che valgono:

$\vec{Q} = 1/2\, p\, \vec{n}$, con p dato dalla (1. 5) ed $\vec{n}$ normale alla superficie attraversata

$E = NkT\ (2 + \delta)$, con $\delta = 0,\ 1,\ 3/2$ rispettivamente per gas mono- , bi- , o pluriatomici

La considerazione delle grandezze T, ν ed N come variabili di stato permette di dare in modo semplice e completo il concetto di riemissione diffusa per qualunque valore di s e ϑ. Precisamente diremo che le molecole cadute sull'elemento dA ne sono riemesse in modo diffuso se esse si comportano come la parte che attraversa dA in un solo verso di un gas in equilibrio maxwelliano in cui le due variabili di stato T ed N valgono rispettivamente:

$$\text{(1.9)} \qquad \begin{cases} T_w = \text{temperatura della parete} \\ N_i = \text{numero delle molecole incidenti nell'unità di tempo sull'unità di superficie} \end{cases}$$

Le altre grandezze che caratterizzano il gas di cui sopra, che contraddistingueremo con l'indice w, valgono:

$$\begin{cases} c_w = \sqrt{2RT_w} \\ \nu_w = N_i \sqrt{\dfrac{2\pi}{RT_w}} \quad ; \quad \rho_w = m \cdot \nu_w \\ p_w = \dfrac{1}{2}\ \rho_w\ RT_w = \dfrac{1}{2}\ m N_i \sqrt{2\pi R T_w} \\ \tau_w = 0 \\ E_w = N_i k\, T_w\ (2 + \delta) \end{cases}$$

dove con p_w, τ_w, E_w abbiamo indicato rispettivamente la pressione normale, lo sforzo tangenziale e la portata di energia cinetica dovute alle sole molecole riemesse in modo diffuso.

Vediamo allora come le prime idee che furono poste alla base della teoria dell'adsorbimento alle bassissime pressioni possano essere utilizzate ed estese allo studio dell'interazione di un flusso di molecole libere con una superficie rigida. Anzitutto osserviamo che data la estrema rarefazione del gas possiamo riferirci senz'altro all'adsorbimento fisico (e non chimico) unimolecolare, con superficie adsorbente lontana dalle condizioni di saturazione. Usando il linguaggio delle isoterme di adsorbimento di Langmuir (v. fig. 2) in cui è riportato il rapporto ϑ^* tra superficie ricoperta da gas adsorbito e superficie esposta al gas in funzione della pressione p di questo ultimo, ci troviamo in corrispondenza della parte iniziale di tali isoterme, dove la relazione tra p e ϑ^* è con ottima approssimazione lineare. Un'idea introdotta già fin da Maxwell è, come ben noto, che tra tutte le molecole incidenti sulla superficie una certa frazione, che chiameremo a, sia trattenuta per un certo periodo di tempo su di essa, per venirne poi riemessa in modo diffuso nel modo precisato precedentemente, mentre la rimanente frazione 1 - a subisca

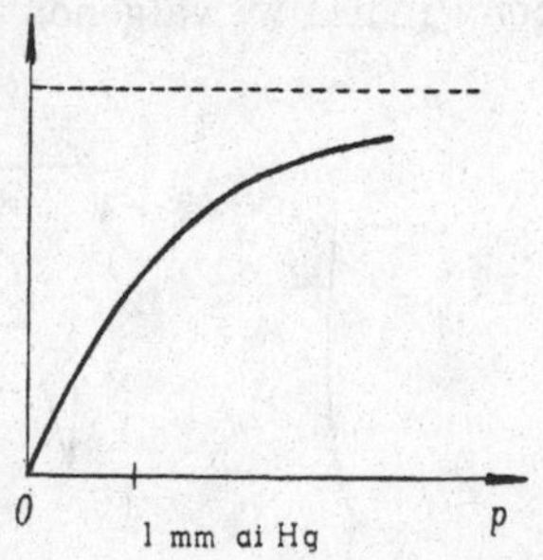

Isoterma di adsorbimento di Langmuir

Fig 2

un urto elastico sulla superficie, ossia subisca quella che viene denominata riemissione speculare, mantenendo proprietà identiche a quelle del gas incidente Secondo questo modello di interazione, che chiameremo brevemente maxwelliano, le grandezze p_r, τ_r, E_r definite a pag. 7, relative a tutte le molecole riemesse, essendo funzioni additive delle molecole stesse, in virtù di tutto quanto detto precedentemente hanno le espressioni seguenti, valide sia per $s=0$, sia per $s \neq 0$:

$$
(1.11) \quad \begin{cases} p_r = (1 - a) \; p_i + a \, p_w \\ \tau_r = (1 - a) \; \tau_i \\ E_r = (1 - a) \; E_i + a \; E_w \end{cases}
$$

dove p_i, τ_i, E_i sono definite a pag. 7.

Tenuto conto delle (1. 11) si ricava la conseguenza degna della massima attenzione che secondo questo modello sia il coefficiente di accomodamento per l'energia α, introdotto da Knudsen [4], sia gli altri due coefficienti di accomodamento σ e σ', introdotti più recentemente da Bell e Schaaf [5] e cioè:

$$
(1.12) \quad \begin{cases} \alpha = \dfrac{E_i - E_r}{E_i - E_w} \\ \\ \sigma = \dfrac{\tau_i - \tau_r}{\tau_i} \; ; \qquad \sigma' = \dfrac{p_i - p_r}{p_i - p_w} \end{cases}
$$

risultano eguali tra di loro ed eguali ad a:

$$\alpha = \sigma = \sigma' = a \tag{1.13}$$

Infine, sempre secondo questo modello di interazione, il tempo di soggiorno τ^* relativo a tutte le molecole incidenti si calcola nel modo seguente. Per le molecole riemesse specularmente esso è ovviamente nullo. Per quelle riemesse in modo diffuso si può adottare lo schema di Frenkel, descritto a pag. 4, e quindi applicare per esse la formula (1. 4) che ora scriveremo:

$$\tau_w^* = \tau^{**} \cdot e^{Q/RT_w} \tag{1.14}$$

dove τ_w^* rappresenta il tempo di soggiorno delle sole molecole riemesse in modo diffuso. Appare poi verosimile che, d'accordo con quanto già detto a pag. 5, tanto Q che τ^{**} dipendano solo dalle condizioni superficiali sul solido, e non dai parametri s e ϑ. Al calcolo del numero N^* di molecole adsorbite per unità di superficie contribuiscono soltanto le molecole riemesse in modo diffuso, e pertanto applicando la (1. 3) a queste ultime soltanto abbiamo:

$$N^* = a\, N_i\, \tau_w^* = a\, N_i\, \tau^{**} e^{Q/RT_w} \tag{1.15}$$

Applicando invece la stessa formula (1. 3) a tutte le molecole incidenti, e riemesse in parte in modo diffuso, in parte in modo speculare, abbiamo:

$$N^* = N_i\, \tau^* \tag{1.16}$$

Confrontando le (1.15) e (1.16), si ricava in definitiva:

(1.17) $$\tau^{*} = a\,\tau^{**}\; e^{Q/RT_w}$$

che stabilisce una relazione lineare tra il tempo di soggiorno medio complessivo τ^* ed i coefficienti di accomodamento (1.13), d'accordo con quanto già avemmo occasione di mettere in luce in [8], valendoci di risultati sperimentali. Dalla (1.17) consegue pure, in base alle (1.12) ed (1.13), una relazione lineare tra le differenze $E_i - E_r$, $\tau_i - \tau_r$, $p_i - p_r$ ed il tempo di soggiorno τ^*, il che presenta un espressivo significato fisico.

In conclusione il modello di interazione maxwelliano, adattato ai fenomeni aerodinamici che ci interessano, riconduce tutto il problema dell'interazione alla determinazione del solo parametro a, di cui interesserebbe conoscere in particolare la dipendenza dalla temperatura del solido T_w, dal parametro di velocità s e dall'angolo di incidenza ϑ formato tra la velocità del missile e la normale all'elemento di superficie dA:

(1.18) $$a = a(T_w, s, \vartheta)$$

La determinazione teorica di questa dipendenza, così come il perfezionamento del modello stesso richiederebbero uno studio molto più approfondito e difficile, che dalla letteratura a noi nota non risulta sia ancora stato affrontato in modo convincente. Pensiamo che uno studio di questo genere, se davvero deve costituire un sostanziale passo avanti rispetto al modello di prima approssimazione maxwelliano, dovrebbe intanto conservare quelli che riteniamo siano i suoi caratteri qualitativi fondamentali, e cioè:

1°) prevedere uno scambio di quantità di moto e di energia tra molecole incidenti e riemesse e la superficie rigida;

2°) prevedere un fenomeno almeno parziale di adsorbimento delle molecole del gas incidente da parte del solido, con relativo tempo di soggiorno.

Inoltre in armonia con una proprietà chiaramente messa in luce dai risultati sperimentali ottenuti coi raggi molecolari, dovrebbe soddisfare ad una terza esigenza, e cioè:

3°) prevedere una riemissione in tutte le direzioni rispetto alla normale a dA anche se tutte le molecole incidono secondo la stessa direzione, come avviene appunto coi raggi molecolari.

Naturalmente tutti questi aspetti parziali del fenomeno dovrebbero essere accessibili ad una valutazione quantitativa, ed essere collegati logicamente tra di loro. Il che ci pare impresa tutt'altro che facile.

S. Nocilla

2. Calcolo delle grandezze fisiche fondamentali che intervengono nei fenomeni d'interazione.

Per dare più solido fondamento allo studio del problema dell'interazione introduciamo, accanto allo spazio fisico (Oxyz) nel quale si muove il missile (v. fig. 3), anche lo spazio delle velocità assolute delle molecole costituenti l'atmosfera rarefatta, che chiameremo ($Ou_o v_o w_o$), essendo u_o, v_o, w_o le componenti della velocità assoluta $\vec{V}_o$ di una molecola secondo gli

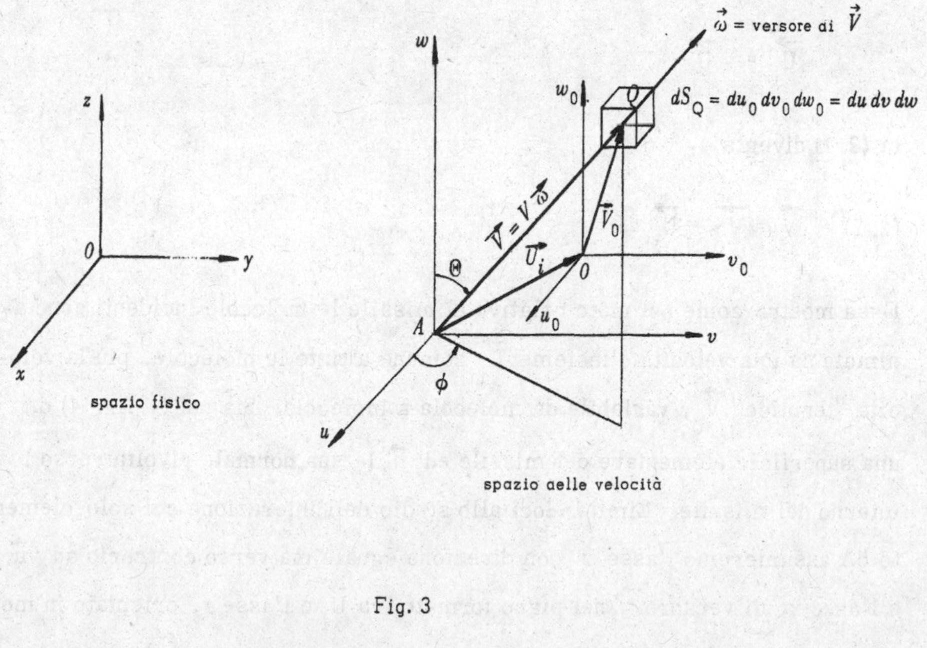

Fig. 3

assi Oxyz; ed inoltre lo spazio (Auvw) delle velocità $\vec{V}$ relative al missile. Porremo cioè:

$$\begin{cases} \vec{V}_o = \text{velocità assoluta di una molecola} & \text{(rispetto all'atmosfera)} \\ \vec{U}_o = \text{velocità assoluta del missile} & (\quad \text{"} \quad \text{"} \quad) \\ \vec{V} = \text{velocità relativa della stessa molecola rispetto ad una terna} \\ \quad\;\; \text{di assi che si trasli con velocità U.} \end{cases}$$

In base al teorema di composizione delle velocità risulta ovviamente:

$$(2.1) \qquad \vec{V}_o = \vec{V} + \vec{U} \qquad \text{ossia} \qquad \vec{V} = \vec{V}_o - \vec{U}$$

Se in particolare ci riferiamo alle molecole incidenti sul missile, ponendo:

$$\vec{U}_i = - \vec{U}$$

la (2.1) diventa:

$$(2.2) \qquad \vec{V} = \vec{V}_o + \vec{U}_i,$$

Essa mostra come nel moto relativo al missile le molecole incidenti sono animate da una velocità d'insieme $\vec{U}_i$ comune a tutte le molecole, più la velocità "termica" $\vec{V}_o$, variabile da molecola a molecola. Sia poi (v. fig. 4) dA una superficie elementare del missile ed $\vec{n}$ la sua normale rivolta verso lo interno del missile. Limitandoci allo studio dell'interazione col solo elemento dA assumeremo l'asse z con direzione eguale ma verso contrario ad $\vec{n}$, e l'asse x, di versore $\vec{t}$, nel piano formato tra $\vec{U}_i$ e l'asse z, orientato in mo do che $\vec{U}_i$ abbia componente positiva secondo esso.

Essendosi supposta maxwelliana la distribuzione delle velocità delle molecole costituenti l'atmosfera rarefatta, la probabilità $\Pi_i(u_o, v_o, w_o)$ che una molecola di tale atmosfera abbia velocità assoluta contenuta nell'elemento di volume $du_o dv_o dw_o$ dello spazio delle velocità assolute vale:

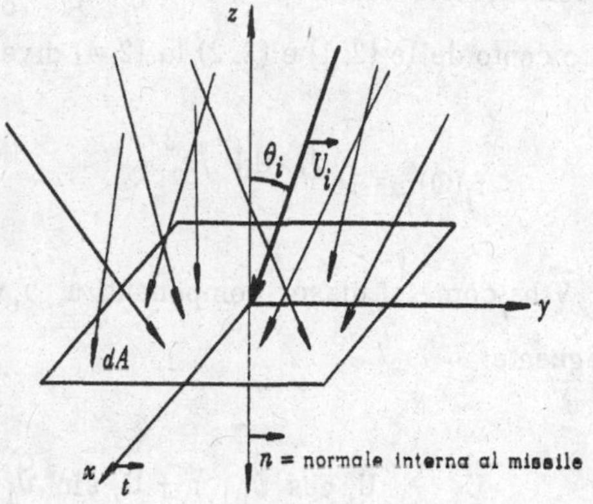

Fig. 4

$$\Pi_i(u_o, v_o, w_o) = \frac{d\,\nu_i(u_o, v_o, w_o)}{\nu} = \frac{1}{\pi^{3/2}}\, f_i(Q)\, \frac{du_o\, dv_o\, dw_o}{c^3} \tag{2.3}$$

dove:

$$f_i(Q) = e^{-V_o^2 / c^2} \tag{2.4}$$

è la ben nota funzione di distribuzione di velocità maxwelliana, definita in tutto lo spazio delle velocità, e c la velocità più probabile legata alla temperatura assoluta T dalla relazione:

$$c^2 = 2\,R\,T \tag{2.5}$$

con R = costante del gas considerato = k/m; k = costante di Boltzmann ed m massa di una molecola.

Nella (2. 3) ν è la densità numerica, cioè il numero di molecole per unità di volume dell'atmosfera ambiente, e $d\nu_i^{(u_0, v_0, w_0)}$ è il numero di molecole con velocità nell'elemento $du_0\, dv_0\, dw_0$, tra le ν sopra considerate. Tenuto conto delle (2. 1) e (2. 2) la (2. 4) diventa:

$$f_i(Q) = e^{-|\vec{V}-\vec{U}_i|^2/c^2} \tag{2.6}$$

dove $\vec{V}$ ha, come si disse, componenti u, v, w, e $\vec{U}_i$ si può esprimere nel modo seguente:

$$\vec{U}_i = U_i \cos\vartheta_i \,.\, \vec{n} + U_i \sin\vartheta_i \,.\, \vec{t} \tag{2.7}$$

ϑ_i essendo l'angolo di incidenza formato tra $\vec{U}_i$ ed $\vec{n}$. Da tutto quanto sopra detto consegue che, essendo l'elemento di volume dS_Q relativo ad un medesimo punto Q lo stesso sia che lo si consideri appartenente allo spazio $Ou_0v_0w_0$ oppure allo spazio Auvw:

$$dS_Q = du_0 dv_0 dw_0 = du dv dw \tag{2.8}$$

con evidente significato dei simboli si ha pure:

$$\Pi_i^{(u,v,w)} = \frac{d\nu_i^{(u,v,w)}}{\nu} = \Pi_i^{(u_0, v_0, w_0)} = \frac{1}{\pi^{3/2}}\, f_i(Q)\, \frac{du dv dw}{c^3} \tag{2.9}$$

con $f_i(Q)$ dato dalle (2. 6) e (2. 7).

In virtù della (2. 9) si possono esplicitamente calcolare le grandezze fondamentali relative al gas incidente, e cioè la portata numerica N_i, la portata di quantità di moto $\vec{Q}_i$ e la portata di energia E_i relative all'elemento dA, già definite nel numero precedente. Infatti se tutte le molecole avessero egual velocità si avrebbe ad esempio:

$$N_i \, dA = - w \nu \, dA$$

Poichè le ν molecole non hanno tutte egual velocità, bisogna sostituire nella formula precedente $d\nu_i^{(u,v,w)}$ al posto di ν, e poi sommare il contributo di tutte le molecole cui corrisponde $-w \geqslant 0$. Si deve cioè calcolare l'integrale:

$$(2.10) \qquad N_i = \int_{-w \geqslant 0} (-w) \, d\nu_i^{(u,v,w)} = \frac{\nu}{\pi^{3/2}} \int_{S_-} (-w) \, f_i(Q) \, \frac{dS_Q}{c^3}$$

che deve essere inteso nel modo seguente:

$$(2.11) \qquad \int_{S_-} (\dots) \, dS_Q = \int_{-\infty}^{+\infty} du \int_{-\infty}^{+\infty} dv \int_{-\infty}^{0} (\dots) \, dw$$

In modo perfettamente analogo si ricava:

$$(2.12) \qquad \vec{Q}_i = \int_{-w \geqslant 0} (-w) \, m \vec{V} d\nu_i^{(u,v,w,)} = \rho/\pi^{3/2} \int_{S-} (-w) \vec{V} f_i(Q) \frac{dS_Q}{c^3}$$

$$(2.13) \qquad E_i = \int_{-w \geqslant 0} (-w) \left(\frac{1}{2} m V^2 + \delta k T\right) d\nu_i^{(u,v,w)} =$$

$$= \frac{\rho}{\pi^{3/2}} \int_{S_-} (-w) \left(\frac{V^2}{2} + \delta R T\right) f_i(Q) \frac{dS_Q}{c^3}$$

con $\rho = m\nu$ e $\delta = 0$, 1, 3/2 rispettivamente per gas mono-, bi- o pluriatomici. Sostituendo le espressioni (2. 6) e (2. 7) ed effettuando le integrazioni in coordinate cartesiane secondo la (2. 11) si ottiene (v. ad esempio [6] e [7]):

(2. 14) $$N_i = N\,\chi(\sigma)$$

(2. 15) $$\vec{Q}_i = p_i\,\vec{n} + \tau_i\,\vec{t}$$

con:

(2. 17) $$\begin{cases} p_i = 1/2\cdot\rho RT\left[1 + \operatorname{erf}\sigma + \dfrac{2\sigma}{\sqrt{\pi}}\,\chi(\sigma)\right] \\ \tau_i = \dfrac{1}{\sqrt{\pi}}\,\rho\, RT\,\chi(\sigma)\cdot s\cdot \sin\theta \end{cases}$$

(2. 18) $$E_i = NkTf(s,\theta)$$

e con:

(2. 19) $$\begin{cases} s = U/c \\ \sigma = s\cos\theta = U/c\,\cos\theta \end{cases}$$

(2. 20) $$\begin{cases} \operatorname{erf}\sigma = \dfrac{2}{\sqrt{\pi}}\displaystyle\int_0^{\sigma} e^{-x^2}\,dx \\ \chi(\sigma) = e^{-\sigma^2} + \sqrt{\pi}\,\sigma\,(1+\operatorname{erf}\sigma) \\ f(s,\vartheta) = (2+\delta+s^2)\,\chi(\sigma) + \dfrac{\sqrt{\pi}}{2}\,\sigma\,(1+\operatorname{erf}\sigma) \end{cases}$$

Tutti gli altri simboli furono già definiti nel numero precedente.

Per quanto concerne le molecole riemesse si presenta la sostanziale difficoltà che non si conosce a priori la legge di riemissione, che anzi costituisce l'incognita principale del problema. Sono stati proposti diversi modelli di riemissione che consistono nell'assumere certe leggi di riemissione, in modo tale da lasciare liberi, possibilmente, certi parametri da determinarsi mediante confronto con risultati sperimentali. Tra questi modelli di riemissione ci sembrano degni di particolare menzione quelli in cui le molecole riemesse sono considerate come facenti parte di opportuni gas in equilibrio maxwelliano, in opportuno movimento rispetto a dA. Questi modelli, su cui naturalmente si possono fare molte riserve, presentano il pregio essenziale, a parte motivi di carattere storico, di permettere di adottare per le molecole riemesse gli stessi metodi di calcolo, se non addirittura le stesse formule, impiegate per il gas incidente. Infatti, detta ν_r la densità numerica del gas fittizio in discorso, abbiamo:

$$\text{(2.21)} \qquad \Pi_r^{(u,v,w)} = \frac{d\nu_r^{(u,v,w)}}{\nu_r} = \frac{1}{\pi^{3/2}} f_r(Q) \frac{dS_Q}{c_r^3}$$

con:

$$\text{(2.22)} \qquad f_r(Q) = e^{-\left|\vec{V}-\vec{U}_r\right|^2/c_r^2}$$

e dove $\vec{U}_r$ e c_r sono parametri da fissarsi di volta in volta. La costante ν_r si determina in funzione di essi e delle grandezze relative al gas incidente mediante la condizione:

$$\text{(2.23)} \qquad N_r = N_i$$

che essendo, in base alle (1.7) e (2.14):

$$N_i = \frac{\nu \cdot c}{2\sqrt{\pi}} \chi(\sigma) ; \quad N_r = \frac{\nu_r \cdot c_r}{2\sqrt{\pi}} \chi(\sigma_r) ,$$

con $\sigma_r = U_r/c_r \cdot \cos\vartheta_r$ (cfr. (2.19)), diventa :

(2.23') $\quad \nu\, c\, \chi(\sigma) = \nu_r \cdot c_r \cdot \chi(\sigma_r)$

Le grandezze fisiche fondamentali relative al gas riemesso, e cioé N_r, $\vec{Q}_r$ ed E_r, si esprimono per mezzo della funzione $f_r(Q)$ nel modo seguente:

$$(2.24) \qquad N_r = \int_{w\geq 0} w\, d\nu_r = \frac{\nu_r}{\pi^{3/2}} \int_{S_+} w f_r(Q)\, dS_Q / c_r^3$$

$$(2.25) \qquad \vec{Q}_r = \int_{w\geq 0} w m \vec{V}\, d\nu_r = \frac{\rho_r}{\pi^{3/2}} \int_{S_+} w\, \vec{V} f_r(Q)\, dS_Q / c_r^3$$

$$(2.26) \qquad E_r = \int_{w\geq 0} w(mV^2/2 + \delta kT)\, d\nu_r = \frac{\rho_r}{\pi^{3/2}} \int_{S_+} w(V^2/2 + \delta RT) f_r(Q)\, dS_Q / c_r^3$$

dove si è introdotta la densità del gas fittizio $\rho_r = m\,\nu_r$, e dove gli integrali tripli devono essere intesi nel modo seguente:

$$(2.27) \qquad \int_{S_+} (\ldots)\, dS_Q = \int_{-\infty}^{+\infty} du \int_{-\infty}^{+\infty} dv \int_0^{\infty} (\ldots)\, dw$$

Anche qui poi converrà scomporre la $\vec{Q}_r$ nelle sue due componenti normale e tangenziale a dA nel modo seguente:

$$(2.28) \qquad \vec{Q}_r = -p_r \vec{n} + \tau_r \vec{t}$$

Riguardo alla (2.26) si osservi che il termine δRT che vi compare implica l'assunzione, invero discutibile, che l'energia cinetica che corrisponde ai gradi di libertà rotatori delle molecole non vari durante durante il fenomeno d'interazione. Non vogliamo qui discutere tale assunzione: ci limitiamo a dire che per le molecole monoatomiche è $\delta = 0$ e quindi la difficoltà non sorge, mentre per le molecole bi- o pluriatomiche l'assunzione stessa può essere considerata come una prima approssimazione. A titolo di esempio indichiamo come vengono trattati i parametri $\vec{U}_r$ e c_r nei modelli di riemissione seguenti:

a) riemissione speculare

(2. 29) $$\begin{cases} \vec{U}_r = -U_i \cos \vartheta_i \vec{n} + U_i \sin \vartheta_i \vec{t} \\ c_r = c \end{cases}$$ ($\vec{U}_r$ è il simmetrico di $\vec{U}$ rispetto alla normale a dA)

b) riemissione diffusa

(2. 30) $$\begin{cases} \vec{U}_r = 0 \\ c_r = \sqrt{2RT_w} \end{cases}$$ (T_w = temperatura della parete)

c) riemissione maxwelliana

Delle $N_r = N_i$ molecole riemesse si ammette che una parte $(1-a)N_r$ sia riemessa specularmente, secondo le (2. 29), e la rimanente parte $a N_r$ sia riemessa in modo diffuso, secondo le (2. 30)

d) riemissione come parte di un gas in equilibrio maxwelliano con opportuno moto di insieme (v. Nocilla [9]).

I parametri U_r, ϑ_r, c_r non sono fissati a priori. Il calcolo mostra che secondo questo modello intervengono in modo essenziale solo due parametri, e cioè $s_r = U_r/c_r$ e ϑ_r.

Le formule finora riportate, anche se di fondamentale importanza, non si prestano al confronto con la maggior parte dei risultati sperimentali ottenuti con la tecnica dei raggi molecolari, che costituiscono oggi una delle fonti sperimentali più importanti per lo studio dei fenomeni dell'interazione. Infatti tali formule danno, per ogni elemento superficiale dA, il valore globale delle diverse grandezze, senza precisare quale sia il contributo ad esse apportato dalle molecole incidenti o riemesse nelle diverse direzioni, mentre i risultati sperimentali sopra ricordati fanno intervenire in modo essenziale tali direzioni. Per poter confrontare la teoria con queste esperienze bisogna riprendere il calcolo delle stesse grandezze N_i, $\vec{Q}_i$, E_i facendo uso nello spazio delle velocità (Auvw), anzichè delle coordinate cartesiane, delle coordinate polari V, Θ, ϕ così definite (v. fig. 3):

$$\text{(2.31)} \qquad \begin{cases} u = V \sin\Theta \cos\phi \\ v = V \sin\Theta \sin\phi \\ w = V \cos\Theta \end{cases} \qquad \begin{matrix} 0 \leq \Theta \leq \pi \\ -\pi \leq \phi \leq +\pi \end{matrix}$$

In coordinate polari l'elemento di volume dS_Q vale:

$$\text{(2.32)} \qquad dS_Q = V^2 \sin\Theta \, dV \, d\Theta \, d\phi$$

e inoltre la velocità $\vec{V}$ si può esprimere nel modo seguente:

$$\text{(2.33)} \qquad \vec{V} = V\vec{\omega}, \text{ con } \vec{\omega} = \vec{\omega}(\Theta, \phi) \equiv (\sin\Theta\cos\phi, \sin\Theta\sin\phi, \cos\Theta)$$

La formula (2.9) diventa:

$$\text{(2.34)} \qquad \Pi_i^{(Q)} = \frac{dN_i^{(Q)}}{\nu} = \frac{1}{\pi^{3/2}} f_i^{(Q)} \frac{V^2 \sin\Theta \, dV \, d\Theta \, d\phi}{c^3}$$

dove la funzione $f_i(Q)$ data dalla (2. 6) deve essere pensata come funzione di V, Θ, ϕ:

(2. 35) $$f_i(Q) = f_i(V/c, \Theta, \phi)$$

Gli integrali tripli del tipo (2. 11) si calcolano nel modo seguente:

(2. 36) $$\int_{S_-} (\ldots) dS_Q = \int_{-\pi}^{\pi} d\phi \int_{\pi/2}^{0} \sin\Theta \; d\Theta \int_0^{\infty} (\ldots) V^2 dV$$

che introducendo l'angolo solido $d\Omega$ relativo all'origine A:

(2. 37) $$d\Omega = \sin\Theta \, d\Theta \, d\phi$$

si possono scrivere:

(2. 38) $$\int_{S_-} (\ldots) dS_Q = \int_{\Omega_-} F^{(\Omega)} \; d\Omega = \int_{-\pi}^{\pi} d\phi \int_{\pi/2}^{\pi} F(\Theta, \phi) \sin\Theta \; d\Theta$$

con

(2. 39) $$F^{(\Omega)} = F(\Theta, \phi) = \int_0^{\infty} (\ldots) V^2 dV$$

Di conseguenza le formule (2. 10), (2. 12) e (2. 13) diventano rispettivamente:

(2. 40) $$\begin{cases} N_i = \int_{\Omega_-} N_i^{(\Omega)} \; d\Omega \\ \text{con: } N_i^{(\Omega)} = -\dfrac{\nu c}{\pi^{3/2}} \cos\Theta \displaystyle\int_0^{\infty} f_i(Q) \; \dfrac{V^3 dV}{c^4} \end{cases}$$

(2. 41) $$\begin{cases} \vec{Q}_i = \int_{\Omega_-} \vec{Q}_i^{(\Omega)} \; d\Omega \\ \text{con: } \vec{Q}_i^{(\Omega)} = -\dfrac{\rho c^2}{\pi^{3/2}} \cos\Theta \displaystyle\int_0^{\infty} f_i(Q) \; \dfrac{V^4 dV}{c^5} \; \vec{\omega} \end{cases}$$

$$(2.42)\quad \begin{cases} E_i = \int_{\Omega_-} E_i^{(\Omega)}\, d\Omega \\ \text{con } E_i^{(\Omega)} = -\dfrac{\rho c^3}{\pi^{3/2}} \cos\Theta \int_0^{\infty} \left(\dfrac{V^2}{2} + \delta RT\right) f_r(Q)\, \dfrac{V^3 dV}{c^6} \end{cases}$$

In modo perfettamente analogo si possono trattare le molecole riemesse secondo i modelli precedentemente descritti, ottenendosi le formule seguenti, analoghe alle (2.40), (2.41), (2.42):

$$(2.43)\quad \begin{cases} N_r = \int_{\Omega_+} N_r^{(\Omega)}\, d\Omega \\ \text{con: } N_r^{(\Omega)} = \dfrac{\nu_r c_r}{\pi^{3/2}} \cos\Theta \int_0^{\infty} f_r(Q)\, \dfrac{V^3 dV}{c_r^4} \end{cases}$$

$$(2.44)\quad \begin{cases} \vec{Q}_r = \int_{\Omega_+} \vec{Q}_r^{(\Omega)}\, d\Omega \\ \text{con: } \vec{Q}_r^{(\Omega)} = \dfrac{\rho_r c_r^2}{\pi^{3/2}} \cos\Theta \int_0^{\infty} f_r(Q)\, \dfrac{V^4 dV}{c_r^5} \cdot \vec{\omega} \end{cases}$$

$$(2.45)\quad \begin{cases} E_r = \int_{\Omega_+} E_r^{(\Omega)}\, d\Omega \\ \text{con: } E_r^{(\Omega)} = \dfrac{\rho_r c_r^3}{\pi^{3/2}} \cos\Theta \int_0^{\infty} \left(\dfrac{V^2}{2} + \delta RT\right) f_r(Q)\, \dfrac{V^3 dV}{c_r^6} \end{cases}$$

dove gli integrali rispetto all'angolo solido devono essere calcolati nel modo seguente:

$$\int_{\Omega+} F^{(\Omega)} \, d\Omega = \int_{-\pi}^{\pi} d\phi \int_{0}^{\pi/2} F(\Theta, \phi) \sin\Theta \, d\Theta \tag{2.46}$$

Tra gli integrali sopra riportati finora è stato calcolato in modo esplicito, in [9], soltanto quello che nella (2. 43) dà la funzione $N_r^{(\Omega)}$ nel caso che la $f_r(Q)$ sia data dalla (2. 22).

E' interessante osservare che, come risulta dalle ultime formule scritte, nel caso della riemissione diffusa nel senso da noi precisato in precedenza, tutte e tre le funzioni $N_r^{(\Omega)}$, $\vec{Q}_r^{(\Omega)}$, $E_r^{(\Omega)}$ risultano proporzionali a $\cos\Theta$, con costanti di proporzionalità esplicitamente indicate nelle formule stesse. Ciò giustifica la denominazione di "riemissione secondo la legge del coseno" che si attribuisce a tale legge di riemissione, anche se solitamente nella letteratura quando si parla di legge del coseno ci si riferisce solo alla funzione $N_r^{(\Omega)}$ e non alle altre due.

Prima di lasciare l'argomento dei modelli di riemissione vogliamo ricordare un modello molto interessante proposto recentemente da Schamberg [10], che non rientra nello schema di quelli sopra discussi (v. fig. 5). Secondo esso si ammette che le molecole siano riemesse entro un opportuno cono di semiapertura φ_0,

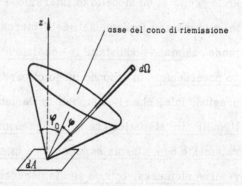

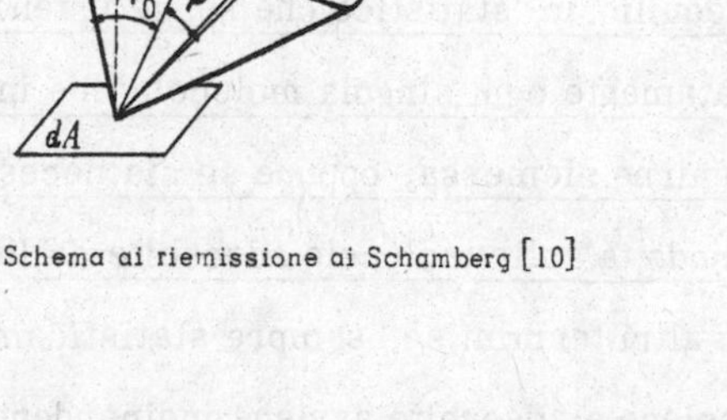

Schema di riemissione di Schamberg [10]

Fig. 5

entro il quale il numero di molecole $N_r^{(\Omega)}$ contenute nell'angolo solido $d\Omega$ è proporzionale a $\cos(\pi/2 \cdot \varphi/\varphi_0)$, con $\varphi \leq \varphi_0$. Mediante opportune ipotesi sulle velocità delle molecole riemesse vengono calcolati i coefficienti aerodinamici per corpi di varia forma.

Quanto abbiamo finora esposto costituisce un contributo preliminare allo studio teorico dell'interazione. Per procedere ulteriormente nell'approfondimento di tale studio conviene passare da quelli che abbiamo denominato "modelli di riemissione" a quelli che possiamo definire "modelli di interazione", ossia a teorie che spieghino anche la genesi fisica delle funzioni di distribuzione di velocità delle molecole riemesse, tenedo conto delle condizioni fisico-chimiche superficiali e delle proprietà delle molecole incidenti. Studi in tal senso furono già effettuati da diversi Autori, come Lennard-Jones e sua scuola [11], Bonch-Bruevich [12], Zwanzig [13], Erofeev [14] ed altri. Ci pare però importante sottolineare che per orientarsi verso la scelta di un modello di interazione atto a calcolare in modo convincente le grandezze fondamentali dell'interazione si debba innanzitutto fare in modo che siano soddisfatte le condizioni generali indicate alla fine del numero precedente. In secondo luogo ci pare sia tuttora da risolvere il problema pregiudiziale, che riteniamo di fondamentale importanza, di decidere se nell'equilibrio statistico che regge il fenomeno sia sufficiente considere separatamente ogni singola molecola che interagisce con la superficie per poi venirne riemessa, oppure se sia necessario tenere anche conto dell'azione prodotta sulle molecole adsorbite dalle molecole successivamente incidenti. In altri termini se, sempre statisticamente parlando, la riemissione delle molecole adsorbite avviene indipendentemente dall'arrivo di nuove molecole e quindi il tempo di soggiorno τ^* non dipende sostanzialmente da N, op pure se sono le nuove molecole arrivate che cacciano via le precedenti e quindi il tempo di soggiorno dipende da N. Il fatto che nello adsorbimento fisico alle bassissime pressioni le isoterme di adsorbimento mostrino una dipendenza lineare tra la quantità di gas adsorbito ϑ^*, proporzionale ad N^*, e la pressione p, proporzionale ad N, alla luce della (1. 3) appare una prova in favore della prima tesi. Non vogliamo qui spingerci in una discussione più approfondita della questione che, come abbiamo detto, riteniamo tutt'ora aperta tanto più se si tiene anche conto del moto d'insieme delle molecole incidenti.

Per terminare, un breve cenno alla letteratura sperimentale, che negli ultimi anni ha ricevuto un impulso assai notevole sviluppandosi a terra con la tecnica dei raggi molecolari e con la tecnica del braccio ruotante per le quali rimandiamo alle conferenze del Prof. Estermann, e nell'alta atmosfera coi missili e coi satelliti artificiali. Dal complesso dei risultati sperimentali ottenuti a terra ci pare concordemente messo in luce dai vari sperimentatori il fatto che alle temperature superficiali ambienti ($\sim$ 300 °K) vi è la tendenza alla riemissione diffusa indipendentemente o quasi dalle proprietà del raggio incidente, mentre per temperature maggiori (ad esempio dell'ordine di 1000 °K) vi è una molto più spiccata tendenza ad una riemissione di tipo speculare, o più precisamente, usando la terminologia del nostro modello di riemissione [9] (caso d, pag. 25), nel primo caso si hanno valori di $s_r = U_r/c_r$ prossimi allo zero; nel secondo caso valori prossimi all'unità o maggiori. Si tenga però presente che tutto ciò è fondato soltanto su misure di $N_r^{(\Omega)}$; è nostro convincimento che per migliorare in modo sostanziale le nostre conoscenze in merito sarebbe necessario procedere alla misura non solo di $N_r^{(\Omega)}$, ma anche di $\vec{Q}_r^{(\Omega)}$ ed $E_r^{(\Omega)}$, se non addiritura della funzione di distribuzione della velocità delle molecole riemesse. Queste misure dovrebbero fornire il criterio fondamentale per decidere quale dei diversi modelli di riemissione o di interazione si avvicina maggiormente al vero.

S. Nocilla

BIBLIOGRAFIA

[1] U. Nobile "Elementi di aerodinamica" [Libreria dello Stato, Roma, (1954)].

[2] J.H. de Boer " The Dynamical Character of Adsorption" [Oxford Univer. Press, London and New York (1953)].

[3] J. R. Frenkel "Theorie der Adsorption und verwandter Erscheinungen" [Zeitsch. für Physik, 26 (1924) , pag. 117].

[4] M. Kundsen [Ann. Physik, 34 (1911), pag. 593]

[5] S. Bell e S. A. Schaaf "Aerodynamic forces on a cylinder for the free molecule flow of a non-uniform gas" [Jet Propulsion, 23 (1953) pag. 314].

[6] S. Nocilla "Sull' interazione tra un corpo rigido ed una corrente di molecole libere " Parte I - Scambi di energia [Atti Acc. Scienze Torino, 94 (1959-60), pag. 445].

[7] idem, Parte II - Scambi di quantità di moto [ibidem, 94 (1959-60) pag. 595].

[8] idem, Parte III - Relazione tra i coefficienti d'interazione ed il tempo di soggiorno delle molecole sulla superficie [ibidem , 94 (1959-60), pag. 782].

[9] S. Nocilla " The surface Re-Emission Law in Free Molecule Flow" [3rd Int. Rarefied Gas Dynamics Symposium, vol I (1963), Academic Press Inc. , New York, pag. 327].

[10] R. Schamberg "A new analytic representation of surface interaction for hyperthermal free-molecule flow with application to satellite drag" [Heat Trans. and Fluid Mech. Inst. , University of California, Los Angeles (1959), pag. 1].

[11] J. E. Lennard Jones e A. F. Devonshire [Proc. Roy. Soc., vol. A 158 (1937), pag. 894].

[12] B. L. Bonch-Bruevich "Quantum Theories of adsorption" [National Res. Council of Canada, Tech. Translation TT-509, (Ottawa 1954) da Upsekhi Fiz. Nauk. 40 (3) (1950), pag. 369].

[13] R. W. Zwanzig "Collision of a gas atom with a cold surface" [Journal of Chemical Physics, 32 (1960), pag. 1173].

/ 14 / A. I. Erofeev "A proposito dell'azione reciproca tra gli atomi e la superficie di un corpo solido (titolo tradotto in italiano dal russo a cura del nostro Istituto)" [Inzhenernii Zhurnal, Tomo IV (1960), pag. 36].

CENTRO INTERNAZIONALE MATEMATICO ESTIVO

(C.I.M.E.)

F. SERNAGIOTTO

"SOLUTION OF RAYLEIGH'S PROBLEM FOR THE WHOLE RANGE OF KNUDSEN NUMBERS"

Corso tenuto a Varenna (Como) dal 21 al 29 agosto 1964

"SOLUTION OF RAYLEIGH'S PROBLEM FOR THE WHOLE RANGE OF KNUDSEN NUMBERS"

by

Franco Sernagiotto

(Università-Milano)

The aim of my talk is to give an exposition of a paper presented by Dr. Cercignani and me at the Forth International Symposium on Rarefied Gas Dynamics, held at Toronto, Canada, last july (1).

Time-dependent problems have been scarcely investigated in Rarefied Gas Dynamics for an arbitrary Knudsen number. In fact, only a problem not spatially homogeneous appears to have been considered: the Rayleigh's problem. Also, for this typical problem, only approximate solutions have been given, in the frame of the kinetic theory of gases, by Yang and Lees in 1956 and 1960 (2), and by Gross and Jackson in 1958 (3). Exact solutions have been given in the limiting cases of continuum theory (Rayleigh, 1911 (4)), also with the correction for slip velocity (Schaaf, 1950 (5)).

The classical Rayleigh's problem is as follows: let a half space be filled with a gas of density ϱ_0 and temperature T_0, and bounded by an infinite plane wall; the gas is initially in absolute equilibrium and the wall is at rest. Then the plate is set impulsively in motion in its plane with uniform velocity u_0. The propagation into the gas of the disturbance produced by the motion of the plate is to be studied.

There are two independent variables, the time t and the ordinate x, which measures distance from the plate.

Now I want to say some words about Knudsen number in this problem. As usual, Knudsen number (6) is defined in the following manner:

(1) $$K_n = \frac{\lambda}{d}$$

where λ is the mean free path and d is a characteristic length. However, in this problem, because the plate is infinite there is no fixed characteristic length, as e.g. in plane Couette flow the distance from the plates. A definition of Knudsen number must necessarily be based on time.

Calling θ the mean free time, i.e. the average time elapsed between two successive collisions, we have:

$$(2) \qquad \frac{t}{\theta} \approx \frac{\rho_o u_o^2 t}{\mu} \cdot \frac{a_o^2}{u_o^2} = \frac{Re}{M_o^2} \sim \frac{1}{K_n^2}$$

(μ is viscosity coefficient, and a_o is sound velocity in the impertubed gas). From Eq. (2) one sees easily that $\frac{t}{\theta}$ gives the degree of rarefaction of the gas. This is quite obvious, if one thinks that at the start of the motion, the collisions between the gas molecules and the plate surface predominate over those between gas molecules themselves. This regime is essentially the free molecules flow, no matter what the density of the undisturbed gas is .

Let us now pass to give a sketch of our technique of solution . We have used Boltzmann equation, with the only restrictions of linearization and use of the B.G.K. model (7) to describe collisions.

Owing to the linearization we can write for the distribution function :

$$(3) \qquad f(x, t, \underline{c}) = f_o \left[1 + h(x, t, \underline{c}) \right]$$

where $f_o(\underline{c}) = \rho_o \pi^{-\frac{3}{2}} e^{-c^2}$ is the unperturbed Maxwellian state, and $\underline{c}$ is the molecular velocity.

Boltzmann equation takes up the form (1):

$$\frac{\partial h}{\partial t} + c_x \frac{\partial h}{\partial x} = L(h) \tag{5}$$

with the initial and boundary conditions :

$$\begin{aligned} & h(x, 0, \underline{c}) = 0 \\ & h(0, t, \underline{c}) = 2 u_0 c_z \end{aligned} \tag{6}$$

Besides, when $x \to \infty$, $h(x, t, \underline{c})$ must be limited for every fixed t and $\underline{c}$.

Now, if the B. G. K. model is introduced to describe collisions, the Boltzmann equation becomes :

$$\frac{\partial h}{\partial t} + c_x \frac{\partial h}{\partial x} = \frac{1}{\theta} \left[\frac{2c_z}{\sqrt{\pi}} \int_{-\infty}^{+\infty} c_{z_1} h_1 e^{-c_1^2} dc_1 - h \right] \tag{7}$$

where θ is the mean free time. It is easily seen that the solution has the following form:

$$h(x, t, \underline{c}) = 2 c_z Y(x, t, c_x) \tag{8}$$

where Y satisfies the following integro-differential equation

$$\frac{\partial Y}{\partial t} + c_x \frac{\partial Y}{\partial x} = \frac{1}{\sqrt{\pi}} \int_{-\infty}^{+\infty} e^{-c_{x_1}^2} Y(x, t, c_{x_1}) dc_{x_1} - Y \tag{9}$$

with the initial and boundary conditions :

$$\begin{aligned} & Y(x, 0, c_x) = 0 \\ & Y(0, t, c_x) = u_0 \end{aligned} \tag{10}$$

Taking the Laplace transform of Eqs. (9) and (10) we get :

$$(11) \qquad (s+1)\,\overline{Y} + c_x \frac{\partial \overline{Y}}{\partial x} = \frac{1}{\sqrt{\pi}} \int_{-\infty}^{+\infty} e^{-c_{x_1}^2}\, \overline{Y}(x, s, c_{x_1})\, dc_{x_1}$$

$$(12) \qquad \overline{Y}(0, s, c_x) = \frac{u_o}{s}$$

where s is the Laplace parameter. In order to solve this equation, we have followed the method of the elementary solutions (10), (1). This method, firstly introduced by Case (8) in 1960, was used by Cercignani in the solution of stationary problems in 1962 and 1964 (9). Recently this method was extended to time dependent problems by Cercignani and me (10). Briefly described it constists in finding separate-variables solutions of Eq. (11) and then constructing the general solution by superposition.

It is easily seen that separate-variables solutions of Eq. (11) can be written as follows :

$$(13) \qquad \overline{Y}(x, s, c_x) = e^{-(s+1)\frac{x}{v}}\, f_v(c_x, s)$$

where $f_v(c_x, s)$ satisfies the equation :

$$(14) \qquad \left(1 - \frac{c_x}{v}\right) f_v(c_x, s) = \frac{1}{(s+1)\sqrt{\pi}} \int_{-\infty}^{+\infty} f_v(c_{x_1}, s)\, e^{-c_{x_1}^2}\, dc_{x_1}$$

A careful discussion of this integral equation leads to the following results (10) :

1) For every s there is a continuous spectrum of values of v covering the full real axis. The corresponding solutions of Eq. (11) are not ordinary functions but generalized functions or distributions :

$$f_v(c_x, s) = P\,\frac{v}{v - c_x} + p(v, s)\,\delta(v - c_x) \tag{15}$$

where p(v, s) is given by :

$$p(v, s) = \sqrt{\pi}\left[(s+1)\,e^{v^2} - 2v\int_0^v e^{u^2}\,du\right]$$

and the symbol P means Cauchy principal value when integrals involving $f_v(c_x)$ are considered .

2) Besides, for complex values of s inside a curve γ having the following parametric representation

$$\begin{aligned} \mathrm{Re}\,s &= -1 + 2v\,e^{-v^2}\int_0^v e^{u^2}\,du \\ \mathrm{Im}\,s &= -\sqrt{\pi}\;v\,e^{-v^2} \end{aligned} \tag{16}$$

there are two complex values of v , opposite to each other, $\pm\ v_0(s)$, such that Eq. (14) is satisfied by :

$$f_v(c_x, s) = \frac{\pm\ v_0(s)}{\pm\, v_0(s) - c_x} \tag{17}$$

$v_0(s)$ is fixed by the following relation :

$$\frac{1}{(s+1)\sqrt{\pi}}\int_{-\infty}^{+\infty}\frac{v_0\,e^{-u^2}}{v_0 - u}\,du = 1 \tag{18}$$

The γ - curve is sketched in Fig. 1.

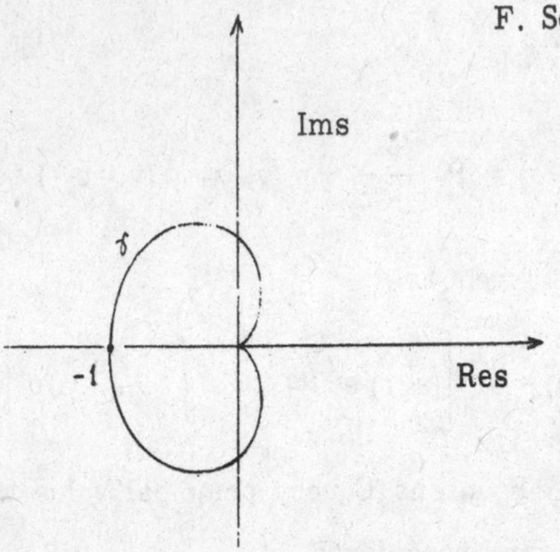

Fig. 1

It is an easy matter to prove that the set of the elementary solutions has properties of full and partial range completeness.

Particular enphasis is to be given to the half-range completeness, since it is well known that boundary conditions for the Boltzmann equation are given only for molecules leaving a physical wall which bounds the gas.

According to the method of the elementary solutions, the general solution, of Eq. (11) and (12) will be:

$$(19)\quad \overline{Y}(x,s,c_x) = \frac{u_o\, e^{-(s+1)\frac{x}{v_o(s)}}}{s(v_o - c_x)\, X_B(v_o, s)} \cdot u_o\sqrt{\pi}\int_0^\infty \frac{(v_o+v)\, X_B(-v,s) f_v\, e^{-(s+1)\frac{x}{v}+v^2}}{[p(v,s)]^2 + \pi^2 v^2}\, dv$$

for s inside the region A of the complex s-plane (see Fig. 2);
Instead, for s outside the region A and at the right of the straight line $Res = -1$, the general solution will be:

$$(20)\quad \overline{Y}(x,s,c_x) = u_o\sqrt{\pi}\int_0^\infty \frac{f_v(c_x, s)\, X_A(-v,s)\, e^{-(s+1)\frac{x}{v}+v^2}}{[p(v,s)]^2 + \pi^2 v^2}\, dv$$

In Eq. (19) v_o (s) is selected between the two possible values according to : $\mathrm{Re}\left[\frac{s+1}{v_o(s)}\right] > o$.

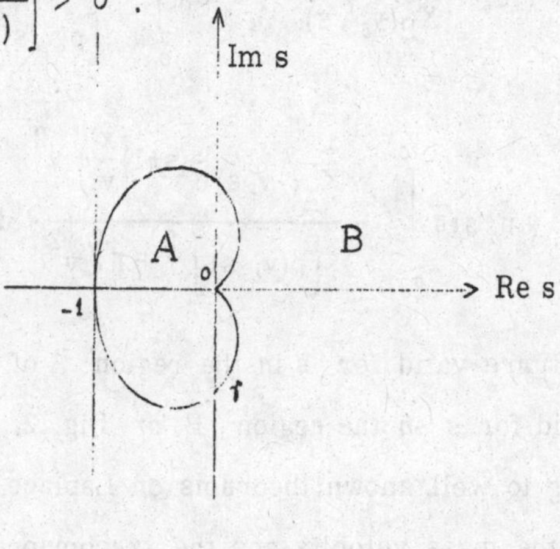

Fig. 2

For the explicit expressions of $X_A(-v, s)$ and $X_B(-v, s)$ in Eqs. (19) and (20) see ref. (10). By integration with respect to the weights $\pi^{-\frac{1}{2}} e^{-c^2 x}$ and $\rho_o \pi^{-\frac{1}{2}} c_x e^{-c^2 x}$ we find $\overline{u}(x, s)$ the Laplace transform of the mass velocity, and $\overline{\tau}(x, s)$ the Laplace transform of the shearing stress :

$$(21)\quad \overline{u}(x, s) = \frac{u_o(s+1)\, e^{-(s+1)\frac{x}{v_o}}}{s\, v_o\, X_B(v_o, s)} - u_o\sqrt{\pi}\,(s+1)\int_o^{\infty}\frac{(v_o+v)\, X_B(-v, s)\, e^{-(s+1)\frac{x}{v}+v^2}}{\left[p(v, s)\right]^2+\pi^2 v^2}\,dv$$

$$(22)\quad \overline{u}(x, s) = u_o\sqrt{\pi}\,(s+1)\int_o^{\infty}\frac{X_A(-v, s)\, e^{-(s+1)\frac{x}{v}+v^2}}{\left[p(v, s)\right]^2+\pi^2 v^2}\,dv$$

$$(23) \qquad \bar{\tau}(x,s) = \rho_0 u_0 \frac{e^{-(s+1)\frac{x}{v_0}}}{X_B(v_0\,,s)} - \rho_0 u_0\, s\sqrt{\pi}\int_0^\infty \frac{v(v_0+v)X_B(-v,s)e^{-(s+1)\frac{x}{v}+v^2}}{\left[p(v,s)\right]^2+\pi^2 v^2}\,dv$$

$$(24) \qquad \bar{\tau}(x,s) = \rho_0 u_0\, s\sqrt{\pi}\int_0^\infty \frac{v X_A(-v,s)\, e^{-(s+1)\frac{x}{v}+v^2}}{\left[p(v,\ s)\right]^2+\pi^2 v^2}\,dv$$

Eqs. (21) and (23) are valid for s in the region A of Fig. 2; Eqs. (22) and (24) are valid for s in the region B of Fig. 2.

According to well known theorems on Laplace transform, the z-component of the mass velocity and the xz-component of the stress tensor are given by the integrals :

$$(25) \qquad u(x,\ t) = \frac{1}{2\pi i}\int_{a-i\infty}^{a+i\infty} e^{st}\,\bar{u}\,(x,s)\,ds$$

$$(26) \qquad \tau(x,\ t) = \frac{1}{2\pi i}\int_{a-i\infty}^{a+i\infty} e^{st}\,\bar{\tau}(x,\ s)\,ds$$

where $\bar{u}(s,\ x)$ and $\bar{\tau}(x,s)$ are given by Eq_s (21) and (23), and the path of integration is a vertical straight line at the right of γ. (see Fig. 3)

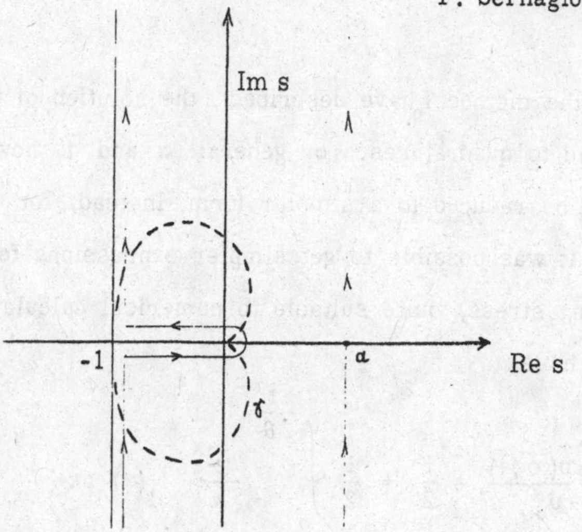

Fig. 3

Owing to the analyticity properties of $\bar{u}(x, s)$ and $\bar{\tau}(x, s)$, the previous path of integration in the s-plane can be deformed to a path indented on the segment (-1, 0) of the real axis and along the vertical straight line Re(s+1) = 0 (see Fig. 3). Therefore we shall have:

$$u(x, t) = \frac{1}{2\pi i}\int_{-1-i\infty}^{-1+i\infty} e^{st}\bar{u}(x, s)\,ds - \frac{1}{2\pi i}\int_{-1}^{0} e^{st} D(x, s)\,ds \tag{27}$$

$$\tau(x, t) = \frac{1}{2\pi i}\int_{-1-i\infty}^{-1+i\infty} e^{st}\,\bar{\tau}(x, s)\,ds - \frac{1}{2\pi i}\int_{-1}^{0} e^{st}\,\Delta(x, s)\,ds \tag{28}$$

where $D(x, s)$ and $\Delta(x, s)$ are the jumps respectively of $\bar{u}(x, s)$ and $\bar{\tau}(x, s)$ through the segment (- 1, 0) of the real axis in the s-plane.

For the explicit expression of $D(x, s)$ and of $\Delta(x, s)$, see ref. (1).

By the method I have described, the solution of the problem was reduced to quadratures. For general x and t however, the solution cannot be reduced to a simpler form. Instead, for $x=0$, i.e. at the plate, it was possible to get simpler expressions for mass velocity and shearing stress, quite suitable to numerical calculations. In fact we have:

$$\frac{u(0,t)}{u_0} = \frac{1}{2} + \frac{1}{2}\int_0^{\frac{t}{2\theta}} \frac{e^{-x}}{x}\, I_1(x)\, dx \tag{29}$$

and

$$\tau(0,t) = \rho_0 u_0 \frac{1}{\pi} \int_0^{\infty} \left[1 - \beta(x)\,(1+2x^2)\right] e^{-\beta(x)t/\theta}\, dx \tag{30}$$

where

$$\beta(x) = 1 - \sqrt{\pi}\, x\, e^{x^2}\, \mathrm{erfc}\,(x) \tag{31}$$

Here, as usual, $I_1(x)$ denotes the modified first kind Bessel funtion of order one, and erfc (x) is defined by:

$$\mathrm{erfc}\,(x) = \frac{2}{\sqrt{\pi}} \int_x^{\infty} e^{-t^2}\, dt \tag{32}$$

The behavior of the velocity and the stress at the plate is shown in Figs. 4 and 5 respectively.

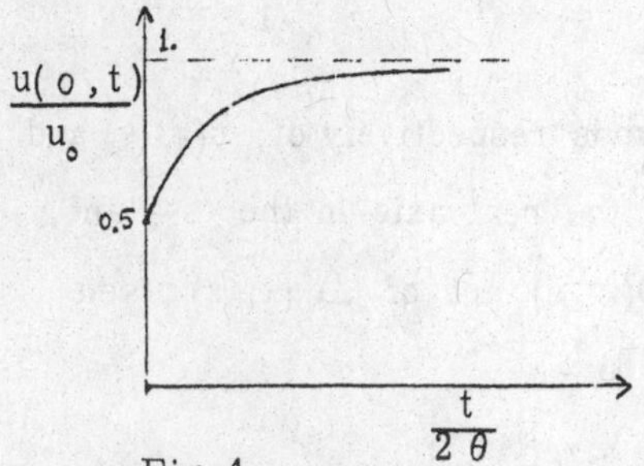

Fig. 4

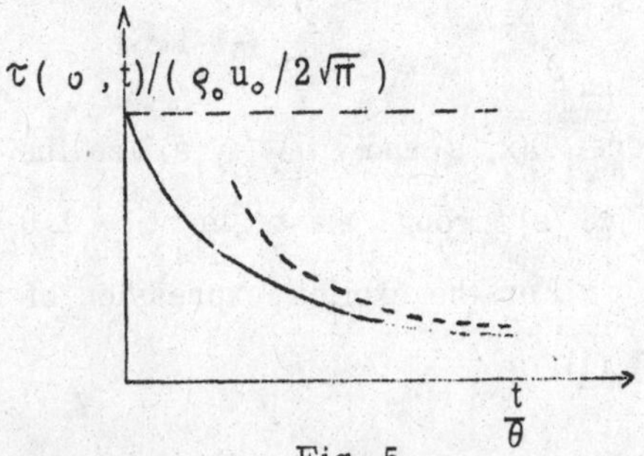

Fig. 5

For general x and t we have given asymptotic expansions, both for large and small Knudsen numbers.. Agreement was found with Yang and Lees (1960) (2) in the range of small t/θ and with Gross and Jackson (1958) (3) in the range of large t/θ. Besides, for large $\frac{t}{\theta}$ we have found :

a) a slip correction to the expression of the mass velocity, with a slip coefficient equal to that derived from the solution of the stationary slip flow problem (11) .

b) A boundary layer term which has not the simple exponential decaying form, as in Gross and Jackson (see ref. (3)), and which is exactly described by the same function as in steady problems.

==========

References

(1) C. Cercignani and F. Sernagiotto : " Rayleigh's problem at low Mach numbers according to kinetic theory" (paper presented at the IV Internaz. Symposium on Rarefied Gas Dynamics, Toronto, Canada, july 1964).

(2) H. T. Yang and L. Lees (1956) J. Math. and Phys. 35, 195 ; and in " Rarefied Gas Dynamics " (F.M. Devienne, ed.) p. 201 , Pergamon Press, London (1960) .

(3) E.P. Gross and E.A. Jackson (1958) Phys . Fluids 1, 318.

(4) Rayleigh, J.W. Strutt, Lord (1911), in "Scientific Papers" , Vol. VI, p. 29, Cambridge University press, Cambridge.

(5) S.A. Schaaf (1950) Univ. of Calif. Inst. of Eng. Research, Rept. NO HE-150-66.

(6) M. Knudsen (1950) "Kinetic theory of gases" , Methuen, London.

(7) P.L.Bhatnagar, E.P. Gross, and Krook, Phys.Rev. 94, 511,

(8) K.M. Case, Ann. Phys. (N.Y.) 9, 1, 1960.

(9) C. Cercignani, Ann. Phys. (N.Y.) 20, 219, 1962.

C. Cercignani, (1964a) "The Kramers problem for a not completely diffusing wall "(to appear in the J. of Math.Anal. and Appl.)

C. Cercignani, (1964b) "Plane Couette flow according to the method of elementary solutions" (to appear in the J. of Math. Anal. and Apl.)

C. Cercignani, (1964c) "Plane Poiseuille flow according to the method of elementary solutions" (to appear in the J. of Math . Anal. and Appl.).

(10) C. Cercignani and F. Sernagiotto (1964)
"The method of elementary solutions for time-dependent problems in linearized kinetic theory"
Ann. Phys (N.Y.) 30, 154, 1964. . . . .

(11) S. Albertoni, C. Cercignani, and L. Gotusso, Phys. Fluids 6, 933, 1963.

====================

Acknowledgment

The author is indebted to Dr. Cercignani for many suggestions in preparing this seminar.

CENTRO INTERNAZIONALE MATEMATICO ESTIVO

(C.I.M.E.)

GINO TIRONI

LINEARIZED RAYLEIGH'S PROBLEM IN MAGNETOGASDYNAMICS.

Corso tenuto a Varenna (Como) dal 21 al 29 agosto 1964

LINEARIZED RAYLEIGH'S PROBLEM IN MAGNETOGASDYNAMICS.

by

Gino Tironi

(Università-Milano)

1.- Introduction and position of the problem

This paper presents some results obtained on Rayleigh's problem in Magnetogasdynamics. A more comprehensive and full treatement of this subject will follow elsewhere.

Rayleigh's problem is a standard one in the theory of incompressible viscous fluids. The problem is related to the evaluation of the unsteady motion of a semi-infinite fluid, when a plate, submerged in it and originally at rest, is set impulsively in motion in its own plane with constant velocity.

For incompressible viscous fluids the problem was first formulated by Stokes in 1850 [12], and generalized by Rayleigh [8]. The problem which is easily solved for an incompressible viscoud fluid greatly complicates when compressibility is taken into account. Various approximate solutions of the problem were obtained with the aid of the boundary - layer theory by Illingworth [7], Van Dyke [13] Stewartson [11], or by linearization : Howarth [6] and Hanin [4]. Recently numerical calculations were performed by Harlow and Meixner [5].

In the last years, owing to the increasing interest in plasma physics, extensions of the problem have been made to Magnetohydrodynamics. Rossow [10], Chang and Yen [3], Bryson and Rosciszewski [2], have studied the problem for an incompressible conducting fluid, when a constant magnetic field is applied perpendicularly to the plate.

We will examine here the above problem for a compressible viscous fluid of finite conductivity in which a perfectly conducting plate is submerged.

By linearization, an equation is obtained for the pressure behaviour, which was previously obtained by Cole-Largerstrom-Trilling ,

G.A.L.C.I.T. Report (1949), and Howarth. General expressions for the solution in operational form are given. However owing to the fact that these expressions are quite intractable for obtaining numerical results, the equation is solved by a finite-differences method. The existence and unicity of the solution in a non-cylindrical domain (the same we used for numerical integration of the equation) together with a detailed discussion of the stability of the finite-differences scheme was given in a recent paper by Albertoni and Cercignani . [1] .

2.- Basic Equations.

Basic equations are the ordinary Navier-Stokes equations and Maxwell equations, where the force term is of electro-magnetic nature and the displacement current is neglected according to ordinary magneto-gasdynamics approximation.

(1) $$\frac{\partial \rho}{\partial t} + \operatorname{div} (\rho \underline{u}) = 0$$

(2) $$\rho \frac{D \underline{u}}{Dt} - \mu_e (\underline{H} \cdot \nabla) \underline{H} = - \operatorname{grad} (p + \mu_e \frac{H^2}{2}) + \nabla \cdot \tau$$

(3) $$\frac{\partial \underline{H}}{\partial t} = \operatorname{rot} (\underline{u} \wedge \underline{H}) - \operatorname{rot} (\nu_H \operatorname{rot} \underline{H})$$

(4) $$\rho \frac{Dh_o}{Dt} = \frac{\partial p}{\partial t} + \operatorname{div} (\underline{u} \cdot \tau) + \operatorname{div} (k \operatorname{grad} T) +$$

$$+ \text{rot } \underline{H} \cdot \left[\mu_e \ \nu_H \ \text{rot } \underline{H} - \mu_e \ \underline{u} \wedge \underline{H} \right]$$

(5) $p = R \rho T$

These are respectively:(1) the equation of continuity, (2) the equation of momentum, (3) the equation of magnetic field (displacement current has been neglected), (4) the equation of energy and (5) the equation of state.

μ_e is the magnetic permeability of vacuum . $\nu_H = \frac{1}{\sigma \mu_e}$ is the so called "magnetic viscosity" of the medium, and σ is its specific conductivity.

p, ρ, T, $\underline{u}$ indicates respectively pressure, density, temperature, and velocity of the medium.

$\underline{H}$ denotes the magnetic field.

$h_o = C_p T + \frac{1}{2} u^2$ is the "stagnation enthalpy" and τ is the stress tensor related to the strain tensor by ordinary Navier-Stokes assumptions :

$$\tau_{ij} = \mu \left(\frac{\partial u_i}{\partial x_j} + \frac{\partial u_j}{\partial x_i} \right) - \frac{2}{3} \mu \frac{\partial u_k}{\partial x_k} \delta_{ij} \quad ;$$

choice of coordinates is specified in the following figure

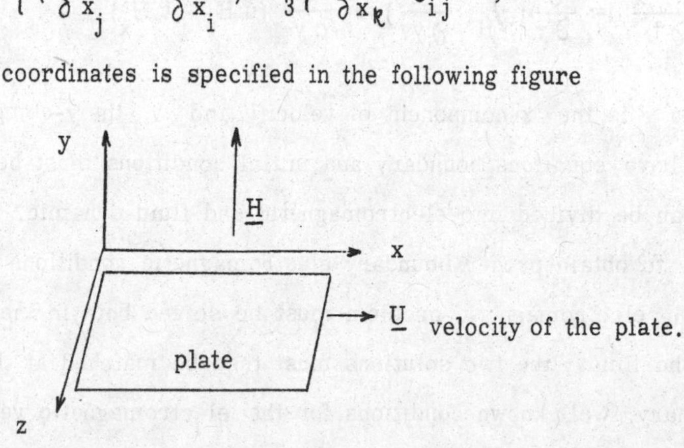

Symmetry properties show that the applied magnetic field does not change and that z-component of induced field is zero. Moreover spatial dependence is only through the distance from the plate, y. Thus, considering temperature in place of enthalpy in equation (4), Eq. s (1) - (5) become :

(6) $$\frac{\partial \rho}{\partial t} + \frac{\partial \rho v}{\partial y} = 0$$

(7) $$\rho\left(\frac{\partial u}{\partial t} + v\frac{\partial u}{\partial y}\right) = \mu_e H_y \frac{\partial H_x}{\partial y} + \frac{\partial}{\partial y}\left(\mu\frac{\partial u}{\partial y}\right)$$

(8) $$\rho\left(\frac{\partial v}{\partial t} + v\frac{\partial v}{\partial y}\right) = \frac{\partial}{\partial y}\left(\frac{4}{3}\mu\frac{\partial v}{\partial y}\right) - \frac{\partial}{\partial y}\left(p + \mu_e\frac{H_x^2}{2}\right)$$

(9) $$\rho C_p\left(\frac{\partial T}{\partial t} + v\frac{\partial T}{\partial y}\right) = \left(\frac{\partial p}{\partial t} + v\frac{\partial p}{\partial y}\right) + \frac{\partial}{\partial y}\left(k\frac{\partial T}{\partial y}\right)$$
$$+\mu\left[\left(\frac{\partial u}{\partial y}\right)^2 + \frac{4}{3}\left(\frac{\partial v}{\partial y}\right)^2\right] + \mu_e \nu_H\left(\frac{\partial H_x}{\partial y}\right)^2$$

(10) $$p = R\rho T$$

(11) $$\frac{\partial H_x}{\partial t} = \frac{\partial}{\partial y}\left(\nu_H\frac{\partial H_x}{\partial y}\right) + \frac{\partial}{\partial y}\left(u H_y - v H_x\right)$$

where u is the x-component of velocity and v the y-component. To the above equations boundary and initial conditions must be attached. These can be divided into electromagnetic and fluid-dynamic.

In order to obtain proper boundary electromagnetic conditions at the plate, the electromagnetic problem must be solved both in the plate and in the fluid ; the two solutions must then be matched at the plate by ordinary, well known conditions for the electromagnetic vectors. Let us have perfectly conducting plate moving with a constant velocity

U in the x-direction. At the plate (y = 0) the following conditions must be satisfied :

(12) $$B_y \Big|_{y=0+} = B_y \Big|_{y=0^-}$$

(13) $$E_z \Big|_{z=0+} = E_z \Big|_{z=0^-}$$

(In fact the only non-vanishing component of the electric field can be shown to be E_z). The plate is supposed to extend from 0 to $-\infty$. Maxwell equations inside the plate will be :

(14) $$\frac{\partial \underline{B}}{\partial t} = - \text{rot } \underline{E}$$

(15) $$\underline{I} = \text{rot } \underline{H}$$

But for a perfect conductor we have

(16) $$\underline{E} = - \underline{u} \wedge \underline{B}$$

Substituting (16) into equation (14) we can conclude that inside the plate we have :

(17) $$B_x = 0 , \quad B_z = 0 , \quad B_y = B_o = \text{const.}$$

Then the electric field will be :

(18) $$E_z = - U B_y$$

Into the fluid the electric field is given by

$$E_z = - \frac{1}{\mu_e \sigma} \frac{\partial B_x}{\partial y} - u \; B_y + v \, B_x$$

As $y \rightarrow 0^+$, $u \rightarrow U$ and $v \rightarrow 0$ so that

(19) $$E_z \Big|_{y=0^+} = - \frac{1}{\mu_e \sigma} \frac{\partial B_x}{\partial y}\Big|_{y=0^+} - U B_y$$

Comparison of (19) and (18) gives the required boundary condition :

(20a) $$\frac{\partial B_x}{\partial y}\Big|_{y=0} = 0$$

Analogously it can be shown [10] that for a perfectly insulating plate with a magnetic field fixed with the observer we have

(20b) $$\frac{\partial H_x}{\partial y}\Big|_{y=0} = \mu_e \sigma U H_y \quad ; \quad H_x\Big|_{y=0} = 0$$

For a perfectly conducting plate and an applied field fixed with it, we find :

(20c) $$\frac{\partial H_x}{\partial y}\Big|_{y=0} = 0 \quad ; \quad H_x\Big|_{y=0} = 0 \; ;$$

$$\frac{\partial H_x}{\partial y}\Big|_{t=0} = -\sigma \mu_e U H_y$$

Gasdynamic boundary conditions at the wall are :

(21) $$v\Big|_{y=0} = 0 \quad ; \quad u\Big|_{y=0} = U \quad .$$

The heat flux is assigned :

(22) $$q_o = - k \left(\frac{\partial T}{\partial y}\right)_{y=0} = \text{const.}$$

(possibly $\left.\frac{\partial T}{\partial y}\right|_{y=0} = 0$) . This condition will further be investigated in the following section. Initial conditions are :

$$
(23) \qquad \begin{array}{ll} \rho = \rho_0 & u = 0 \\ p = p_0 & v = 0 \\ T = T_0 & H_x = 0 \end{array}
$$

at $t = 0$.

The standard coordinates tranformation for this problem is one of the Von Mises' type. We put :

$$
(24) \qquad \psi = \int_0^y \frac{\rho}{\rho_0} \, dy
$$

so that operations of partial differentiation become :

$$
(25) \qquad \frac{\partial}{\partial y} = \frac{\rho}{\rho_0} \frac{\partial}{\partial \psi}
$$

$$
\frac{\partial}{\partial t} = \frac{\partial}{\partial t} - \frac{\rho}{\rho_0} v \frac{\partial}{\partial \psi}
$$

The total derivative is :

$$
(26) \qquad \frac{D}{Dt} = \frac{\partial}{\partial t}
$$

in the new set of variables.

Introducing the following dimensionless variables

(27)
$$\rho = \rho_0 \rho' \qquad v = a_0 v'$$
$$p = p_0 p' \qquad H_x = H_y h'$$
$$T = T_0 T' \qquad \psi = \nu_0 / a_0 \psi'$$
$$u = U u' \qquad t = \nu_0 / a_0^2 \; t'$$

where subscript zero denotes values of quantities in the unperturbed standard state and U is the plate velocity ; $\nu_0 = \mu_0/\rho_0$ $a_0^2 = \gamma p_0 / \rho_0 = \gamma R T_0$ is the sound velocity , we finally obtain the dimensionless form of the equations of motion :

$$\frac{\partial}{\partial t}\left(\frac{1}{\rho}\right) = \frac{\partial v}{\partial \psi}$$

$$p = \rho T$$

$$\frac{1}{\rho}\frac{\partial h}{\partial t} = v\frac{\partial h}{\partial \psi} + \chi \frac{\partial}{\partial \psi}\left(\rho \frac{\partial h}{\partial \psi}\right) + M \frac{\partial u}{\partial \psi} - \frac{\partial (vh)}{\partial \psi}$$

(28)
$$\frac{\partial u}{\partial t} = \frac{\partial}{\partial \psi}\left(\mu\rho\frac{\partial u}{\partial \psi}\right) + \frac{1}{R'_H}\frac{\partial h}{\partial \psi}$$

$$\frac{\partial v}{\partial t} = \frac{4}{3}\frac{\partial}{\partial \psi}\left(\mu\rho\frac{\partial v}{\partial \psi}\right) - \frac{1}{\gamma}\frac{\partial p}{\partial \psi} - \frac{1}{R_H}\frac{\partial}{\partial \psi}\left(\frac{h^2}{2}\right)$$

$$\frac{\partial T}{\partial t} = \frac{\gamma - 1}{\gamma}\frac{1}{\rho}\frac{\partial p}{\partial t} + \frac{1}{P_r}\frac{\partial}{\partial \psi}\left(\mu\rho\frac{\partial T}{\partial \psi}\right) +$$
$$+ \rho(\gamma - 1)\left[M^2\left(\frac{\partial u}{\partial \psi}\right)^2 + \frac{4}{3}\left(\frac{\partial v}{\partial \psi}\right)^2\right] + \rho\frac{\gamma - 1}{R_H}\chi\left(\frac{\partial h}{\partial \psi}\right)^2$$

Various characteristic numbers have been introduced :

$\chi = \nu_H / \nu_0$: ratio of magnetic to kinematic viscosity (Chang and Yen number)

$M = U/a_0$: Mach number
$R_H = \rho_0 a^2/\mu_e H^2$: Ruark magnetic number (the inverse of Cowling number)
$R'_H = \rho_0 a_0 U/\mu_e H^2 = R_H \cdot M$
$Pr = k/\mu c_p$: Prandtl number

3.- Initial Behaviour.

Further discussion of the linearized problem will show that a relevant choice of indipendent variables is :

$$\xi = \psi/\sqrt{t} \qquad \eta = \sqrt{t} \tag{29}$$

Then, following Howarth, we will develop the general quantity A in a series of the type :

$$A = A_0(\xi) + \eta A_1(\xi) + \eta^2 A_2(\xi) + \cdots \tag{30}$$

We will consider μ and k as constants (not depending on temperature) and solve by such a series expansion the full system (28) . This will give rise to the solution of an infinity of ordinary differential equations systems. We will find that, owing to their nature of induced quantities, the series for v and h will not have the zero-th term. However we cannot, as Howarth did, separate quantities such as u, p, T , ρ , which are given by even power series, by v and h given by odd power series. In fact the presence of an applied magnetic field mixes up terms of different parities, and the simmetry in series is no more so simple. Space and time derivatives now become :

(31) $$\frac{\partial}{\partial t} = \frac{1}{2\eta^2}\left(\eta\frac{\partial}{\partial \eta} - \xi\frac{\partial}{\partial \xi}\right); \quad \frac{\partial}{\partial \psi} = \frac{1}{\eta}\frac{\partial}{\partial \xi}$$

Substituting in system (28) appropriate series expansions of type (30) we find at the lowest order :

(32)
$$\begin{aligned}
\rho_0 &= 1 \\
p_0 &= T_0 \\
h_1'' + \xi h_1' - \frac{1}{2\chi} h_1 &= -\frac{M}{\chi} u_0' \\
2 u_0'' + \xi u_0' &= 0 \\
\frac{8}{3} v_1'' + \xi v_1' - v_1 &= \frac{2}{\gamma} p_0' \\
\frac{2}{Pr} T_0'' + \frac{1}{\gamma}\xi T_0' &= -2(\gamma-1) M^2 (u_0')^2
\end{aligned}$$

Condition (20.a) written for the new coordinates gives :

$$\rho \frac{\partial h}{\partial \psi} = 0$$

so that we get :

$$h_0' = 0$$
$$h_1' = 0$$
$$\cdots\cdots$$

Having assigned the heat flux (k constant) we have :

$$\frac{\partial T}{\partial y} = -\alpha \text{ (constant)} \quad \text{at} \quad y = 0$$

Then

$$\rho\left(\frac{\partial T}{\partial \psi}\right)_{\psi=0} = -\frac{\alpha}{T_0}\frac{\nu_0}{a_0} = -\beta \text{ (constant)}$$

And finally : $T_0' = 0$

$$T_1' = -\beta$$

$$T_2' = 0$$

......

Taking into account the obvious condition at the infinity we get :

$$\rho_0 = 1$$

$$p_0 = T_0 = 1 + P_r M^2 \frac{\gamma - 1}{\pi} \int_\xi^\infty e^{-P_r z^2/4\gamma} \int_0^z e^{-\frac{2\gamma - P_r}{4\gamma}\eta^2} d\eta\, dz$$

$$v_1 = \frac{6P_r(\gamma - 1)M^2}{\pi(3\gamma - 4P_r)} \xi \int_\xi^\infty \left\{ \frac{e^{-P_r z^2/4\gamma}}{z^2} \int_0^z e^{-\frac{2\gamma - P_r}{4\gamma}\eta^2} d\eta - \frac{e^{-3z^2/16}}{z^2} \int_0^z e^{-5\eta^2/16} d\eta \right\} dz$$

These results are equal to the ones given by Howarth [6].

For the initial behaviour of the magnetic field we find :

$$(33) \qquad h_1 = -\frac{2M}{\sqrt{\pi}(1+\sqrt{\chi})} \xi \int_\xi^\infty \frac{e^{-\eta^2/4\chi}}{\eta^2} d\eta - \frac{2M}{\sqrt{\pi}(1-\chi)} \xi \int_\xi^\infty \frac{e^{-\eta^2/4} - e^{-\eta^2/4\chi}}{\eta^2} d\eta$$

In particular initially, at the wall, the magnetic field grows as :

$$h(0) \sim -\frac{2M}{\sqrt{\pi}(1+\sqrt{\chi})} \sqrt{t} + \cdots$$

Lastly we give the limit for $t \to 0$ of $(\frac{\partial p}{\partial \psi})_{\psi=0}$ which will be requested in the next paragraph. It is easily seen that

$$(34) \qquad (\frac{\partial p}{\partial \psi})_{\psi=0} = \frac{1}{\eta} (\rho_0 T_0')_{\xi=0} + (\rho_0 T_1' + \rho_1' T_0' + \rho_1 T_0')_{\xi=0} + O(\eta)$$

$$= T_1'(0)$$

(In fact solving the equation of continuity to higher order shows that $\rho_1 \equiv 0$).

Then we have :

$$\lim_{t \to 0} \left(\frac{\partial p}{\partial \psi}\right)_{\psi=0} = T_1'(0) = -\beta \tag{35}$$

4. - Linearization of the problem.

We now put :

$$\begin{aligned} \rho &= 1 + \rho' & v &= v' \\ p &= 1 + p' & & \\ T &= 1 + T' & \mu &= 1 + \mu' \end{aligned} \tag{36}$$

where primed quantities represent small perturbations of standard conditions . After dropping primes we get :

$$\frac{\partial \rho}{\partial t} + \frac{\partial v}{\partial \psi} = 0$$

$$p = \rho + T$$

$$\frac{\partial h}{\partial t} = \chi \frac{\partial^2 h}{\partial \psi^2} + M \frac{\partial u}{\partial \psi} \tag{37}$$

$$\frac{\partial u}{\partial t} = \frac{\partial^2 u}{\partial \psi^2} + \frac{1}{R_H'} \frac{\partial h}{\partial \psi}$$

$$\frac{\partial v}{\partial t} = \frac{4}{3} \frac{\partial^2 v}{\partial \psi^2} - \frac{1}{\gamma} \frac{\partial p}{\partial t} - \frac{1}{R_H} \frac{1}{2} \frac{\partial}{\partial \psi}(h^2)$$

$$\frac{\partial T}{\partial t} = \frac{\gamma - 1}{\gamma} \frac{\partial p}{\partial t} + \frac{1}{P_r} \frac{\partial^2 T}{\partial \psi^2} + (\gamma - 1) M^2 \left(\frac{\partial u}{\partial \psi}\right)^2 + (\gamma - 1) \frac{\chi}{R_H} \left(\frac{\partial h}{\partial \psi}\right)^2$$

The Eq.s of magnetic field and of x-component of velocity are coupled each with the other but not with remaining Eq.s of the system. Solving them corresponds to solving the ordinary Rayleigh's problem in magneto-hydrodynamics. Operational solutions for u and h are easily obtained (see for ex. [3])

$$(38)\qquad \tilde{u} = \frac{1}{2s}\left(e^{r_1\psi} + e^{r_2\psi}\right) + \frac{1}{2\chi}\,\frac{\chi - 1 - s/R_H}{r_1^2 - r_2^2}\left(e^{r_1\psi} - e^{r_2\psi}\right)$$

$$\tilde{h} = \frac{M}{2s\sqrt{\chi}}\left(\frac{e^{r_1\psi} + e^{r_2\psi}}{r_1 + r_2} + \frac{e^{r_1\psi} - e^{r_2\psi}}{r_2 - r_1}\right)$$

Where we denote by a tilde image quantities in the Laplace transform space and s is the transformation parameter.

$$(39)\qquad r_{1,2} = -\frac{1}{2}\left\{\left[\frac{(\chi s + s + 1/R_H)^2 + 2s\sqrt{\chi}}{2\chi}\right]^{1/2} \pm \left[\frac{(\chi s + s + 1/R_H)^2 - 2s\sqrt{\chi}}{2\chi}\right]^{1/2}\right\}$$

The antitransformation of expression (38) is not possible in the general case but it is rather simple when $\chi = 1$, as was first noted by Chang and Yen [3] .

In what follows the condition $\chi = 1$ will be considered fullfilled. This correspond to a gas highly conducting ; such conditions are easily obtained in shock tubes . For $\chi = 1$ we have :

$$u = \frac{1}{2}\left[\operatorname{erfc}\left(\frac{1}{2}\,\frac{\psi}{\sqrt{t}} + \frac{\sqrt{t}}{2\sqrt{R_H}}\right) + \operatorname{erfc}\left(\frac{1}{2}\,\frac{\psi}{\sqrt{t}} - \frac{\sqrt{t}}{2\sqrt{R_H}}\right)\right]$$

$$(40)\qquad h = \frac{1}{2}M\sqrt{R_H}\left[\operatorname{erfc}\left(\frac{1}{2}\,\frac{\psi}{\sqrt{t}} + \frac{\sqrt{t}}{2\sqrt{R_H}}\right) - \operatorname{erfc}\left(\frac{1}{2}\,\frac{\psi}{\sqrt{t}} - \frac{\sqrt{t}}{2\sqrt{R_H}}\right)\right]$$

From the remaining of system (37) we obtain in the case Pr = 3/4 the pressure equation :

$$-\frac{4}{3}\frac{\partial^3 p}{\partial\psi^2\partial t} - \frac{1}{\gamma}\frac{\partial^2 p}{\partial\psi^2} + \frac{1}{\gamma}\frac{\partial^2 p}{\partial t^2} = \frac{1}{R_H}\frac{\partial^2}{\partial\psi^2}\left(\frac{h^2}{2}\right) +$$

$$+(\gamma-1)M^2\frac{\partial}{\partial t}\left(\frac{\partial u}{\partial\psi}\right)^2 + (\gamma-1)\frac{1}{R_H}\frac{\partial}{\partial t}\left(\frac{\partial h}{\partial\psi}\right)^2 \tag{41}$$

In the general case a fifth order equation could be obtained

$$\frac{4}{3\,Pr}\frac{\partial^5 p}{\partial\psi^4\partial t} + \frac{1}{\gamma\,Pr}\frac{\partial^4 p}{\partial\psi^4} - \left(\frac{1}{Pr}+\frac{4}{3\gamma}\right)\frac{\partial^4 p}{\partial\psi^2\partial t^2} - \frac{1}{\gamma}\frac{\partial^3 p}{\partial\psi^2\partial t} + \frac{1}{\gamma}\frac{\partial^3 p}{\partial t^3} =$$

$$=\left(\frac{\partial}{\partial t} - \frac{1}{Pr}\frac{\partial^2}{\partial\psi^2}\right)\frac{1}{R_M}\frac{\partial^2}{\partial\psi^2}\left(\frac{h^2}{2}\right) + \left(\frac{\partial}{\partial t} - \frac{4}{3}\frac{\partial^2}{\partial\psi^2}\right)(\gamma-1)\frac{\partial}{\partial t}\left[M^2\left(\frac{\partial u}{\partial\psi}\right)^2 + \right.$$

$$\left. + \frac{x}{R_M}\left(\frac{\partial h}{\partial\psi}\right)^2\right]$$

We will discuss Eq. (41) . This corresponds to choose Pr = 3/4 . The particular value of the Prandtl number is not without interest since for air we have Pr = 0.72 - 0.73.

Eq. (41) is a well known equation first proposed by Stokes for describing the motion of sound waves in a viscous fluid.

The boundary condition at $\psi = 0$ is

$$\left(\frac{\partial p}{\partial\psi}\right)_{\psi=0} = -\beta e^{-3t/4\gamma} \tag{42}$$

where (35) has been taken into account . Regularity conditions are assumed at infinity.

It is not difficult to write down the operational solution of Eq. (41) with boundary condition (42) . If we call ϕ the source term in Eq. (41)

we have to solve the following equation :

$$\frac{4}{3}\frac{\partial^3 p}{\partial\psi^2\partial t} + \frac{\partial^2 p}{\partial\psi^2} - \frac{\partial^2 p}{\partial t^2} = -\gamma\phi$$

Taking the Laplace transform with respect to the time and denoting by a tilde the transformed quantities we have :

$$\tilde{p}(\psi, s) = \frac{4}{3}\gamma \frac{\beta}{s\left[1+\frac{4}{3}\gamma s\right]^{1/2}} e^{-s\left[1+\frac{4}{3}\gamma s\right]^{-1/2}\psi}$$

$$- \frac{\partial}{s\left[1+\frac{4}{3}\gamma s\right]^{1/2}}\left\{\left[\int_0^{\psi} Ch\left(\frac{s}{\sqrt{1+\frac{4}{3}\gamma s}}\xi\right)\tilde{\phi}(s,\xi)\, d\xi\right] e^{-s\left[1+\frac{4}{3}\gamma s\right]^{-1/2}\psi}\right.$$

$$(43) \qquad \left. + Ch\left(\frac{s}{\sqrt{1+\frac{4}{3}\gamma s}}\psi\right)\int_{\psi}^{\infty} e^{-s\left[1+\frac{4}{3}\gamma s\right]^{-1/2}\xi}\tilde{\phi}(s,\xi)\, d\xi\right\}$$

However this expression is very difficult to handle; in fact it is even impossible to give explicit expression for the whole term $\tilde{\phi}(s, \psi)$. Then we would be confronted with a four- fold integral giving the analitical expression for $p(\psi, t)$.

We then turned to a numerical solution of Eq. (41)

5.- Numerical calculation and discussion of the results.

In this section we will only give a brief account of numerical solution. Further discussion of it will be given elsewhere. Let us rewrite Eq. (41) in the form

$$-\frac{4}{3}\gamma\frac{\partial^3 p}{\partial\psi^2\partial t} - \frac{\partial^2 p}{\partial\psi^2} + \frac{\partial^2 p}{\partial t^2} = \gamma\phi$$

where $\gamma\phi$ is as follows :

$$\gamma\phi = \gamma(\gamma-1)M^2 \frac{1}{\pi t}\left(-\frac{1}{t}-\frac{1}{2R_H}+\frac{\psi^2}{2t^2}\right)e^{-\frac{\psi^2}{2t}-\frac{t}{2R_H}}\,Ch\left(\frac{\psi}{\sqrt{R_H}}\right)+$$

$$(44)\qquad +\gamma M^2\frac{1}{\pi t}\,e^{-\frac{\psi^2}{2t}-\frac{t}{2R_H}}\,Sh^2\left(\frac{\psi}{2\sqrt{R_H}}\right)+$$

$$+\gamma M^2\frac{1}{2\sqrt{\pi t}}\,e^{-\frac{\psi^2}{4t}-\frac{t}{4R_H}}\left[\mathrm{erf}\left(\frac{\psi}{2\sqrt{t}}-\frac{\sqrt{t}}{2\sqrt{R_H}}\right)-\mathrm{erf}\left(\frac{\psi}{2\sqrt{t}}+\frac{\sqrt{t}}{2\sqrt{R_H}}\right)\right]\times$$

$$\times\left[\frac{1}{2\sqrt{R_H}}\,Ch\left(\frac{\psi}{2\sqrt{R_H}}\right)-\frac{\psi}{2t}\,Sh\left(\frac{\psi}{2\sqrt{R_H}}\right)\right]$$

Now from formula (43) it can be noted that for the problem to be consistent β must be a small quantity of the type $\beta = M^2 b$. Besides, owing to the linearity of the equation, as the source term (44) and the boundary condition are proportional to M^2, then also the solution will be proportional to M^2. So that we will write in what follows $p = M^2 P$. (The true pressure is indeed : $p = p_0\ (1+M^2 p)$).

The equation for P is :

$$(45)\qquad -\frac{4}{3}\gamma\frac{\partial^3 P}{\partial\psi^2\partial t}-\frac{\partial^2 P}{\partial\psi^2}+\frac{\partial^2 P}{\partial t^2}=\gamma H$$

where $H = M^2\phi$.

The boundary condition is :

$$(46)\qquad \left(\frac{\partial P}{\partial\psi}\right)_{\psi=0} = -b\ e^{-3t/4\delta}$$

Now with the substitution

$$(47)\qquad u=\frac{\partial P}{\partial\psi}\quad ;\quad v=\frac{\partial P}{\partial t}$$

we get the following system :

$$\text{(48)} \qquad \frac{\partial u}{\partial t} = \frac{\partial v}{\partial \psi}$$

$$\frac{\partial v}{\partial t} = \frac{4}{3}\gamma \frac{\partial^2 v}{\partial \psi^2} + \frac{\partial u}{\partial \psi} + \gamma H$$

Initial and boundary conditions are :

$$(u)_{\psi=0} = -b\, e^{-3t/4\gamma} \; ; \quad (u)_{\psi=\infty} = 0$$

$$\text{(49)} \qquad \left(\frac{\partial v}{\partial \psi}\right)_{\psi=0} = \frac{3b}{4\gamma}\, e^{-3t/4\gamma} ; \quad (v)_{\psi=\infty} = 0$$

$$(u)_{t=0} = 0 \quad ; (v)_{t=0} = 0$$

In order to numerically calculate the solution, system (48) is put in the following finite-differences form

$$\text{(50)} \qquad \frac{u_j^{n+1} - u_j^n}{\Delta t} = \frac{v_{j+1/2}^n - v_{j-1/2}^n}{\Delta \psi}$$

$$\frac{v_{j+1/2}^{n+1} - v_{j+1/2}^n}{\Delta t} = \frac{4}{3}\gamma \frac{v_{j+3/2}^n - 2v_{j+1/2}^n + v_{j-1/2}^n}{(\Delta\psi)^2} + \frac{u_{j+1}^n - u_j^n}{\Delta\psi} + \gamma H_{j+1/2}^n$$

where j is the space subscript and n the time superscript. This scheme is an explicit one and emploies a "double-network"; u is calculated at points having an integer index and v at points denoted by fractional subscripts [9]. This choice gives the scheme a better symmetry and elegance. A look to the source term (44) shows that a relevant parameter is R_H. It represents the square of the ratio of the sound speed to the Alfvén speed. Then it gives a measure of the importance of the magnetic effects on the phenomenon.

$R_H = \infty$ corresponds to a vanishing magnetic field, i.e. to purely gasdynamic situation. Calculations performed for such a case can be checked with graphs given in the same case by Hanin [4], who numerically inverted Fourier transforms of pressure. This check reveals a very good agreement with Hanin's graphs. (See Fig. 1).

Fig. s 2, 3 and 4 show the behaviour of P for different values of R_H (=100, 2, 1). All this calculations refer to the case b=0. Fig. 2 (R_H=100). Shows a very little difference with Fig. 1 (purely gasdynamical case). However it seems likely that if one lets enough time go by the same particularities shown by Fig. s 3 and 4 will appear.

These are : the impulse of pressure (the compression wave) which develops also in the gasdynamical case, now seems to appear earlier as the applied magnetic field is stronger. Further more whilst for $R_H = \infty$ the impulse after its appearence soon begins to decrease, now up to the time reached in calculations the compression wave presents an increasing amplitude. Common sense would suggest that after having increased the amplitude would finally decrease. However this point has not yet been fully investigated. Finally we can note a last difference with Hanin's graphs. Whilst in the gasdynamical case P is always positive (also in the depression wave facing to the plate), now a negative value of P appears at the plate. That is to say, in the magnetogasdynamical case, the pressure in the depression wave is below the undisturbed value. (Remember that the true pressure is given by $p = p_o (1 + M^2 P)$). Probably this is the effect of the Maxwell stress tensor.

It is shown elsewhere , that , as time progresses, a negative contribution to the pressure given by

(51) $$-\frac{1}{2}\mu_e H_x^2$$

appears.

At a given station the asymptotic value of the H_x component is given (expressed in dimensional form) by :

(52) $$H_x = -U\sqrt{\frac{\rho_o}{\mu_e}}$$

Then at a given station the final contribution to the pressure by the Maxwell stress tensor is :

(53) $$-\frac{1}{2}\ U^2\rho_o$$

When dimensionless form is used one finds that the magnetic contribution to the pressure at any fixed station is :

(54) $$-\frac{1}{2}\gamma$$

Acknowledgment

The author wishes to thank prof. Sergio Albertoni for his valuable suggestions. He is grateful to dr. Carlo Cercignani for having suggested the problem and followed the research. Is also indebted to the C.N.R. for having partially supported this work.
Calculations, if not otherwise stated, were performed by an IBM 7040 computer at the Centro di Calcolo dell'Università di Milano.

BIBLIOGRAPHY

G. Tironi

[1] S. Albertoni and C. Cercignani : "Su un problema misto in fluido-dinamica" - Tamburini Editore - Milano (1964

[2] A.E. Bryson and J. Rosciszewski : Phys. of Fluids 5, 175(1962)

[3] C.C. Chang and J.T. Yen : Phys. of Fluids 3, 395(1960)

[4] M. Hanin : Quart. J. Mech. App. Math. 13, 184 (1960

[5] F. H. Harlow and B.D. Meixner : Phys. of Fluids 4, 1202(1961)

[6] L. Howarth : Quart. J. Mech. App. Math. 4, 157 (1951)

[7] C.R. Illingworth : Proc. Camb. Phil. Soc. 46, 603(1950)

[8] Rayleigh, J.W. Strutt Lord : Scientific Papers, 6 vols., Camb. Univ. Press. 1899-1920 Vol. 6 p. 29

[9] R.D. Richtmyer : "Difference Methods for Initial Value Problems" Interscience Pubbl.s Inc. (1962)

[10] W.J. Rossow : Phys. of Fluids 3, 395 (1960)

[11] K. Stewartson : Proc. Camb. Phil. Soc. 46,603(1950)

[12] Stokes, Sir George : Camb. Phil. Trans. Vol. IX(1850) Math. and Phys. Papers - Camb. Univ. Press, 1880-1905 - Vol. III p. 1

[13] M.D. Van Dyke : Z. angew. Math. Phys. (ZAMP) 3, 343 (1952)

CENTRO INTERNAZIONALE MATEMATICO ESTIVO

C.I.M.E.)

DARIO GRAFFI

ALCUNI RICHIAMI SULLA IONOSFERA

Corso tenuto a Varenna (Como) dal 21 al 29 agosto 1964

ALCUNI RICHIAMI SULLA IONOSFERA

di

Dario Graffi

Università di Bologna

1. Nell'introduzione a questo corso sulla dinamica dei gas rarefatti il prof. Ferrari ha esposto notevoli caratteristiche dell'alta atmosfera. In particolare, ha osservato come ad altezze comprese fra 70-80 chilometri e qualche migliaio di chilometri esista la cosidetta ionosfera, perchè a quelle altezze (sia pure con intensità diversa con l'altezza) i gas che costituiscono l'atmosfera sono notevolmente ionizzati. Poichè anche il prof. Krzywoblocki, nelle sue lezioni, ha accennato alla ionosfera, ho accettato il cortese invito del prof. Ferrari (che vivamente ringrazio) di richiamare, sia pure brevemente, alcuni metodi radioelettrici con cui sono state messe in evidenza qualche proprietà di quella regione; soffermandomi in particolare su questioni che presentano un certo interesse anche matematico.

Comunque prego i miei benevoli ascoltatori di scusarmi se dirò cose, sostanzialmente, ben note.

2. Comincerò con l'esporre, sia pure in maniera rapidissima, la storia della ionosfera. Nel 1884 uno scienziato inglese, Balfour Stewart, per spiegare alcune anomalie del magnetismo terrestre avanzò, in sostanza, l'ipotesi della ionosfera. Ma questa ipotesi sarebbe però rimasta poco conosciuta se, nel 1901, Marconi, con le sue celebri esperienze, non avesse provato la possibilità di trasmissione mediante le onde radio fra l'Inghilterra e l'America, ossia la trasmissione fra due località anche molto lontane. Ora poichè il successo di Marconi non era spiegabile (come del resto fu confermato da precise ricerche matematiche compiute in seguito) ammettendo l'atmosfera omogenea, fin dal 1902 l'inglese Heaviside e l'americano Kennelly avanzarono di nuovo l'ipotesi

dell'esistenza di una regione ionizzata nell'alta atmosfera, regione che avrebbe avuto l'ufficio di rinviare al suolo le onde radio (che altrimenti si sarebbero disperse nello spazio) rendendo così possibile le trasmissioni a grande distanza.

Nel 1913 l'inglese Eccles sviluppò e applicò alla ionosfera una teoria della propagazione delle onde elettromagnetiche in un gas ionizzato ; di questa teoria, riporteremo fra poco alcuni risultati.

Nel 1924, lo scienziato Appleton di Cambridge iniziò con diversi metodi sperimentali le sue ricerche sulla ionosfera (ricerche che più tardi gli meritarono il premio Nobel) e che proseguite da Lui, dalla sua scuola e da un gran numero di studiosi di tutte le nazioni (fra gli italiani ricorderò il Ranzi) dimostrarono direttamente l'esistenza della ionosfera e permisero di conoscerne varie proprietà. E ormai, come ben noto, sono disposte in diversi luoghi della terra stazioni trasmittenti e riceventi attrezzate appunto per misure ionosferiche.

Più di recente l'uso dei razzi e dei satelliti artificiali ha contribuito ad allargare le nostre conoscenze sulla ionosfera. Però, per brevità, in seguito mi limiterò alle misure ionosferiche più comuni cioè eseguite con trasmittente e ricevente alla superficie terrestre [1].

---

[1] Per ricerche sulla ionosfera mediante satelliti artificiali si veda : B. Rossi - Risultati e prospettive delle ricerche scientifiche nello spazio-Supplemento al vol. XIX serie X del Nuovo Cimento (I sem. 1961) pag. 194, F.P. Checcacci - Ricerche ionosferiche a mezzo dei satelliti artificiali - idem serie I vol. I (1963) pag. 253.

3. E' opportuno, prima di procedere, richiamare le formule usuali che esprimono la costante dielettrica ε e la conduttività γ di un gas ionizzato (la permeabilità μ del gas si può supporre uguale a quella del vuoto) qualora sia attraversata da un campo elettromagnetico sinoidale di frequenza f e quindi di pulsazione $\omega = 2\pi f$.

Con alcune approsimazioni si trova[1] :

$$(1) \quad \varepsilon = \varepsilon_0 - \frac{Ne^2}{m(\omega^2+\nu^2)} \qquad (2) \quad \gamma = \frac{Ne^2\nu}{m(\omega^2+\nu^2)}$$

dove ε_0 è la costante dielettrica del vuoto, e ed m rispettivamente la carica e la massa dell'elettrone, N il numero di elettroni contenuto nel gas per unità di volume[2], ν la frequenza collisionale cioè il numero degli urti compiuti da un elettrone nell'unità di tempo, s'intende che questa ultima nozione ha carattere statistico.

Ora le misure ionosferiche si svolgono spesso con onde corte cioè con onde di lunghezza compresa fra 100 e 10 metri ossia con frequenza compresa fra 3.10^6 e 3.10^7 hertz, talvolta si usano però anche frequenze inferiori, ma non di molto, a 3.10^6.

---

(1) Cfr. per esempio l'articolo di H. Bremmer inserito in S. Flügge - Handbuch der Physik vol. 16 (Springer Verlag, Berlino, 1958) pag. 546. Si noti che Bremmer usa le unità di Gauss mentre noi usiamo unità Giorgi razionalizzate. Perciò nelle formule del testo la costante dielettrica del vuoto non ha valore unitario ed è indicata con ε_0, inoltre, sempre nelle formule del testo, non compare il fattore 4π.

(2) Se nel gas sono presenti anche ioni, per fissare le idee uno sola specie di ioni di massa M, N sarebbe, a rigore, la somma degli elettroni per unità di volume col numero di ioni, pure per unità di volume, moltiplicato per $\frac{m}{M}$. Poichè m/M è al massimo $\frac{1}{2000}$ il contributo degli ioni al valore di N si può ritenere trascurabile.

Si può allora studiare la propagazione nella ionosfera di tali onde applicando i procedimenti dell'ottica geometrica. Cioè, in sostanza, si considera l'antenna trasmittente (per le nostre ipotesi nella bassa atmosfera) come una sorgente luminosa che emette raggi in tutte le direzioni comprese nella atmosfera, raggi che poi si rifrangono o si riflettono nella ionosfera secondo le leggi dell'ottica geometrica.

Ora per applicare tali leggi ricordiamo che se (come nel nostro caso) γ è abbastanza piccolo rispetto a $\varepsilon\omega$ si può scrivere l'indice di rifrazione n di un gas ionizzato mediante la nota formula di Maxwell :

$$n = \sqrt{\frac{\varepsilon}{\varepsilon_0}} \tag{3}$$

Ora poichè nella ionosfera ν risulta dell'ordine di 10^4 mentre ω, come si è visto varia nel nostro caso fra $2\pi . 3.10^6$ e $2\pi . 3.10^7$ si può trascurate ν^2 rispetto a ω^2 e si ha :

$$n = \sqrt{1 - \frac{kN}{\omega^2}} \tag{4}$$ $$= \frac{e^2}{m\varepsilon_0} \tag{4'}$$

dalla formula (4), in sostanza dovuta a Eccles, segue che l'indice di rifrazione di un gas ionizzato è minore dell'unità e varia con ω cioè con la frequenza f. In altre parole un gas ionizzato è meno rifrangente del vuoto ed è un mezzo dispersivo.

4. Nelle misure ionosferiche la trasmittente T è la ricevente R (che conviene considerare puntiformi) sono di solito molto vicine anzi spesso nello stesso luogo. Si può allora, per semplificare, ritenere la terra piana e la ionosfera stratificata orizzontalmente parallelamente alla terra.[1]

(1) Intendiamo per strato una regione in cui n(o N) è costante. Se n varia con continuità con l'altezza z, uno sirato generico si riduce alla regione compresa fra i piani z e z + dz.

In altre parole si suppone N (e quindi n) funzione solo dell'altezza z dal suolo, cioè si considera la ionosfera formata da una successione finita o infinita di strati orizzontali [1].

Ciò posto consideriamo (Figura 1) un raggio emesso da T e sia i l'angolo che il raggio (o meglio la sua tangente) forma in suo punto generico P, con la verticale ossia con la normale agli strati ; diremo poi inclinazione iniziale del raggio i_0 il valore di i in T . Per la legge di Cartesio, lungo il raggio, il prodotto nseni è costante e poichè nella bassa atmosfera, cioè in T, si può ritenere , N = 0 cioè n=1, si ha

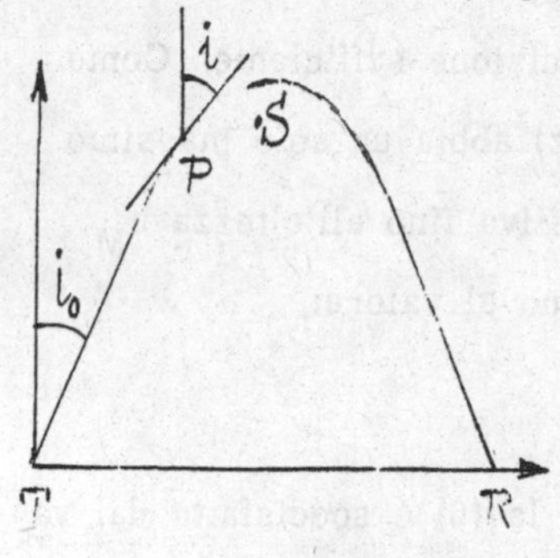

(5) $$n \operatorname{sen} i = \operatorname{sen} i_0$$

Ora nella ionosfera , n < 1 , dalla (6) segue seni > $\operatorname{sen} i_0$ cioè il raggio procedendo nella ionosfera si allontana dalla verticale. [2] e continua ad allontanarsi fino a che n diminuisce ossia fino a che N cresce. Ora può accadere che il raggio in un suo punto S diventi orizzontale e, con

(1) Si noti che la struttura della ionosfera (cioè la distribuzione di N o di n con l'altezza) varia con le ore del giorno, con le stagioni e anche da luogo a luogo. Quindi l'ipotesi della ionosfera stratificata orizzontalmente è valida solo in prima approsimazione.

(2) In sostanza il raggio passando dalla bassa atmosfera alla ionosfera passa da un mezzo più rifrangente a uno meno rifrangente e perciò si allontana dalla normale alla superficie di separazione dei due mezzi cioè dalla verticale.

con un fenomeno analogo al miraggio, torni al suolo. Poichè, in S, $i = \frac{\pi}{2}$ dalla (5) si ha, detta h l'altezza di S, n(h) il valore di n alla altezza h:

(6) $n(h) = \text{sen}\, i_0$

La (6) è condizione necessaria affinchè il raggio torni al suolo e se nell'altezza h, $\frac{dn}{dz} \neq 0$ la (6) diventa anche condizione sufficiente. Come vedremo, si può ritenere che la funzione N(z) abbia un solo massimo N_M, o meglio sia crescente con derivata positiva fino all'altezza h_M dove N è massimo. Allora n diminuisce fino al valore:

(7) $$n_m = \sqrt{1 - \frac{kN_M}{\omega^2}}$$

Poichè n può variare da 1 a n_m si ha che la (6) è soddisfatta dai valori di i_0 compresi fra $\frac{\pi}{2}$ e l'angolo i_m definito da sen $i_m = n_m$, e solo per quei valori. Perciò i raggi per cui $i_0 > i_m$ tornano al suolo [1], gli altri per cui $i_0 < i_m$ attraversano la ionosfera.

Ora se ω cresce n tende a 1, cioè per ω abbastanza grande praticamente tutti i raggi attraversano la ionosfera. Al contrario se ω diminuisce n_m, che finora è implicitamente supposto reale e positivo diminuisce, anzi per $\omega = \omega_c = \sqrt{kN_M}$, $i_m = 0$ e tutti i raggi emessi nella ionosfera, compresi quelli di direzione verticale, tornano al suolo; a maggior ragione tutti i raggi tornano al suolo se $\omega < \omega_c$. Per la (6) si ha che i raggi verticali cioè tali che $i_0 = 0$ tornano al suolo dopo aver raggiunto l'altezza h dove n=0.

---

(1) E' ovvio che la massima altezza di un raggio che torna al suolo deve essere minore di h_M; infatti da quanto si è detto nel testo segue subito che la massima altezza da cui il raggio torna al suolo è il valore più basso di h che soddisfa la (6).

5. Ciò premesso, passiamo allo studio dei metodi di misura della ionosfera. Il più comune è il cosidetto "pulse method" cioè la trasmittente emette un breve segnale costituito da un treno d'onde di pulsazione ω. Di regola, il segnale giunge alla ricevente per due vie o propagandosi lungo la superficie terrestre (cioè, come si suol dire, per raggio diretto) o attraverso la ionosfera cioè per raggio riflesso. Si misura la differenza di tempo τ' fra le due ricezioni dei segnali e poichè si può ammettere la velocità del raggio diretto uguale alla velocità c della luce nel vuoto, detta 2d la distanza tra le due stazioni, $\tau' + \frac{2d}{c}$ sarà il tempo 2τ impiegato dal segnale per percorrere la ionosfera. Ora se la ionosfera fosse (fig. 2) uno specchio orizzontale e lo strato fra la terra e lo specchio orizzontale fosse occupato dal vuoto (o dalla aria), la distanza TM dall trasmittente (o dalla ricevente) dal punto di riflessione M sarebbe uguale a $c\tau$ e l'altezza h_e della ionosfera sarebbe, per il teorema di Pitagora (si ricordi TR =2d):

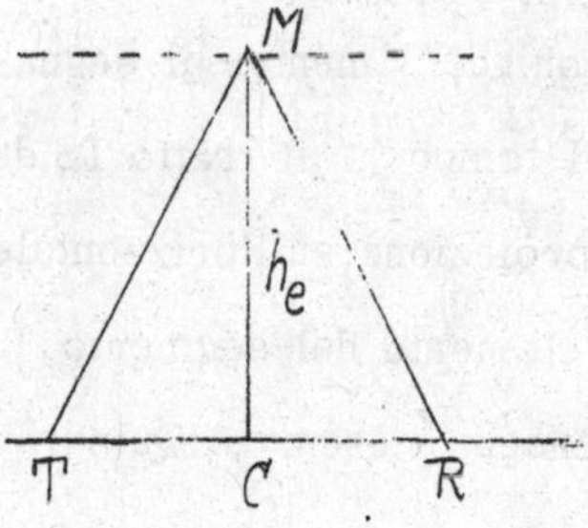

(8) $$h_e = \sqrt{c^2 \tau^2 - d^2}$$

Alla grandezza h_e, espressa da (8), si dà il nome di altezza equivalente o effettiva della ionosfera.

Si noti che in molti casi trasmittente e ricevente sono nello stesso luogo (cioè d = 0) quindi $h_e = c\tau$, perciò non è necessaria alcuna ipotesi sulla velocità del raggio diretto. Ora, conforme l'esperienza e la teoria h_e è, per $\omega < \omega_c$, una funzione di ω; per $\omega > \omega_c$ come si è visto la ionosfera è trasparente per i raggi verticali. Con opportuni artifizi si determina questa funzione ottenendo in tal modo i cosidetti ionogrammi.

Tornando al caso generale di trasmittente e ricevente poste in località diverse cerchiamo qualche relazione fra l'altezza equivalente, definita da (8) e il raggio TSR che attraverso la ionosfera congiunge T con R. E' assai interessante a questo proposito il seguente teorema di Breit. L'altezza equivalente coincide con l'altezza del punto (che chiameremo ancora M) in cui si incontrano le tangenti tirate al raggio nei suoi estremi T e R o, che è lo stesso, dove si incontrano i tratti rettilinei del raggio nella bassa atmosfera[1] (fig. 3). Per dimostrare il teorema enunciato osserviamo che il segnale si propaga con la velocità di gruppo, uguale, nel nostro caso, a nc[2] quindi, mentre il segnale percorre nel tempo τ il tratto TS del raggio la sua proiezione sull'orizzontale percorre ogni elemento del segmento TC (C punto di mezzo fra T ed R) con velocità $cn \operatorname{sen} i = c \operatorname{sen} i$. Quindi

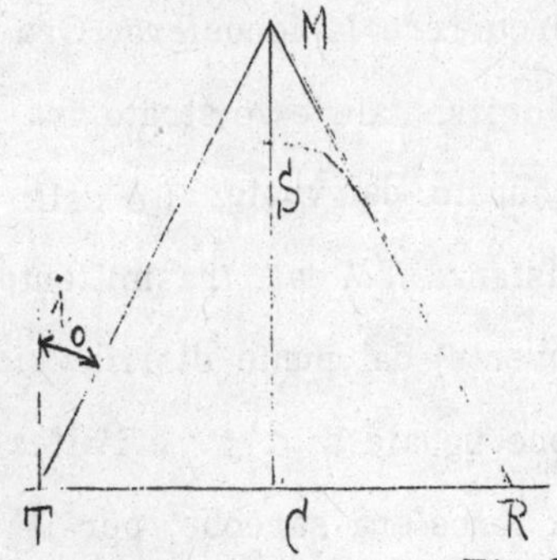

Fig. 3

---

[1] Qualora si ammetta nella bassa atmosera n=1.

[2] Infatti la velocità di gruppo u è data dalla formula (cfr. E. Perucca-Fisica generale e sperimentale - VIII edizione vol. II pag. 213-215, al posto della frequenza abbiamo la pulsazione ω):

$$\frac{1}{u} = \frac{d}{d\omega}\left(\frac{\omega}{v}\right),$$

dove v è la velocità di fase, uguale a $\frac{c}{n}$. Nel nostro caso ricordando (4) si ha:

$$\frac{1}{u} = \frac{1}{c}\frac{d(n\omega)}{d\omega} = \frac{1}{c}\frac{d}{d\omega}\sqrt{\omega^2 - kN} = \frac{\omega}{c}\frac{1}{\sqrt{\omega^2 - kN}} = \frac{1}{nc}$$

quindi u = cn conforme al testo.

$t = \frac{d}{c \operatorname{sen} i_o}$ e di conseguenza per la (8)

$$h_e = \sqrt{\frac{d^2}{\operatorname{sen}^2 i_o} - d^2} = d \cot i_o = TC \cot i_o = CM$$

conforme al teorema di Breit.

Diremo altezza vera, l'altezza h del punto S più elevato del raggio; dal teorema di Breit si ha che l'altezza vera è inferiore all'altezza equivalente.

E' bene notare che variando la distanza 2d fra trasmittente e ricevente potrebbero variare h_e e h, però, se rimane costante h (il che come vedremo fra poco si ottiene variando ω con legge opportuna), anche h_e rimane costante. Più in breve, si può dire che ad uguale altezza vera corrisponde uguale altezza equivalente.

Per provare il teorema ora enunciato scriviamo la (6) ponendo in luogo di n(h) il suo valore dato da (4) :

$$\operatorname{sen} i_o = \sqrt{1 - \frac{k N(h)}{\omega^2}} \tag{9}$$

Ora se un raggio verticale giunge fino all'altezza h deve essere n(h) = 0 cioè la sua frequenza ω_n vale $\sqrt{k N(h)}$. Se invece l'inclinazione iniziale è i_o dalla (9) si ha subito che giunge fino all'altezza h il raggio di pulsazione ω tale che :

$$\frac{k N(h)}{\omega^2} = 1 - \operatorname{sen}^2 i_o = \cos^2 i_o$$

ossia vale la relazione :

$$\omega = \frac{\omega_n}{\cos i_o} \tag{10}$$

Ciò posto, consideriamo il moto della proiezione P_1 del segnale sull'asse z asse che supporremo verticale e nel piano del raggio. La velocità v_1 di P_1, vale (ricordando che i è l'angolo fra il raggio e l'asse z) tenendo presente (10)

$$v_1 = n\, c \cos i = c\sqrt{n^2 - n^2 \operatorname{sen}^2 i} = c\sqrt{n^2 - \operatorname{sen}^2 i_0} = c\sqrt{1 - \frac{KN}{\omega^2} - \operatorname{sen}^2 i_0}$$

$$= c\sqrt{\cos^2 i_0 - \frac{KN}{\omega^2}} = c \cos i_0 \sqrt{1 - \frac{KN}{\omega^2 \cos^2 i_0}} = c \cos i_0 \sqrt{1 - \frac{KN}{\omega_n^2}}$$

quindi

$$\tau = \frac{1}{c \cos i_0} \int^h \frac{dz}{\sqrt{1 - \frac{kN}{\omega_n^2}}} \tag{11}$$

Ora nel caso dell'incidenza verticale $i_0 = 0$, $h_e = h_{en} = c\tau$ quindi da (11) si ha :

$$h_{en} = \frac{1}{c}\int_0^h \frac{dz}{\sqrt{1 - \frac{kN}{\omega_n^2}}} \tag{12}$$

Cioè in generale :

$$c\tau = \frac{h_{en}}{\cos i_0}$$

e sostituendo nella (8) poichè (fig. 2) $d = TM \operatorname{sen} i_0 = c\tau \operatorname{sen} i_0$ si ha :

$$h_e = \sqrt{\frac{h_{en}^2}{\cos^2 i_0} - \frac{h_{en}^2 \operatorname{sen}^2 i_0}{\cos^2 i_0}} = h_{en}$$

cioè h_e è costante conforme al teorema enunciato.

6. Proseguendo le nostre considerazioni osserviamo anzitutto che nota h_e è nota $\operatorname{sen} i_0$ e perciò per la (6) si può ricavare il valore di n ossia di N all'altezza vera h. Ma, come ora vedremo, è possibile, almeno in linea concettuale, ottenere da misure di h_e o di τ la legge di variazione

di N con l'altezza z e in particolare, per la (11), la relazione fra h_e e h, però è necessario notare che le onde arrivano fino ad altezza $h<h_M$, quindi con i metodi già esposti o che ora esporremo, cioè con trasmittente e ricevevente al suolo, è possibile avere informazioni sulla ionosfera fino ad altezze inferiori ad h_M, in particolare N(z) può essere nota solo per $z < h_M$. Per altezza superiori i dati che si possiedono sono stati ottenuti coi satelliti artificiali.

Per determinare la funzione N(z) consideriamo, per semplicità un raggio verticale e ancora per semplicità di esposizione ammettiamo N diverso da zero e anche per altezze molto piccole e N(z) crescente (con $\frac{dN}{dz} \neq 0$) fino a $z = h_M$. Moltiplichiamo la (12) in cui ora porremo ω in luogo di ω_n (h_e in luogo di h_{en}) per $\frac{\sqrt{k}}{\omega}$, otteniamo:

$$\frac{h_e \sqrt{k}}{\omega} = \int_0^h \frac{\sqrt{k}\, dz}{\sqrt{\omega^2 - kN}} \tag{13}$$

Come si è visto all'altezza vera n= 0 quindi $\omega^2 = kN_v$, dove N_v è ora il numero degli elettroni all'altezza vera. Dunque il primo membro di (13) funzione di ω può considerarsi una funzione $f(N_v)$ di N_v e si può scrivere, assumendo poi come variabile indipendente N :

$$f(N_v) = \int_0^h \frac{dz}{\sqrt{N_v - N}} = \int_0^{N_v} \frac{\frac{dz}{dN}\, dN}{\sqrt{N_v - N}} \tag{14}$$

é questa un'equazione integrale nell'incognita $\frac{dz}{dN}$ già risolta da Abel.

Si ha infatti :

$$\frac{dz}{dN} = \frac{1}{\pi} \frac{d}{dN} \int_0^N \frac{f(N_v)}{\sqrt{N - N_v}}\, dN_v$$

Integrando e supponendo N = 0 . per z = 0 e prendendo poi per variabile indipendente ω e ricordando il valore di $f(N_v) = \frac{h_e\sqrt{k}}{\omega}$ e che $N_v = \frac{\omega^2}{k}$ si ha :

$$(15)\qquad z(N) = \frac{1}{\pi}\int_0^N \frac{f(N_v)\, dN_v}{\sqrt{N - N_v}} = \frac{2}{\pi}\int_0^{\sqrt{kN}} \frac{h_e(\omega)\, d\omega}{\sqrt{kN - \omega^2}}$$

o anche posto $\omega = \sqrt{kN}\,\mathrm{sen}\,\psi$

$$(16)\qquad z(N) = \frac{2}{\pi}\int_0^{\frac{\pi}{2}} h_e(\sqrt{kN}\,\mathrm{sen}\,\psi)\, d\psi$$

le (15) e (16) permettono di conoscere la funzione $z = z(N)$ per ogni valore di $N < N_M$. Invertendo questa funzione si ottiene $N = N(z)$ fino a che $z < h_M$. Inoltre la (16) esprime l'altezza vera corrispondente al generico valore di N , in funzione dell'altezza equivalente.

E' da notare che per eseguire gli integrali di (15) o (16) è necessario conoscere (si tenga in particolare presente l'ultimo membro di (15)) $h_e(\omega)$ per ω variabile da 0 a $\sqrt{kN}$. Ora, per ω molto piccolo, non si conoscono i valori corrispondenti di h_e e del resto ricordiamo che le nostre formule sono valide solo per ω abbastanza grande. La difficoltà si potrebbe superare nel modo seguente . Supponiamo che per mezzo dei razzi sia conosciuto la N(z) fino all'altezza h_1, e che $\sqrt{kN_1}$ ($N_1 = N(h_1)$) corrisponda a valori ω_1 di ω nel campo delle onde corte ; in particolare potrebbe essere $N(z) = 0$ per $h < h_1$. Allora la (14) si può scrivere se $h > h_1$:

$$(17)\qquad f(N_v) - \int_0^{h_1} \frac{dz}{\sqrt{N_v - N}} = \int_{N_1}^{N} \frac{\frac{dz}{dN}}{\sqrt{N_v - N}}\, dN$$

Poichè $h > h_1$ $N_v > N_1$ e quindi $\omega > \omega_1$ $f(N_\nu)$, è nota con misure eseguite solo con onde radio di pulsazione $\omega > \omega_1$. Inoltre poichè N(z) è nota fino all'altezza h_1 anche l'integrale al primo membro di (17) è noto e lo indicheremo per brevità con $f_1(N_v)$. Si ha così per proprietà delle equazioni di Abel :

$$\frac{dz}{dN} = \frac{d}{dN}\int_{N_1}^{N} \frac{f(N_\nu) - f_1(N_\nu)}{\pi\sqrt{N - N_\nu}}\, dN_\nu \tag{18}$$

e integrando e ricordando che per $z = h_1$ $N = N_1$ si ha :

$$z - h_1 = \int_{N_1}^{N} \frac{f(N_\nu) - f_1(N_\nu)}{\pi\sqrt{N - N_\nu}}\, dN_\nu \tag{19}$$

e questa formula permette di conoscere z(N) per $N > N_1$, ossia la N(z) anche per $h_1 < z < h_M$

7. Poichè la conduttività γ della ionosfera non è nulla le onde che la percorrono subiscono un'attenuazione. Se, come abbiamo ammesso, ν è piccolo rispetto a ω, trascurando ν^2 rispetto a ω^2 si ha per il coefficiente di attenuazione l'espressione (si ricordi (3) e (4')) :

$$\alpha = \frac{1}{[illegible]}\sqrt{[illegible]} = \frac{1}{2c}\sqrt{\mu}\sqrt{\varepsilon_0}\;\frac{N\nu}{[illegible]} \tag{20}$$

Ora considerando, per brevità, il caso di un raggio verticale il rapporto fra l'intensità del campo elettrico emesso E_e e riflesso dalla ionosfera E_γ vale :

$$\frac{E_\gamma}{E_e} = \exp\left(-\int_0^h \alpha\, dz\right) \tag{21}$$

Supposto noto, per ogni valore di ω, il primo membro di (22) resta noto il secondo membro come funzione di ω ossia, per quanto si è detto, come funzione di N_V. Scriveremo perciò :

(23) $$\mathcal{A}(N_\nu) = \int_0^h \alpha \, dz$$

Ricordando (21) e moltiplicando (23) per $2 \frac{c\omega}{\sqrt{k}} = 2c\sqrt{N_v}$, si ha :

$$2c\sqrt{N_\nu}\,\mathcal{A}(N_\nu) = \int_0^h \frac{\nu N \, dz}{\sqrt{N_\nu - N}} = \int_0^{N_\nu} \frac{N \frac{dz}{dN} \nu}{\sqrt{N_\nu - N}} \, dN$$

Si ottiene ancora un'equazione integrale di Abel che permette il calcolo di $N\nu$ in funzione di N ossia, nota N in funzione di z, la frequenza di collisione ν, e perciò la conduttività della ionosfera, in funzione dell'altezza z fino a che $z < h_M$.

Anche in questo caso si deve osservare che $\mathcal{A}(N_v)$ è noto solo per N_v ossia ω sufficientemente grande. La difficoltà si può però superare in modo analogo al procedimento indicato nel numero precedente per il calcolo di N(z), ma su ciò non insistiamo [1].

(8) Esponiamo ora, brevemente, i principali risultati ottenuti con le misure ionosferiche ; considereremo per semplicità il caso dell'incidenza verticale a cui del resto, per quanto si è visto, ci si può sempre ridurre.

Poichè la struttura della ionosfera varia con le ore del giorno e in special modo varia col passare della notte al giorno riferiremo anzitutto sulle esperienze eseguite nelle ore notturne.

---

(1) Per maggiori dettagli si veda L. Caprioli " Sul calcolo della frequenza collisionale nella ionosfera " Rend. Lincei 1954-II pag. 365-370 .

Come si è detto si ha riflessione dalla ionosfera solo se $\omega > \omega_c$. Ora per ω poco diverso da ω_c la riflessione avviene ad un'altezza equivalente di circa 300 chilometri. E diminuendo ω l'altezza equivalente diminuisce dapprima lentamente poi bruscamente passando a valori intorno ai 100 chilometri. In altre parole le riflessioni avvengono per la maggior parte delle frequenze in due regioni dette F ed E rispettivamente ad altezze di 300 chilometri e di 100 chilometri.

Questi risultati sperimentali sono, in sostanza, conformi all'ipotesi $N = N(z)$ funzione crescente con l'altezza fino a $z = h_M$. Più precisamente ricordando che la riflessione avviene all'altezza più piccola h per cui $N(h) = \frac{\omega^2}{k}$ i risultati sperimentali si possono interpretare ammettendo che N(z) presenti un massimo per $z = h_M$ (corrispondente alla regione F e che al diminuire di N (Fig. 4) h diminuisca dapprima lentamente poi bruscamente fino a raggiungere quel valore che le compete nella regione E per poi diminuire ancora lentamente. Si noti che i risultati sperimentali si possono interpretare (Fig. 5) anche ammettendo in corrispondenza della regione E un secondo massimo dell N(z) minore di N_M. Questa ipotesi, accettata fino a qualche anno fa sembra ora esclusa in seguito a ricerche compiute coi satelliti artificiali.

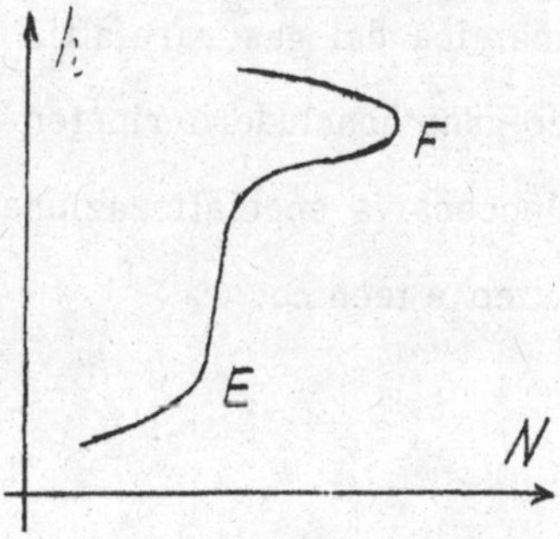

Fig. 4

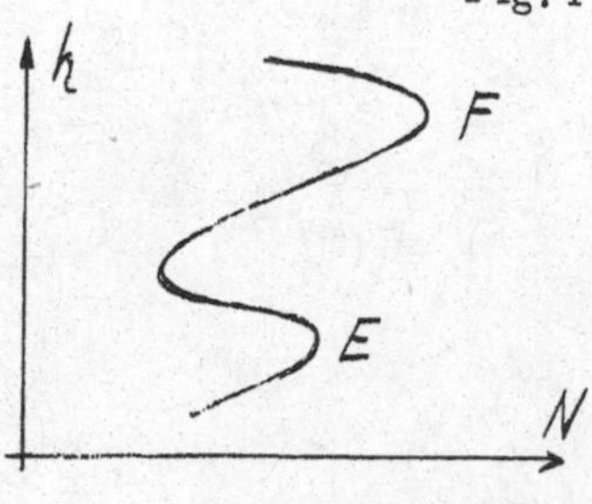

Fig. 5

Notiamo poi che di giorno la regione F si suddivide in due F_1 ed F_2 la prima sopra i 300 chilometri, l'altra F_1 intorno ai 200 chilometri cioè come nella E anche a partire da F_1 al crescere di N si ha prima un lento poi un rapido aumento di he. Inoltre, sempre di giorno, dai 70 ai 90 chilometri si ha un'altra regione, detta regione D, alla quale sono dovuti i fenomeni di assorbimento che si manifestano di giorno specie con le onde medie.

Notiamo che talvolta un'onda di pulsazione ω subisce due o anche tre riflessioni dalla regione E o F. Questi fenomeni sono dovuti all'azione del campo magnetico terrestre che rende anisotropa la ionosfera. Ma su ciò non possiamo insistere.

9. Come si è visto, è possibile mediante le onde radio procurarsi dati sulla ionosfera utili anche per la dinamica dei gas rarefatti. Si ha così un esempio di proficua relazione fra questioni apparentemente diverse come la propagazione delle radioonde e la dinamica dei gas rarefatti. Poichè esempi di questo genere sono molto comuni concluderò ripetendo l'opinione di distinti studiosi e cioè che l'eccessiva specializzazione è, in definitiva, dannosa al progresso scientifico e tecnico.

CENTRO INTERNAZIONALE MATEMATICO ESTIVO

C.I.M.E.)

CATALDO AGOSTINELLI

LE EQUAZIONI DELLE ONDE D'URTO IN UN GAS RAREFATTO ELETTRICAMENTE CONDUTTORE SOGGETTO A UN CAMPO MAGNETICO

Corso tenuto a Varenna (Como) dal 21 al 29 agosto 1964

LE EQUAZIONI DELLE ONDE D'URTO IN UN GAS RAREFATTO ELETTRICAMENTE CONDUTTORE SOGGETTO A UN CAMPO MAGNETICO

di

Cataldo Agostinelli

Università di Torino

1. - Introduzione

Un'onda d'urto è, come si sa, generalmente costituita da uno strato di transizione, detto strato d'urto, molto sottile, dell'ordine di pochi cammini liberi medi, tale da poterlo considerare una superficie di discontinuità attraverso la quale sono discontinui la velocità, la pressione, la densità, la temperatura, il flusso magnetico, ecc., oltre che le loro derivate.

Le equazioni che definiscono le dette discontinuità attraverso lo strato d'urto si ottengono generalmente applicando i principi di conservazione della massa, della quantità di moto e dell'energia, nonchè l'equazione del campo magnetico.

Qui stabiliremo le dette equazioni riferendoci al caso più generale di un gas viscoso, di conduttività elettrica finita, in cui il calore si propaga sia per conducibilità che per irradiazione, e supponendo che la superficie d'urto sia di forma qualsiasi.

Nella valutazione dei salti chiameremo fronte dell'onda la faccia che limita la regione verso la quale il gas fluisce, mentre l'altra faccia sarà quella rivolta verso valle dell'onda d'urto. Agli elementi relativi a queste due facce opporremo rispettivamente gli indici 2 e 1.

Per stabilire le equazioni di discontinuità attraverso lo strato d'urto ricordiamo intanto che se $F(x, y, z, t)$ è una funzione derivabile definita in una regione dello spazio contenente il dominio $D(t)$, limitato dalla superficie $S(t)$, variabile col tempo t si ha:

$$(1) \quad \frac{d}{dt}\int_{D(t)} F\, d\tau = \int_{D(t)} \frac{\partial F}{\partial t}\, d\tau + \int_{S(t)} F \cdot \vec{v} \times \vec{n} \cdot d\sigma,$$

dove $\vec{n}$ è il versore della normale esterna alla superficie S(t), e $\vec{v}$ è la velocità dei punti di S(t).[1]

Se E(t) è un altro dominio variabile, limitato dalla superficie Σ (t), i cui punti si spostano con velocità $\vec{V}$, avremo analogamente

$$(1') \quad \frac{d}{dt}\int_{E(t)} F\, d\tau = \int_{E(t)} \frac{\partial F}{\partial t}\, d\tau + \int_{\Sigma(t)} F \cdot \vec{V} \times \vec{n} \cdot d\sigma,$$

e supposto che i due domini D(t), E(t), abbiano, all'istante t, la stessa frontiera, che cioè in quell'istante coincidono, sottraendo membro a membro si ottiene

$$(2) \quad \frac{d}{dt}\int_{D(t)} F\, d\tau = \frac{d}{dt}\int_{E(t)} F\, d\tau + \int_{\Sigma(t)} F\,(\vec{v}-\vec{V}) \times \vec{n}\, d\sigma.$$

Ciò premesso, consideriamo in un'onda d'urto una porzione arbitraria s(t) della superficie d'urto e sia c(t) la curva situata su questa superficie che delimita s(t). Orientiamo la normale alla superficie d'urto nel senso in cui essa avanza e sia $\vec{n}$ il suo versore . Forniamo quindi il dominio E(t) e la superficie Σ (t) nel modo seguente : per ogni punto P di s(t) conduciamo la normale e su di essa consideriamo, da parti

---

[1] Cfr. E. GOURSAT, Course d'Analyse, t. I, p. 665 (Paris, Gauthier - Villars, 1933).
vedi anche: C. JACOB, Introduction mathématique à la Mécanique des Fluides,, Chap. XII, n. 11, Paris, Gauthier - Villars, 1959)

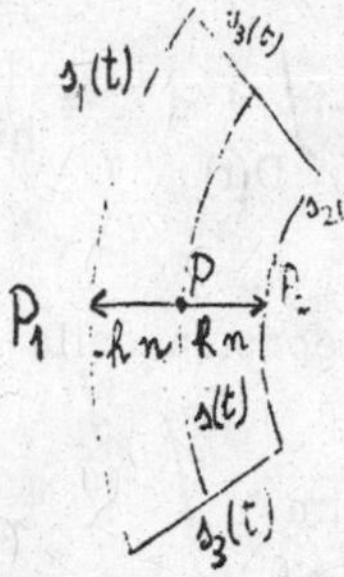

opposte di s(t), due punti P_1 e P_2 tali che $P_1 - P = -h\vec{n}$, $P_2 - P = h\vec{n}$, con $h > 0$, costante.

Il punto P_1 genera la superficie $s_1(t)$, e il punto P_2 la superficie $s_2(t)$; infine le normali ad s(t) condotte per i punti di c(t) generano la terza superficie $s_3(t)$. Il dominio E(t) è limitato dalle tre superficie in questione, e la sua frontiera è $\Sigma(t) = s_1(t) + s_2(t) + s_3(t)$.

Supponiamo ora che la funzione F sia discontinua attraverso lo strato d'urto e i suoi valori limiti sulle due facce di s(t) siano $F_2(P,t)$, $F_1(P,t)$. In questo caso, essendo h molto piccolo, trascurando i termini di ordine superiore al primo rispetto ad h , si può scrivere

$$(3) \qquad \int_{E(t)} F\, d\tau = h \int_{s(t)} (F_1 + F_2)\, d\sigma$$

D'altra parte la formula (2) resta ancora valida. Infatti in questo caso nei secondi membri delle equazioni (1) e (1') va aggiunto il termine

$$\int_{s(t)} (F_2 - F_1) \cdot \vec{V} \times \vec{n} \cdot d\sigma$$

il quale svanisce nel fare la differenza .

Facciamo ora tendere $h \to 0$. Allora,supposto che la $\frac{d}{dt}\int_{s(t)} (F_1 + F_2)\, d\sigma$ resti finito , abbiamo dalla (3)

$$\lim_{h\to 0} \frac{d}{dt} \int_{E(t)} F(t)\, d\tau = \lim_{h\to 0} h \frac{d}{dt} \int_{s(t)} (F_1 + F_2)\, d\sigma = 0$$

e la formula (2) conduce alla

$$\lim_{h\to 0}\frac{d}{dt}\int_{D(t)} F\,d\tau = \lim_{h\to 0}\int_{s_1(t)} F.(\vec{v}-\vec{V})\times\vec{n}\,.d\sigma + \lim_{h\to 0}\int_{s_2(t)} F(\vec{v}-\vec{V})\times\vec{n}\cdot d\sigma,$$

poichè per il teorema della media risulta

$$\lim_{h\to 0}\int_{s_3(t)} F(\vec{v}-\vec{V})\times\vec{n}\,d\sigma = 0 .$$

Segue pertanto

$$(4)\qquad \lim_{h\to 0}\frac{d}{dt}\int_{D(t)} F\,d\tau = \int_{s(t)} F_2(\vec{v}_2-\vec{V})\times\vec{n}\,.\,d\sigma - \int_{s(t)} F_1(\vec{v}_1-\vec{V})\times\vec{n}.\,d\sigma,$$

dove $\vec{v}_1$ e $\vec{v}_2$ sono i valori di $\vec{v}$ sui due lati dello strato d'urto,
Una relazione analoga vale se in luogo di un campo scalare $F(P\ t)$, si ha un campo vettoriale $\vec{F}(P\ t)$ che presenta una discontinuità attraverso lo strato d'urto.

2.- Le equazioni fondamentali delle onde d'urto

Per stabilire le equazioni fondamentali della discontinuità attraverso lo strato d'urto nel moto di una corrente gassosa elettricamente conduttrice, in cui si genera un campo magnetico, utilizzeremo i risultati del numero precedente, applicando il principio della conservazione della massa, il teorema della quantità di moto (o del momento), quello della energia, nonchè l'equazione del campo magnetico.

a) Principio di conservazione della massa contenuta in un dominio variabile D(t): è espresso dall'equazione

$$(5)\qquad \frac{d}{dt}\int_{D(t)} \rho\,d\tau = 0 ,$$

dove ρ è la densità del gas. In virtù della (4) avremo

$$\int_{s(t)} \rho_2 (\vec{v}_2 - \vec{V}) \times \vec{n} \cdot d\sigma - \int_{s(t)} \rho_1 (\vec{v}_1 - \vec{V}) \times \vec{n} \, . \, d\sigma = 0$$

da cui, per l'arbitrarietà della porzione s(t) della superficie d'urto considerata , si ha, in ogni punto di questa superficie,

$$(6) \qquad \rho_2(\vec{v}_2 - \vec{V}) \times \vec{n} - \rho_1(\vec{v}_1 - \vec{V}) \times \vec{n} = 0 ,$$

che è l'equazione di discontinuità derivante dal principio di conservazione della massa.

b) **<u>Il teorema della quantità di moto</u> (o del momento), si deduce facilmente dall'equazione del moto, che, nel caso più generale di un gas viscoso e radiativo, risulta**

$$(7) \qquad \rho \frac{d v}{d t} = - \rho \,\mathrm{grad}\, \Phi - \mathrm{grad}\, p_t + \frac{1}{\mu} \,\mathrm{rot} \vec{B} \wedge \vec{B} + \mu' \Delta_2 \vec{v} + (\lambda' + \mu') \mathrm{grad\, div}\, \vec{v}$$

dove Φ è l'energia potenziale dovuta alle azioni esterne, riferita all'unità di massa ; p_t è la pressione totale, somma della pressione p del gas e della pressione di radiazione $p_r = \frac{1}{3} a_r T^4$, essendo a_r la costante di Stefan - Boltzmann e T la temperatura assoluta ; mentre λ' e μ' sono i coefficienti di viscosità, che supponiamo costanti, $\vec{B}$ è il flusso magnetico e μ la permeabilità magnetica.

Integrando ambo i membri della (7) rispetto al dominio variabile D(t), si ottiene

$$(8) \qquad \int_{D(t)} \rho \frac{d\vec{v}}{d t} d\tau = - \int_{D(t)} \rho \,\mathrm{grad}\, \Phi . d\tau - \int_{D(t)} \mathrm{grad}\, p_t \cdot d\tau +$$

$$+ \frac{1}{\mu} \int_{D(t)} \mathrm{rot} \vec{B} \wedge \vec{B} \cdot d\tau + \mu' \int_{D(t)} \Delta_2 \vec{v} . d\tau + (\lambda' + \mu') \int_{D(t)} \mathrm{grad\, div}\, v \, d$$

Ora, tenendo conto dell'equazione di continuità, si ha

$$\rho \frac{d\vec{v}}{dt} = \rho \frac{\partial \vec{v}}{\partial t} + \rho \frac{d\vec{v}}{dP}\vec{v} = \frac{\partial(\rho \vec{v})}{\partial t} - \frac{\partial \rho}{\partial t}\vec{v} + \frac{d\vec{v}}{dP}(\rho \vec{v}) =$$

$$= \frac{\partial(\rho \vec{v})}{\partial t} + \operatorname{div}(\rho \vec{v}) \cdot \vec{v} + \frac{d\vec{v}}{dP}(\rho \vec{v}) =$$

$$= \frac{\partial(\rho \vec{v})}{\partial t} + \operatorname{grad} \mathcal{H}(\rho \vec{v}, \vec{v}),$$

dove grad $\mathcal{H}(\rho \vec{v}, \vec{v})$ è il gradiente della diade $\mathcal{H}(\rho \vec{v}, \vec{v})$. Se perciò si indica con S(t) la superficie che limita il dominio D(t), si ha

$$\int_{D(t)} \rho \frac{d\vec{v}}{dt} d\tau = \int_{D(t)} \frac{\partial(\rho \vec{v})}{\partial t} d\tau + \int_{S(t)} \rho \vec{v} \times \vec{n} \cdot \vec{v} \, d\sigma,$$

essendo $\vec{n}$ il sersore della normale ad S(t), diretta esternamente a D(t), cioè per l'equazione (1), nella quale si ponga $F = \rho \vec{v}$, si ha

$$(9) \qquad \int_{D(t)} \rho \frac{d\vec{v}}{dt} d\tau = \frac{d}{dt} \int_{D(t)} \rho \vec{v} \, d\tau$$

il cui secondo membro rappresenta la derivata rispetto al tempo della quantità di moto del fluido contenuto nel dominio D(t).

Tenendo conto che div $\vec{B} = 0$, si ha inoltre

$$\operatorname{rot} \vec{B} \wedge \vec{B} = \frac{d\vec{B}}{dP}\vec{B} - \operatorname{grad} \frac{1}{2} B^2 = \operatorname{grad} \mathcal{H}(\vec{B}, \vec{B}) - \operatorname{grad} \frac{1}{2} B^2$$

e quindi

$$(10) \qquad \int_{D(t)} \operatorname{rot} \vec{B} \wedge \vec{B} \, d\tau = \int_{S(t)} \vec{B} \times \vec{n} \cdot \vec{B} \, d\sigma - \int_{S(t)} \frac{1}{2} B^2 \vec{n} \, d\sigma.$$

Infine risulta

$$\mu' \Delta_2 \vec{v} + (\lambda' + \mu') \,\mathrm{grad\,div}\, \vec{v} = \mathrm{grad}\,\left(\lambda' \,\mathrm{div}\, \vec{v} + 2\mu' D \frac{d\vec{v}}{dP}\right),$$

dove $D \frac{d\vec{v}}{dP}$ è la <u>dilatazione</u> dell'omografia vettoriale $\frac{d\vec{v}}{dP}$.

Ne segue

$$(11) \qquad \int_{D(t)} \left[\mu' \Delta_2 v + (\lambda' + \mu') \,\mathrm{grad\,div}\, v\right] d\tau = \int_{S(t)} \left(\lambda' \,\mathrm{div}\, \vec{v} + 2\mu' D \frac{d\vec{v}}{dP}\right) n \, d\sigma .$$

In virtù delle relazioni (9), (10), e (11), l'equazione (8) diventa

$$(12) \qquad \frac{d}{dt}\int_{D(t)} \rho v \, d\tau = -\int_{D(t)} \rho \,\mathrm{grad}\, \Phi \, d\tau - \int_{S(t)} \left(p_t + \frac{1}{2\mu} H^2\right) n \, d\sigma + \frac{1}{\mu}\int_{S(t)} \vec{H} \times n \, d\sigma + \int_{S(t)} \left(\lambda' \,\mathrm{div}\, v + 2\mu' D \frac{d\vec{v}}{dP}\right) n \, d\sigma ,$$

che esprime il teorema della quantità di moto.

Supponendo ora che il dominio D(t) alll'istante t, coincida col dominio E(t) considerato ne n. precedente, passando al limite per $h \to 0$, e applicando la (4), si ha

$$\lim_{h \to 0} \frac{d}{dt}\int_{D(t)} \rho \vec{v} \, d\tau = \int_{s(t)} \rho_2 \vec{v}_2 (\vec{v}_2 - \vec{V}) \times \vec{n} \, d\sigma - \int_{s(t)} \rho_1 \vec{v}_1 (v_1 - V) \times n \, d\sigma .$$

Inoltre, essendo la forza esterna continua, risulta

$$\lim_{h \to 0} \int_{D(t)} \rho \,\mathrm{grad}\, \Phi \, d\tau = 0 ,$$

e la (12) porge

$$\int_{s(t)} \rho_2 \vec{v}_2 (\vec{v}_2 - \vec{V}) \times \vec{n}\, d\sigma - \int_{s(t)} \rho_1 \vec{v}_1 (\vec{v}_1 - \vec{V}) \times \vec{n}\, d\sigma =$$

$$= - \int_{s(t)} \left[p_t + \frac{B^2}{2\mu} \right]_1^2 \vec{n}\, d\sigma + \frac{1}{\mu} \int_{s(t)} \left[\vec{B} \times \vec{n}\, \vec{B} \right]_1^2 d\sigma +$$

$$+ \int_{s(t)} \left[\lambda' \operatorname{div} \vec{v} + 2\mu' D \frac{d\vec{v}}{dP} \right]_1^2 \vec{n}\, d\sigma ,$$

dove col simbolo $[F]_1^2$ si è indicato il salto $F_2 - F_1$.
Per l'arbitrarietà della superficie s(t) si deduce

$$(13) \qquad \rho_2 \vec{v}_2 (\vec{v}_2 - \vec{V}) \times \vec{n} - \rho_1 \vec{v}_1 (\vec{v}_1 - \vec{V}) \times \vec{n} = - \left[p_t + \frac{B^2}{2\mu} \right]_1^2 \vec{n} + \frac{1}{\mu} \left[\vec{B} \times \vec{n}\, \vec{B} \right]_1^2 +$$

$$+ \left[\lambda' \operatorname{div} \vec{v} + 2\mu' D \frac{d\vec{v}}{dP} \right]_1^2 \vec{n} ,$$

e questa è l'equazione di discontinuità derivante dal teorema della quantità di moto.

c) <u>Il teorema dell'energia.</u> Ricordiamo ora che trascurando l'energia dovuta alle reazioni chimiche, l'equazione dell'energia, nel movimento di un gas, risulta

$$(14) \qquad \rho \frac{d}{dt} \left(C_v T + \frac{1}{2} v^2 + \varphi + \frac{E_c}{\rho} \right) = \operatorname{div} \left(\Phi \vec{v} - p_t \vec{v} + k \operatorname{grad} T + \frac{c}{\chi \rho} \operatorname{grad} p_e \right) +$$

$$+ \frac{1}{\mu} \operatorname{rot} \vec{B} \times \left(\eta \operatorname{rot} \vec{B} - \vec{v} \wedge \vec{B} \right) ,$$

dove

$$(15) \qquad \Phi = \lambda' \operatorname{div} \vec{v} + 2\mu' D \frac{d\vec{v}}{dP} .$$

è l'omografia degli sforzi dovuti alla viscosità , $\eta = 1/(\mu\sigma)$ è il coefficiente di diffusività magnetica, k è il coefficiente di conducibilità termica, $E_r = 3 p_r = \alpha_r T^4$ è l'energia di radiazione, c la velocità della luce e χ il cosidetto coefficiente di opacità.

Integrando ambo i membri della (14) rispetto al volume D(t), con calcoli analoghi a quelli precedenti si ottiene

$$(16)\quad \frac{d}{dt}\int_{D(t)}\Big[\rho(C_v T + \frac{1}{2}v^2 + \Phi + \frac{E_r}{\rho})\Big]d\tau = \int_{S(t)}(\Psi\vec{v} - p_t\vec{v} + k\,\mathrm{grad}\,T + $$
$$+ \frac{c}{\chi\rho}\,\mathrm{grad}\,p_r)\times\vec{n}\,d\sigma +$$
$$+ \frac{\eta}{\mu}\int_{D(t)}\mathrm{rot}\,\vec{B}\times\mathrm{rot}\,\vec{B}\,d\tau + \frac{1}{\mu}\int_{D(t)}\mathrm{rot}\,\vec{B}\wedge\vec{B}\times\vec{v}\,d\tau .$$

ora risulta

$$\mathrm{rot}\,\vec{B}\times\mathrm{rot}\,\vec{B} = \mathrm{rot}\,\mathrm{rot}\,\vec{B}\times\vec{B} - \mathrm{div}(\mathrm{rot}\,\vec{B}\wedge\vec{B}) = -\Delta_2\vec{B}\times\vec{B} - \mathrm{div}(\mathrm{rot}\,\vec{B}\wedge\vec{B}),$$

e

$$\mathrm{rot}\,\vec{B}\times\vec{B}\wedge\vec{v} = \mathrm{div}\big[\vec{B}\wedge(\vec{B}\wedge\vec{v})\big] + \mathrm{rot}\,(\vec{B}\wedge\vec{v})\times\vec{B}.$$

Ne segue

$$\eta\,\mathrm{rot}\,\vec{B}\times\mathrm{rot}\,\vec{B} + \mathrm{rot}\,\vec{B}\wedge\vec{B}\times\vec{v} = \mathrm{div}[\vec{B}\wedge(\vec{B}\wedge\vec{v}) - \eta\,\mathrm{rot}\,\vec{B}\wedge\vec{B}] +$$
$$+ \mathrm{rot}(\vec{B}\wedge\vec{v})\times\vec{B} - \eta\Delta_2\vec{B}\times\vec{B},$$

cioè, per l'equazione

$$\frac{\partial\vec{B}}{\partial t} + \mathrm{rot}\,(\vec{B}\wedge\vec{v}) = \eta\Delta_2\vec{B},$$

cui soddisfa il campo magnetico, si ha

$$\eta\,\mathrm{rot}\,\vec{B}\times\vec{B} + \mathrm{rot}\,\vec{B}\wedge\vec{B}\times\vec{v} = \mathrm{div}[\vec{B}\wedge(\vec{B}\wedge\vec{v}) - \eta\,\mathrm{rot}\,\vec{B}\wedge\vec{B}] - \frac{\partial\vec{B}}{\partial t}\times$$

e pertanto

$$\int_{D(t)} (\eta \, \mathrm{rot}\, B \times \mathrm{rot} \quad + \mathrm{rot} \quad \times v)\, d \quad =$$

$$= \int_{S(t)} \left[\vec{B} \wedge (\vec{B} \wedge \vec{v}) - \eta\, \mathrm{rot}\, \vec{B} \wedge \vec{B} \right] \times \vec{n}\, d\sigma - \int_{D(t)} \frac{}{t} \left(\frac{1}{2} \quad ^2\right) d \quad .$$

Ma per l'equazione (1) è

$$\int_{D(t)} \frac{\partial}{\partial t} \left(\frac{1}{2} B^2 \right) d\tau = \frac{d}{dt} \int_{D(t)} \frac{1}{2} \quad ^2 d \quad - \int_{S(t)} \frac{1}{2} \quad ^2 v \times n\, d \quad ,$$

perciò sostituendo nella (16) si ottiene

(17) $$\frac{d}{dt} \int_{D(t)} \left[\rho \left(C_v T + \frac{1}{2} v^2 + \Phi \right) + E_r + \frac{1}{2\mu} B^2 \right] d\tau =$$

$$= \int_{S(t)} \left(\psi \vec{v} - p_t \vec{v} + k\, \mathrm{grad}\, T + \frac{c}{\chi \rho}\, \mathrm{grad}\, p_r \right) \times \vec{n}\, d\sigma +$$

$$+ \frac{1}{\mu} \int_{S(t)} \left[\quad \wedge (\quad \wedge v) - \eta\, \mathrm{rot} \quad \wedge \quad + \frac{1}{2} \quad ^2 v \right] \times \vec{n}\, d\sigma ,$$

che è l'equazione che esprime il teorema dell'energia.

Applicandola al dominio E(t) considerato nel n precedente, passando al limite per $h \to 0$, e ricordando la (4), si ha

$$\int_{s(t)} \Big\{ \left[\rho \left(C_v T + \frac{1}{2} v^2 + \Phi \right) + E_r + \frac{1}{2\mu} B^2 \right]_2 (\vec{v}_2 - \vec{V}) \times n' -$$

$$- \left[\rho \left(C_v T + \frac{1}{2} v^2 + \Phi \right) + E_r + \frac{1}{2\mu} B^2 \right]_1 (\vec{v}_1 - \vec{V}) \times n' \Big\}\, d\sigma =$$

$$= \int_{s(t)} \left[\psi \vec{v} - p_t \vec{v} + k\, \mathrm{grad}\, T + \frac{c}{\chi \rho}\, \mathrm{grad}\, p_r \right]_1^2 \times \vec{n}\, d\sigma +$$

$$+ \frac{1}{\mu} \int_{s(t)} \left[\vec{B} \wedge (\vec{B} \wedge \vec{v}) - \eta\, \mathrm{rot}\, \vec{B} \wedge \vec{B} + \frac{1}{2} \quad ^2 \vec{v} \right]_1^2 \times \vec{n} \, . \, d\sigma ,$$

da cui, per l'arbitrarietà della porzione s(t) della superficie d'urto, si deduce

$$(18)\qquad \left[\rho\left(C_v T + \frac{1}{2}v^2 + \Phi\right) + E_r + \frac{1}{2\mu}B^2\right]_2 (\vec{v}_2 - \vec{V}) \times \vec{n} -$$

$$- \left[\rho\left(C_v T + \frac{1}{2}v^2 + \Phi\right) + E_r + \frac{1}{2\mu}B^2\right]_1 (\vec{v}_1 - \vec{V}) \times n =$$

$$= \left[\Psi v - p_t v + k \,\mathrm{grad}\, T + \frac{c}{\chi\rho}\,\mathrm{grad}\, p_r\right]_1^2 \times \vec{n} +$$

$$+ \frac{1}{\mu}\left[\vec{B}\wedge(\vec{B}\wedge\vec{v}) - \eta\,\mathrm{rot}\vec{B}\wedge\vec{B} + \frac{1}{2}B^2\,\vec{v}\right]_1^2 \times \vec{n}\,.$$

Questa è l'equazione di discontinuità derivante dal teorema dell'energia. In essa avendo riguardo alla (6) si possono trascurare i termini dipendenti dall'energia potenziale Φ, poichè questa si è supposta continua.

d) Equazione del campo magnetico. Consideriamo ora l'equazione del campo magnetico

$$(19)\qquad \frac{\partial\vec{B}}{\partial t} + \mathrm{rot}\,(\vec{B}\wedge\vec{v}) = \eta\,\Delta_2\vec{B}$$

e integriamo rispetto al volume D(t) . Abbiamo così

$$(20)\qquad \int_{D(t)} \frac{\partial\vec{B}}{\partial t}\,d\tau + \int_{D(t)} \mathrm{rot}\,(\vec{B}\wedge\vec{v})\,d\tau = \eta\int_{D(t)} \Delta_2\vec{B}\cdot d\tau\,.$$

Per la formula (1) risulta

$$\int_{D(t)} \frac{\partial\vec{B}}{\partial t}\,d\tau = \frac{d}{dt}\int_{D(t)} \vec{B}\,d\tau - \int_{S(t)} \vec{B}\cdot\vec{v}\times\vec{n}\,d\sigma\,;$$

inoltre , per il teorema del rotore si ha

$$\int_{D(t)} \text{rot}(\quad v)\, d \quad = \int_{S(t)} (\quad v)\, d$$

e

$$\int_{D(t)} \Delta_2 \quad d \quad = - \int_{D(t)} \text{rot rot} \quad d \quad = \int_{S(t)} (\text{rot} \quad) \quad n \quad d$$

L'equazione (20) diventa pertanto

$$(21) \qquad \frac{d}{dt}\int_{D(t)} \vec{B}\, d\tau = \int_{S(t)} \vec{B} \times n.v\, d \quad + \eta \int_{S(t)} (\text{rot}\,\vec{B}) \wedge \vec{n}\,.\, d\sigma$$

e passando al limite si ottiene

$$\int_{s(t)} \left[B_2 (v_2 - V) \times n - B_1 (v_1 - V) \times n \right] d\sigma =$$

$$= \int_{s(t)} \left| B \times n.v \right|_1^2 d\sigma + \eta \int_{s(t)} \left[\text{rot} B \right]_1^2 \wedge \vec{n}\,.\, d\sigma,$$

da cui, per l'arbitrarietà di s(t) , si deduce

$$(22) \qquad \vec{B}_2 (v_2 - \vec{V}) \times \vec{n} - \vec{B}_1 (v_1 - V) \times n = \vec{B} \times n.v \Big]_1^2 + \eta \left[\text{rot}\,\vec{B} \right]_1^2 \wedge \vec{n},$$

che è l'equazione di discontinuità del campo magnetico attraverso il fronte d'urto.

Riunendo i risultati ottenuti si ha che le equazioni fondamentali delle onde d'urto in una corrente di gas elettricamente conduttore, in cui si tenga conto della viscotità, della conducibilità termica e dello effetto radiativo sono :

$$\rho_2(\vec{v}_2 - \vec{V}) \times \vec{n} - \rho_1(\vec{v}_1 - \vec{V}) \times \vec{n} = 0,$$

$$\rho_2 \vec{v}_2 (\vec{v}_2 - \vec{V}) \times \vec{n} - \rho_1 \vec{v}_1 . (\vec{v}_1 - \vec{V}) \times \vec{n} = - \left[p_t + \frac{B^2}{2\mu} \right]_1^2 n + \frac{1}{\mu} \left| B \times n B \right|_1^2 +$$

$$+\left[\lambda' \operatorname{div} \vec{v} + 2\mu' D \frac{dv}{dP}\right]_1^2 \vec{n} \; ,$$

$$(23) \quad \left[\rho\left(C_v T + \frac{1}{2} v^2\right) + E_r + \frac{1}{2\mu} B^2\right]_2 (\vec{v}_2 - \vec{V}) \times \vec{n} - \left[\rho\left(C_v T + \frac{1}{2} v^2\right) + E_r + \frac{1}{2\mu} B^2\right]_1 (\vec{v}_1 - \vec{V}) \times \vec{n} =$$

$$= \left[\psi\, v - p_t \vec{v} + k \operatorname{grad} T + \frac{c}{\chi\rho} \operatorname{grad} p_r\right]_1^2 \times \vec{n}$$

$$+ \left[\frac{1}{\mu} (\vec{B} \times \vec{v}) \vec{B} - \frac{1}{2} B^2 \vec{v} - \eta \operatorname{rot} \vec{B} \wedge \vec{B}\right]_1^2 \times \vec{n} \; ,$$

$$B_2 (v_2 - V) \times n - B_1 (v_1 - V) \times n = [B \times n\, v]_1^2 + [\eta \operatorname{rot} B]_1^2 \wedge n,$$

dove i simboli hanno il significato stabilito precedentemente.

Osserviamo che moltiplicando scalarmente per $\vec{n}$ ambo i membri dell'ultima delle equazioni (23), e indicando semplicemente con V la componente normale della velocità dei punti della superficie d'urto, si ha, con evidente significato dei simboli

$$\left[B_n (v_n - V)\right]_1^2 = \left[B_n v_n\right]_1^2$$

e quindi

$$\left[B_n\right]_1^2 = 0$$

la quale mostra la proprietà ben nota che la componente normale del campo magnetico è continua attraverso il fronte d'urto.

Il sistema di equazioni (23) si può scrivere ora più semplicemente

$$\left[\rho (v_n - V)\right]_1^2 = 0 \; ,$$

$$\left[\rho (v_n - V)\vec{v}\right]_1^2 + \left[p_t + \frac{B^2}{2\mu}\right]_1^2 \vec{n} - \frac{B_n}{\mu}\left[\vec{B}\right]_1^2 = \left[\lambda' \operatorname{div}\vec{v} + 2\mu' D\frac{d\vec{v}}{dP}\right]_1^2 \vec{n},$$

$$\text{(23')} \quad \left[(v_n - V)(C_v \rho T + \frac{1}{2}\rho v^2 + E_r + \frac{B^2}{2\mu}) + (p_t + \frac{B^2}{2\mu}) v_n - \frac{1}{\mu}\vec{B} \times \vec{v}\, B_n\right]_1^2 =$$

$$= \left[\psi \vec{v} + k \operatorname{grad} T + \frac{c}{\chi\rho} \operatorname{grad} p_r - \frac{\eta}{\mu} \operatorname{rot}\vec{B} \wedge \vec{B}\right]_1^2 \times \vec{n},$$

$$\left[(v_n - V)\vec{B}\right]_1^2 - \left[B_n \vec{v}\right]_1^2 = \eta \left[\operatorname{rot}\vec{B}\right]_1^2 \wedge \vec{n}.$$

Se il campo magnetico e longitudinale , cioè $\vec{B} = B_n \vec{n}$, il sistema delle prime tre equazioni precedenti si riduce al seguente

$$\left[\rho (v_n - V)\right]_1^2 = 0$$

$$\left[\rho (v_n - V)\vec{v} + p_t \vec{n}\right]_1^2 = \left[\lambda' \operatorname{div}\vec{v} + 2\mu' D\frac{d\vec{v}}{dP}\right]_1^2 \cdot n,$$

$$\text{(23'')} \quad \left[(v_n - V)(C_v \rho T + \frac{1}{2}\rho v^2 + E_r) + p_t v_n\right]_1^2 =$$

$$= \left[\psi \vec{v} + k \operatorname{grad} T + \frac{c}{\chi\rho} \operatorname{grad} p_r\right]_1^2 \times \vec{n},$$

che è esattamente lo stesso di quello che si ha nell'ordinaria gas dinamica quando si tenga conto ancora dell'effetto radiativo.

Se il campo magnetico è trasversale, cioè $B_n = 0$, le equazioni (23) si riducono alle seguenti

$$\left[\rho (v_n - V)\right]_1^2 = 0,$$

$$\left[\rho (v_n - V)\vec{v} + (p_t + \frac{B^2}{2\mu})\vec{n}\right]_1^2 = \left[\lambda' \operatorname{div}\vec{v} + 2\mu' D\frac{d\vec{v}}{dP}\right]_1^2 \vec{n},$$

$$(23''') \quad \left[(v_n - V)\left(C_v \rho T + \frac{1}{2}\rho v^2 + E_r + \frac{B^2}{2\mu}\right) + \left(p_t + \frac{B^2}{2\mu}\right) v_n\right]_1^2 =$$

$$= \left[\psi v + k \operatorname{grad} T + \frac{c}{\chi \rho} \operatorname{grad} p_r - \frac{\eta}{\mu} \operatorname{rot} \vec{B} \wedge \vec{B}\right]_1^2 \times \vec{n} ,$$

$$\left[(v_n - V) B\right]_1^2 = \left[\eta \operatorname{rot} B\right]_1^2 \wedge n .$$

Osserviamo infine che se si ammette che nello strato d'urto tutti gli elementi variano con continuità a partire dai valori a valle fino a quelli a monte, e intendiamo ora che $\vec{n}$ sia il versonre tangente delle linee ortogonali alle superficie che limitano l'onda d'urto, dalle equazioni (23') si deducono le seguenti equazioni per lo strato di transizione

$$\rho (v_n - V) = M$$

$$\rho (v_n - V) \vec{v} + \left(p_t + \frac{B^2}{2\mu}\right) \vec{n} - \left[\lambda' \operatorname{div} \vec{v} + 2\mu' D \frac{d\vec{v}}{dP}\right] \vec{n} = A_1 ,$$

$$(v_n - V)\left(C_v \rho T + \frac{1}{2}\rho v^2 + E_r + \frac{B^2}{2\mu}\right) + \left(p_t + \frac{B^2}{2\mu}\right) v_n - \frac{1}{\mu} B \times v\, B_n -$$

$$- \psi v + k \operatorname{grad} T + \frac{c}{\chi \rho} \operatorname{grad} p_r - \frac{\eta}{\mu} \operatorname{rot} \vec{B} \wedge \vec{B} \times \vec{n} = N$$

$$(v_n - V) \vec{B} - B_n \vec{v} - \eta \operatorname{rot} B \wedge n = A_2 ,$$

dove M, N sono quantità scalari costanti, ed $\vec{A}_1$, $\vec{A}_2$ vettori costanti dipendenti dai valori dei primi membri sul fronte d'urto.